제2판

식품화학

송효남 · 박복희 · 박영희 · 이근종 · 이성호 · 최병범

창지사

머리말

식품화학은 식품을 화학의 시각으로 들여다보는 학문이다. 식품을 다루는 데 화학이 이용된다는 사실은 일반 소비자에게는 낯설다. 그 이유는 화학이 먹거리와 상관없는 화학물질을 다루는 실험실 과학이라는 고정된 이미지 때문이다. 그러나 화학은 식품의 기본적인 구조와 특성을 파악하고 식품의 조리와 가공 과정에서 일어나는 여러 가지 과학적 현상을 이해하는 데 기본이 된다. 예를 들어, 쌀은 어떻게 해서 밥이 되는지, 치즈는 어떻게 만들어지는지 또는 깎아 놓은 사과는 왜 갈변이 되는지 등 우리가 일상생활에서 흔히 접하는 식품의 특성과 조리 · 가공 중의 물리적 · 화학적 변화를 연구하는 학문이 바로 식품화학이다. 따라서 식품화학은 식품 관련 학과의 핵심적인 교육과정이며 학생들에게 가장 기본이 되는 과목이지만 역설적이게도 학생들이 가장 어렵게 느끼는 과목 중의 하나이기도 하다. 왜냐하면, 최근 들어 이과계열인 식품영양학 및 식품공학 등의 식품 관련 학과에 문과계열의 많은 학생이 교차지원하여 진학하기 때문이다.

이 책은 식품을 전공하는 학생 누구나 쉽게 이해할 수 있도록 쉬운 언어로 풀어쓰고 지나치게 어려운 화학적 구조에 얽매이지 않으면서도 식품성분의 특성과 조리 · 가공 및 저장 과정에서 일어나는 변화를 설명하고자 노력하였다. 또한, 지엽적인 많은 자료를 불필요하게 수록하기보다는 기본적이고 핵심적인 내용을 위주로 산뜻하게 정리함으로써 영양사, 영양교사, 식품(산업)기사, 위생사 등 관련 자격증 취득과 식품산업계에 종사하는 분들에게도 참고가 될 수 있도록 집필하였다.

대학 강단에서 오랜 기간 식품화학을 강의하고 식품 분야 연구에 풍부한 경험을 지닌 저자들이 심혈을 기울여 집필하였으나, 부족한 부분이 많을 것으로 생각된다. 앞으로도 관련 분야의 전문가 및 독자들의 의견을 지속적으로 수렴하여 충실한 교재가 될 수 있도록 수정 · 보완하며 개선해 나갈 것을 약속드린다.

이 책이 출간되기까지 많은 고난이 있었음에도 불구하고 포기하지 않고 끝까지 많은 격려와 도움을 주신 창지사의 김기섭 사장님과 이상대 전무님, 편집부 직원분들께 깊은 감사의 마음을 전한다.

2021년 2월

저자 일동

차 례

서 론

1. 식품의 정의 및 기능
2. 식품과학과 식품화학
3. 식품의 일반성분과 특수성분
4. 식품의 영양성분

FOOD CHEMISTRY 01

1. 식품의 정의 및 기능

지구상의 모든 생물은 그 생명을 유지하고 성장·발육하며 종족의 번영을 위한 활동을 계속하고 있다. 생명현상을 유지하기 위해서는 외부로부터 필요한 물질을 섭취하여 체내에서 대사가 이루어져야 하는데, 이와 같이 인체에 필요한 물질을 영양소(nutrients)라고 한다. 영양소를 한 가지 이상 함유하며 유해물질을 포함하지 않은 천연물 및 그 가공품을 식품(food materials)이라 총칭한다.

우리나라 「식품위생법」 제1장 제2조 제1항에서는 "식품이라 함은 모든 음식물을 말한다. 다만 의약품으로서 섭취하는 것은 예외로 한다."라고 정의하고 국제연합 식량농업기구·세계보건기구 합동 식품영양규격위원회에서는 "인간이 섭취할 수 있도록 완전 가공 또는 일부 가공한 것이나 가공하지 않아도 먹을 수 있는 모든 재료를 말하며, 음료 종류와 껌 종류도 여기에 포함된다. 식품을 제조·가공·처리하는 데 사용된 모든 재료 또한 식품이 될 수 있으나 화장품용, 담배류 그리고 의약용으로 사용된 것은 포함시키지 않는다."라고 규정하였다.

식품에는 크게 3가지 기능이 있다. ① 생명 유지 및 영양 기능으로 칼로리 공급과 신체 구축을 위해 영양을 공급함으로써 기아 해결, 건강 유지 기능을 한다. ② 인간의 감각에 의해 느껴지는 기호·감각적 기능으로 식품의 맛, 향기, 물성 등에 의해 쾌감을 느끼고 풍요로운 식생활을 영위할 수 있다. ③ 식품 중에 함유된 각종 활성 성분의 섭취를 통해 인체의 면역력 강화, 노화 억제 및 질병 예방 등과 같은 생체조절 기능을 한다. 건강 유지 및 질병을 예방할 수 있다는 차원에서 이와 같은 기능을 나타내는 식품을 우리나라에서는 건강기능식품이라 일컫는다〈표 1-1〉.

〈표 1-1〉 식품의 3가지 기능

구분	식품의 기능
1차 기능 (영양 기능)	• 생명 유지 기능 • 식품 중 영양소가 인체에 미치는 기능
2차 기능 (감각 기능)	• 식품이 미각, 후각 등 감각에 미치는 기능 • 기호·감각적 기능
3차 기능 (생체조절 기능)	• 질병 예방 기능 • 건강기능식품

2. 식품과학과 식품화학

서구에서 20세기 중반 이후 급속히 발전하게 된 식품과학(food science)은 식품의 생산에서 운반, 저장, 가공, 판매를 거쳐 식탁에 이르기까지의 전 과정을 다루는 학문으로 시작하였다. 그러나 과학의 발달과 학문의 전문화에 따라 점차 식품과학의 영역도 확장되어 식품 재료의 가공, 저장뿐 아니라 품질관리, 영양적 가치, 기능성, 효능 평가, 안전성 및 소비자의 기호성 등에 이르기까지 매우 광범위한 종합학문으로 발전하였다. 따라서 인접 학문인 화학, 생화학, 미생물학, 영양학, 위생학, 기능성 식품학, 조리과학, 식품가공학, 식품저장학, 분석학, 식품관능평가 및 식품품질관리 등과 밀접한 관련이 있다.

식품과학의 범주에 속하는 핵심 분야인 식품화학(food chemistry)은 식품 구성성분의 구조 및 성질 등을 알고 식품의 조리와 가공 및 저장 과정에 일어나는 물리적, 화학적 변화를 연구하는 학문이다. 최근 들어 식품산업의 눈부신 발달과 더불어 식품화학의 범위는 식품성분의 물리적 성질과 그 변화를 다루는 레올로지(rheology)의 분야까지 확대되고 있다. 또한, 식품의 섭취와 체내영양 및 대사를 화학적 관점에서 연구하는 영양화학(nutrition chemistry)과도 아주 밀접한 관계에 있다고 볼 수 있다. 이러한 학문 분야는 인체를 포함한 생명체를 다루는 과학이라는 관점에서 생명과학의 기초가 되는 유기화학과 생화학 등을 공통적인 기초학문으로 두고 있다.

3. 식품의 일반성분과 특수성분

인체는 약 60조 개의 세포로 이루어져 있으며, 우리가 섭취하는 음식물 또한 대부분 다른 생명체에서 비롯된다. 식품을 구성하고 있는 일반성분을 대별하면 액상 부분인 수분(moisture)과 고형물(solid)로 구분할 수 있다. 고형물은 유기물과 무기물로 구분하는데 무기물은 칼슘, 인, 포타슘, 소듐 등과 같이 미량의 무기질로 구성되는 회분(ash)이고, 유기물은 주로 에너지원으로 사용되거나 세포의 구성에 관여하는 단백질, 지질, 탄수화물, 비타민 등을 말한다.

식품을 구성하는 성분은 여러 종류가 있지만, 일반성분(proximate components)과 특수성분(minor components)으로 대별할 수 있다.

일반성분이란 식품을 구성하는 기초적 성분인 물, 탄수화물, 섬유질, 지질, 단백질, 무기질의 6가지 성분을 말한다. 이 외에도 식품 중에는 비타민, 색소, 맛, 배당체, 독성물질, 냄새, 효소 및 호르몬 등과 같이 미량이나마 인체의 생리기능 등에 관여하는 성분이 있다. 이것을 특수성분이라고 한다〈표 1-2〉.

〈표 1-2〉 일반 성분과 특수 성분

성분		내용
일반 성분	물	105~110℃에서 휘발되는 성분, 즉 수분
	탄수화물	당질
	섬유질	조섬유를 말하며 식이섬유는 더 넓은 개념
	지질	조지방
	단백질	조단백질
	무기질	550~600℃에서 회화 후 잔류 성분
특수 성분	비타민	비타민 A, D, E, K, C, B 그룹 등
	색소	클로로필, 카로티노이드, 플라보노이드 등
	맛	단맛, 짠맛, 쓴맛, 신맛, 매운맛, 감칠맛, 떫은맛 등
	독성물질	식중독 성분, 농약, 곰팡이독 등
	냄새	에스터류, 알코올류, 테르펜류 등
	호르몬	단백질계, 스테로이드계 호르몬 등

4. 식품의 영양성분

영양(nutrition)은 여러 가지 물질을 체내에 받아들여 대사에 이용함으로써 성장, 활동, 건강 유지 등의 생명현상을 이끌어 가는 상태를 말한다.

1) 영양소에 따른 분류

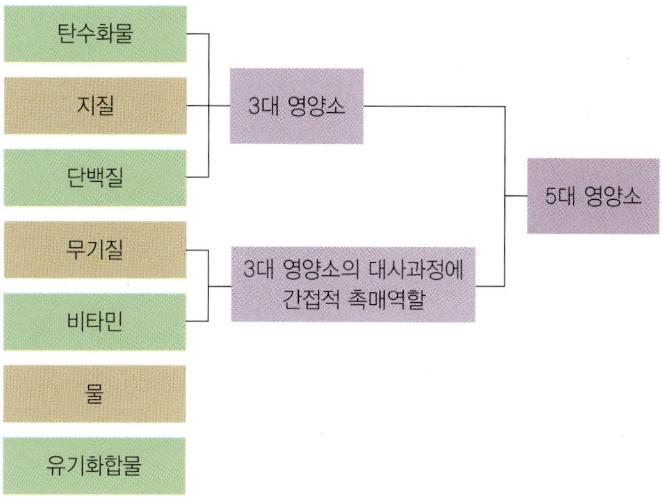

2) 영양소의 기능에 따른 분류

영양소는 영양의 목적을 위하여 섭취하는 물질을 말하며, 체내에 작용하는 기능에 따라 열량영양소, 구성영양소, 조절영양소의 3가지로 대별된다.

구분	내용
열량영양소	• 인체의 에너지원 • 탄수화물, 지질과 일부의 단백질
구성영양소	• 체성분을 구성하는 영양소 • 단백질, 무기질, 물, 그 외 일부의 탄수화물과 지질 등
조절영양소	• 신체의 기능을 조절하는 영양소 • 무기질, 비타민, 단백질

수 분

1. 식품 내 수분의 역할
2. 물의 구조와 성질
3. 식품 내 수분의 형태
4. 수분활성도
5. 등온흡습곡선과 등온탈습곡선
6. 수분활성도와 식품의 안정성
7. 냉동식품의 안정성

02

FOOD CHEMISTRY

물(water) 또는 수분(moisture)은 자연계에 널리 존재하는 극성(polar) 용매로서 우리 주위에서 고체(얼음), 액체(물), 기체(수증기)의 3가지 모습으로 쉽게 볼 수 있다. 수분은 살아 있는 모든 생명체에 다량으로 존재하며, 대부분의 식품에 존재한다. 식품 속 수분은 식물성이나 동물성 식품의 세포내액 및 세포외액의 성분으로 존재하며, 동식물 체내에서 단순한 물로만 존재하는 것이 아니라 탄수화물(carbohydrates), 지질, 단백질(protein), 유기물, 무기물 등과 결합하며, 당류 또는 염류 등과 같은 가용성 물질을 녹여 액상으로도 존재한다. 또한, 물은 탄수화물, 단백질 등의 고분자 물질 또는 유지(fat and oils) 등과 같은 불용성 물질을 물속에 균일하게 분산시켜 생물체에서 교질(colloid)을 형성하고 있다.

같은 식품이라도 수분의 상태나 양에 따라 생물과 건조물, 냉장육과 냉동육 등과 같이 식품의 특성에 영향을 미치고 있다. 또한, 수분은 식품의 구성성분인 여러 가지 분자를 용해시켜 용질로 작용하거나 많은 화학반응에 직·간접적으로 관여하고 있다.

1. 식품 내 수분의 역할

식품에는 수분이 다양한 함량으로 포함되어 있다. 일반적으로 유지류, 곡류, 당류는 수분함량이 낮으며, 채소, 과일, 우유나 녹차 등 액상식품에는 수분이 많이 포함되어 있다〈표 2-1〉. 수분은 식품 내에서 다음과 같이 여러 가지 역할을 한다.

1 식품성분의 용매 역할과 화학반응

수분은 대부분의 식품성분과 외부에서 유입되는 산소 등의 여러 가지 물질에 대하여 용매로 작용한다. 수분에 용해된 여러 가지 물질은 확산 등을 통해 이동이 가능해져 다른 화합물과의 회합이 일어나며, 나아가 수분 내에서 화학반응이 가능해진다. 또한, 일부 화학반응에서는 물 분자 자체가 탈수 또는 가수반응에 직접 관여하기도 한다.

〈표 2-1〉 식품의 수분함량

식품	수분함량(%)	식품	수분함량(%)
콩기름	0.0	쇠고기(한우, 등심)	55.3
황설탕	0.1	강낭콩(생것)	56.1
참깨(검정깨, 볶은 것)	3.3	멥쌀밥(백미)	63.6
멥쌀(백미)	13.4	연어(생것)	75.8
버터	15.3	달걀(생것)	75.9
물엿	16.9	닭고기(가슴, 생것)	76.2
딸기잼	24.0	감자(수미, 생것)	81.1
식빵	34.8	우유	87.4
감자튀김	39.3	수박	91.1
치즈케이크	42.9	토마토	93.9
모짜렐라 치즈	46.0	커피(원두, 추출)	98.6

출처: 농촌진흥청 · 국립농업과학원 농식품종합정보시스템(2020).

2 조직감의 변화 초래

식품은 수분함량에 따라 액상식품과 고체상의 식품으로 나뉜다. 고체상의 식품은 온도에 따라 유연성에 차이가 있는데, 이러한 현상은 수분이 식품에서 유연제 역할을 하기 때문이다. 또한, 같은 수분함량에서도 온도에 따라 식품의 유연성은 차이가 난다.

3 미생물 성장

식품의 수분은 식품 내의 부패와 병원성 미생물 성장에 직접 영향을 미친다. 수분활성도(water activity: A_w)가 감소함에 따라 세균, 효모, 곰팡이의 순으로 성장이 중지되며, 일부 독소를 생산하는 미생물의 경우 성장은 가능하나 독소 생산이 불가능한 경우도 있다.

2. 물의 구조와 성질

1) 물의 구조

물 분자는 산소(oxygen: O)원자를 중심으로 2개의 수소(hydrogen: H)원자가 결합되어 있다[그림 2-1]. 결합각(bond angle)은 104.5°이고, 물 분자의 수소원자와 산소원자 사이의 길이는 0.096 nm이며, 사면체 구조(tetrahedral structure)를 형성하고 있다. 물 분자는 구형의 4극자로 지름은 0.276 nm이고, 산소 핵은 이 4극자의 중심에 위치한다. 각각 2개의 양전하와 음전하는 한 정사면체의 각을 형성한다. 하나의 물 분자에서 전하의 분리에 따른 이웃 분자 사이의 인력(attraction)은 정상적인 반데르발스(Van der Waals)의 힘보다 크다. 왜냐하면, 물 분자 간의 큰 인력은 입체 구조에서 분자 간 다중수소결합이 관여하고 있기 때문이다.

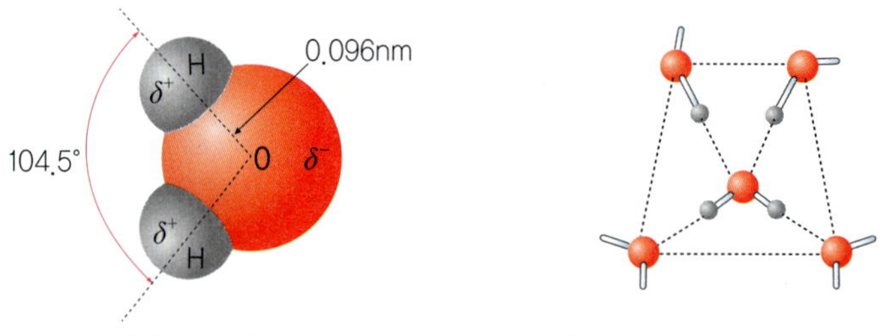

(a) 물 분자의 구조 (b) 물 분자 4개의 사면체 구조

[그림 2-1] 물 분자의 구조와 수소결합

2) 물의 성질

물 분자 간의 다양한 결합으로 인하여 물의 특성이 다른 유사 분자량의 분자와 매우 다른 특성을 보인다. 물 분자는 유사한 크기의 다른 화합물에 비하여 융점과 비점이 매우 높으며, 증발 및 용융 잠열과 비열이 크고, 비중 · 표면장력이 크다.

물 분자는 물의 쌍극자적 성질과 그로 인한 수소결합 때문에 다양한 용질에 대한 용매로서의 역할이 가능하며, 산, 알칼리(alkali), 염류에 대한 용해도가 높아 식품에 다양한 성분을 용해시킬 수 있다. 또한, 물 분자는 식품의 성분 중 단백질이나 당류 중의 기능기인 하이드록실기(hydroxyl group, −OH), 아미노기(amino group, $-NH_2$), 알데하이드기(aldehyde group, −CHO) 등 비대칭 전자를 가지고 있는 산소, 질소(nitrogen: N), 탄소(carbon: C)와 수소결합을 형성하여 수화(hydration)된다[그림 2-2].

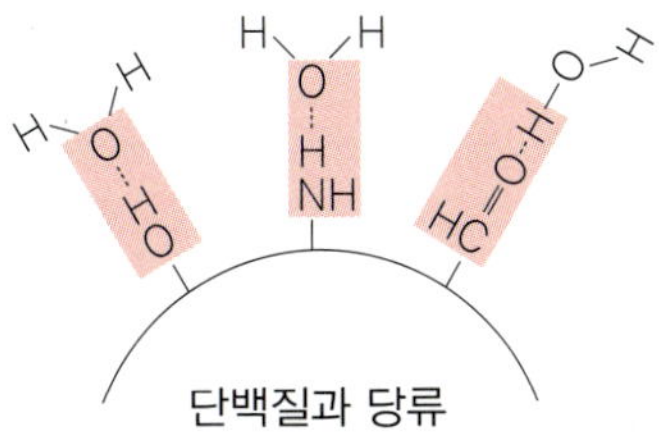

[그림 2-2] 물 분자와 식품 성분의 다양한 결합 형태

3. 식품 내 수분의 형태

식품 중에는 식품 구성성분에 단단히 결합되어 있는 결합수(bound water)와 자유롭게 움직이는 자유수(free water)가 있다. 이 2가지 형태의 물은 〈표 2-2〉와 같이 다른 특성을 갖는다. 자유수는 대기압하에서 100℃ 이상 가열하거나 건조시키면 쉽게 제거되고 0℃ 이하에서는 동결되며 용매로 작용할 수 있는 일반적인 물인 반면, 결합수는 자유수에 비해 밀도가 높고 증기압이 낮아서 가열, 건조 등에 의해 쉽게 제거되지 않는 물이다. 결합수는 탄수화물, 단백질 등과 같은 친수성 고분자 화합물의 표면에 수소결합으로 단단히 결합되어 있어 움직임이 자유롭지 못한 물로서 영하 18℃ 이하의 낮은 온도에서도 얼지 않는다.

자유수와 결합수를 실험적으로 정확하게 분리하기는 어려우나, 동물성 식품은 결합수가 전체 수분의 8~10%, 과채류는 6%, 곡류는 34%로 알려져 있다. 결합수는 화학적으로 식품의 성분과 직접 결합하는 단분자층 수분과 물 분자 간에 결합하고 있는 다분자층 결합수로 나눈다. 몇 가지 신선한 어류 중의 결합수 함량은 〈표 2-3〉과 같다.

〈표 2-2〉 자유수와 결합수의 특성

구분	자유수	결합수
정의	• 식품 중에서 자유롭게 운동할 수 있는 물	• 식품성분에 결합된 물로 자유로운 운동이 불가능한 물
특징	• 극성이 크기 때문에 용질(염류, 당류, 수용성 단백질)에 대해 용매로 작용함	• 용질(염류, 당류, 수용성 단백질)에 대하여 용매로서 작용하지 않음
	• 건조시키면 제거되고, 0℃ 이하로 냉각시키면 동결됨	• 100℃ 이상에서도 건조가 어려우며, 0℃ 이하(-18℃ 이하)에서도 얼지 않음
	• 4℃에서 밀도가 가장 크고, 동결에 의해 부피 팽창함	• 자유수보다 밀도가 큼
	• 쌍극자로서 전자파에 의해 분자가 회전하여 발열에 관여함	• 전자파에 의한 분자 회전이 제한되어 가열에 관여하지 못함
	• 식품성분과 관계없이 이동 가능함	• 식품성분에 침전, 점도, 확산 등이 일어날 때 함께 이동함
	• 미생물의 번식과 생육에 이용 가능함	• 미생물의 번식과 생육에 이용 불가능함
	• 비점과 융점이 높고 증발열, 용해열, 비열, 표면장력과 점도가 큼	• 식품성분과 이온결합 또는 수소결합을 함
	• 화학반응에 직·간접적으로 관여함	• 식품조직을 압착하여도 제거되지 않음

〈표 2-3〉 신선한 어류 중의 결합수 함량

어류	결합수 함량(%)		어류	결합수 함량(%)		어류	결합수 함량(%)	
	최소	최대		최소	최대		최소	최대
물오징어(한치)	47.7	81.1	멸치	21.7	60.0	임연수어	37.1	–
도루묵	35.5	68.8	말린 오징어	17.5	55.7	광어	21.5	–
정어리	–	64.8	고등어	–	55.7	돌가자미	21.1	–
복어	–	64.6	참가자미	–	54.0	기름가자미	9.0	–

4. 수분활성도

식품 중의 수분함량은 식품의 주위 환경에 따라 항상 변할 수 있다. 식품 주위의 공기가 건조하여 식품 중 수분보다 외부의 수분이 적으면 식품에서 수분이 증발하여 점차 감소하게 되고, 주위 공기의 습도가 높아 식품 중 수분보다 공기 중 수분이 많으면 건조식품은 수분을 흡수하여 수분이 점차 증가하게 되며 평형에 이를 때까지 흡습(sorption) 또는 탈습(desorption) 현상이 진행된다. 따라서 식품 속의 수분은 동적인 상태로 취급해야 하며 수분함량은 %가 아닌 수분활성도로 표기하는 것이 중요하다. 따라서 식품 중에 존재하는 미생물의 활동에 영향을 주는 수분의 양은 그 식품의 수분함량(%)이 아니라 미생물이 실제로 이용할 수 있는 수분의 양과 밀접한 관련이 있으며, 이것을 나타낸 것이 바로 수분활성도이다. 수분활성도란 식품 중에 존재하는 수분이 순수한 물로서의 역할을 얼마만큼 하고 있는지를 나타내는 것이다.

수분활성도는 임의의 동일 온도의 닫힌 공간에서 순수한 물의 수증기압(P_0)에 대한 식품의 수증기압(P)의 비율로 나타내며, 용해된 용질의 종류와 양에 따라 다른 값을 나타낸다.

$$A_w = \frac{P}{P_0}$$

또한, 수증기압은 식품의 수분에 녹아 있는 용질의 종류와 양에 의해 영향을 받는다. 물의 몰(mole) 수를 M_w, 용질의 몰 수를 M_s라고 하면 A_w는 다음과 같다.

$$A_w = \frac{P}{P_0} = \frac{M_w}{M_w + M_s}$$

예를 들어, 물 30%, 설탕 30%가 함유된 식품의 수분활성도를 앞의 식으로 계산하면, 0.950이 된다.

$$A_w = \frac{\frac{30}{18}}{\frac{30}{18} + \frac{30}{342}} \fallingdotseq \frac{1.667}{1.667 + 0.088} \fallingdotseq 0.950$$

수분활성도를 낮추려면 용질의 몰 농도가 높거나 몰 수가 많아야 한다. 몰 수는 농도/분자량이므로 용질의 농도가 높거나 분자량이 작은 것이 효과적이다. 또한, 용해되어 이온화되는 용질이 비이온화되는 용질에 비해 더욱 효과적으로 수분활성을 낮춘다. 용질의 몰 농도와 수분활성과의 관계는 〈표 2-4〉와 같다.

〈표 2-4〉 용질의 몰 농도와 수분활성도의 관계

수분활성도(A_w)	염화소듐(NaCl)의 몰 농도	염화칼슘($CaCl_2$)의 몰 농도	수크로오스(sucrose)의 몰 농도
0.995	0.15	0.10	0.27
0.990	0.30	0.25	0.53
0.980	0.61	0.42	1.03
0.960	1.20	0.77	1.92
0.940	1.77	1.08	2.72
0.920	2.31	1.34	3.48
0.900	2.83	1.58	4.11
0.850	4.03	2.12	5.98
0.800	5.15	2.58	–

식품을 공기에 오랜 시간 방치하면 공기 중의 상대습도(relative humidity: RH)에 따라 흡습 또는 건조가 진행되다가 공기 중의 수증기압과 식품 중의 수분 분압이 평형에 이르면 중지한다. 이때의 상대습도를 평형상대습도(equilibrium relative humidity: ERH)라고 한다. 평형상대습도와 수분활성도와의 관계는 다음과 같다.

$$\mathrm{ERH} = \frac{P}{P_0} \times 100 = A_w \times 100$$

만일 물을 식품으로 간주하면 식품의 P와 P_0가 같으므로 물의 수분활성도는 1이 된다. 그러나 보통의 식품은 단백질, 탄수화물 등 고형물이 들어 있기 때문에 상대적으로 순수한 물보다 수분이 적고 수증기압도 낮다. 따라서 보통의 식품은 P가 P_0보다 작아 A_w는 1보다 작다. 〈표 2-5〉와 같이 곡류, 두류와 같은 수분이 적은 건조식품의 A_w는 0.60~0.64이고, 과일, 채소, 생선류 등 수분이 많은 식품의 A_w는 0.97~0.99이다. 수분활성도는 효소(enzyme)의 활성이나 미생물의 생육과 관계가 크므로 식품 저장성의 지표가 되기도 한다. 미생물이 번식할 수 있는 A_w는 대부분의 세균이 0.90 이상, 대부분의 효모는 0.87 이상, 곰팡이는 0.60 이상이다.

〈표 2-5〉 식품의 수분함량과 수분활성도

식품	수분함량(%)	수분활성도(A_w)	식품	수분함량(%)	수분활성도(A_w)
과일, 채소	74~97	0.97~0.99	건조과일	18~22	0.72~0.80
주스류	90~93	0.95~0.99	꿀	15~20	0.75
생선류	65~80	0.98~0.99	젤리	18	0.64~0.69
육류	70~80	0.96~0.98	곡류	13~16	0.60~0.64
달걀	72~78	0.97~0.99	두류	13~15	0.60~0.64
식빵	38~40	0.90~0.95	국수	12	0.50

5. 등온흡습곡선과 등온탈습곡선

1) 등온흡습곡선과 등온탈습곡선의 의미

식품의 수분함량은 식품이 놓여 있는 환경의 상대습도에 따라 변하여 평형수분함량에 도달한다. 등온흡습곡선(moisture sorption isotherm)이란 일정 온도에서 건조 물질의 질량당 물의 질량인 평형수분함량과 상대습도 또는 $\frac{P}{P_0}$ 와의 관계에서 식품 쪽으로 흡습되는 경우를 나타낸 곡선을 말하며, 식품으로부터 탈습되는 경우를 나타낸 곡선을 등온탈습곡선(moisture desorption isotherm)이라 한다. 흡습 및 탈습으로 인한 식품의 품질저하를 방지하기 위해서는 적절한 수분활성도를 유지시켜야 한다.

등온흡습곡선과 등온탈습곡선은 식품의 수분과 각 성분과의 결합력, 자유수와 결합수의 상대적 양과 비율, 식품의 물리적 구조에 영향을 받아 굴곡점 부분이 나타난다. 식품의 구조와 성질은 흡습과 탈습에 따라 다르며, 일반적으로 동일 온도에서 흡습곡선이 탈습곡선보다 아래에 나타난다. 이와 같이 흡습곡선과 탈습곡선이 다른 현상을 이력현상(hysteresis effect)이라고 한다. 이력현상은 식품의 종류와 온도에 따라 다르다. 이와 같은 현상은 등온곡선의 굴곡점에서 가장 크다.

일반적으로 식품의 등온흡습곡선과 등온탈습곡선은 S형 곡선(sigmoid curve) 모양이며, [그림 2-3]은 상대습도의 정도에 따라 여러 가지 식품의 등온흡습곡선을 나타낸 것이다.

일정한 온도와 상대습도에서 식품에 남게 될 수분량, 즉 평형수분함량은 일차적으로는 식품 자체의 성질에 따라 다르므로 식품의 등온흡습곡선 형태는 각각 다르다. 등온흡습곡선은 여러 가지 방법으로 평형수분을 측정하여 그릴 수 있지만 가장 간단한 방법은 습도가 다양하게 조정된 용기 속에 식품을 넣고 항온기로 평형시킨 후 함수량을 평량시킨다. 그리고 상대습도를 x축, 식품의 평형수분함량을 y축으로 하여 각 수치의 교차점을 연결하면 등온흡습곡선이 된다.

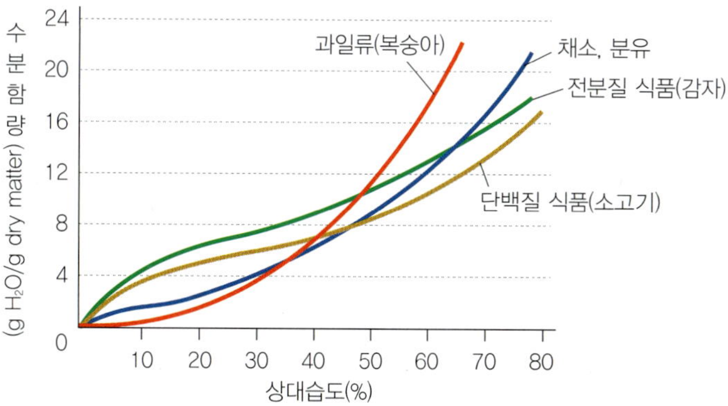

[그림 2-3] 여러 가지 식품의 등온흡습곡선(22℃)

등온흡습과 탈습곡선의 형태는 온도에 영향을 받는다. 온도가 높아질수록 상대습도에 대응하는 수분함량은 적어지고 반대로 온도가 낮아질수록 수분함량은 많아진다. [그림 2-4]는 감자 절편의 등온흡습곡선을 예로 나타낸 것으로 주어진 수분함량에서 수분활성도는 온도의 증가에 따라 증가함을 보인다.

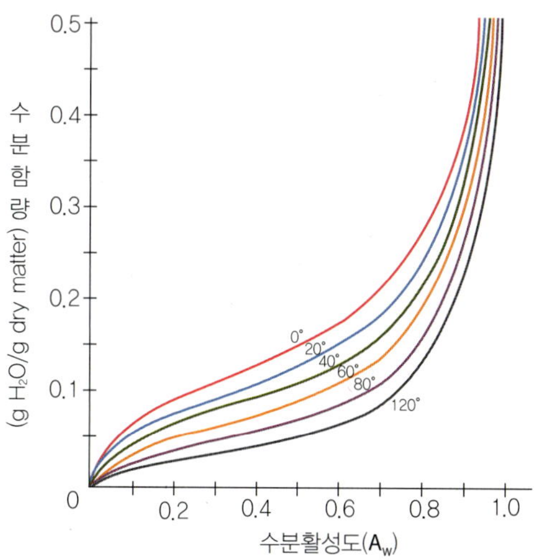

[그림 2-4] 온도에 따른 감자의 등온흡습곡선

이와 같이 일정한 수분함량일 때 식품의 수분활성도는 온도의 증가에 따라 증가한다. 또한, 동결점 이상에서 수분활성도는 식품의 조성과 온도에 의해 영향을 받으며 특히 조성 측면에서 더욱 그러하다. 반면, 동결점 이하에서 수분활성도는 식품의 조성과 관계없이 온도에만 영향을 받는다. 즉, 동결점 이하에서 수분활성도의 이용은 식품학적으로 의미가 없다고 볼 수 있다. 따라서 동결점 이하 식품의 수분활성도로 동결점 이상에서의 수분활성도를 예측할 수 없다.

2) 등온흡습곡선과 등온탈습곡선의 구분

등온흡습곡선과 등온탈습곡선은 상대습도의 정도에 따라 3가지 영역으로 나눌 수 있으며, 각 영역의 물은 각각 다른 특성을 나타낸다[그림 2-5].

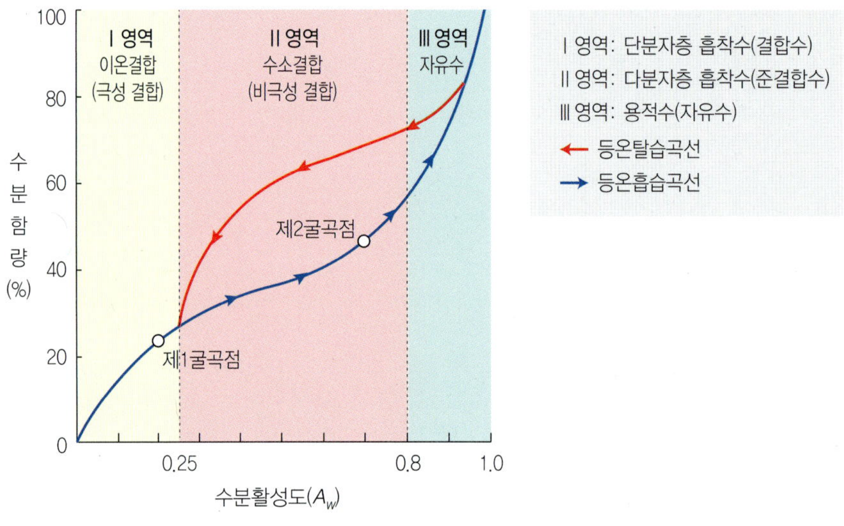

[그림 2-5] 식품의 전형적인 등온흡습 · 탈습곡선의 영역

(1) 제 I 영역

제 I 영역은 식품의 수분함량이 0.4~0.5%에 해당되며 수분활성도는 0~0.25 이하에 해당한다. 식품 내의 수분이 다른 성분과 단단히 결합되어 단분자층(monomolecular layer)을 이루거나 그 이하의 수분을 함유하고 있고 최소의 유동성을 가져 용매로서의 가치가 거의 없어 고형성분의 일부처럼 존재한다. 이 영역에서는 물 분자가 식품성분 중의 카복실기(carboxyl group, −COOH)나 아미노기와 같은 이온과 강한 이온결합을 형성하여 결합수 형태로 존재한다. 따라서 식품 건조 시 식품조직과 결합한 단분자층의 물이 파괴되면 식품조직이 직접 공기에 노출되고, 물 분자층이 덮이지 않은 부분이 많을수록 유지와 같은 식품성분이 햇빛이나 산소에 많이 노출되므로 유지산화가 쉽게 일어난다. 이 영역에서는 수분활성도가 낮을수록 유지산화가 쉬운 반면, 수분활성도가 증가하여 0.4 이상에서는 수분이 식품을 햇빛이나 산소로부터 보호하여 유지산화가 감소된다.

(2) 제 I 영역과 제 II 영역의 경계영역

제 I 영역과 제 II 영역의 경계영역은 제 I 영역의 높은 수분함량 부분으로 식품마다 차이는 있으나, 이 경계영역의 식품이 갖는 수분활성도는 0.3~0.4 정도이고 식품의 수분함량은 4~10%에 해당된다.

이 경계영역은 식품의 'BET(Brunauer-Emmett-Teller)의 단분자층' 형성 수분함량에 해당한다. BET 단분자층 수준은 물 분자가 균일하게 단분자층을 형성하여 건조식품이 고도로 극성인 그룹을 덮어 유지와 같은 식품성분이 직접 공기와 접촉하지 못하도록 하므로 이 경계영역에서는 유지산화가 가장 적게 발생한다. 따라서 단분자층을 이루고 있는 식품의 수분함량은 식품의 안정성을 위해서 중요함을 알 수 있다[그림 2-6], 〈표 2-6〉.

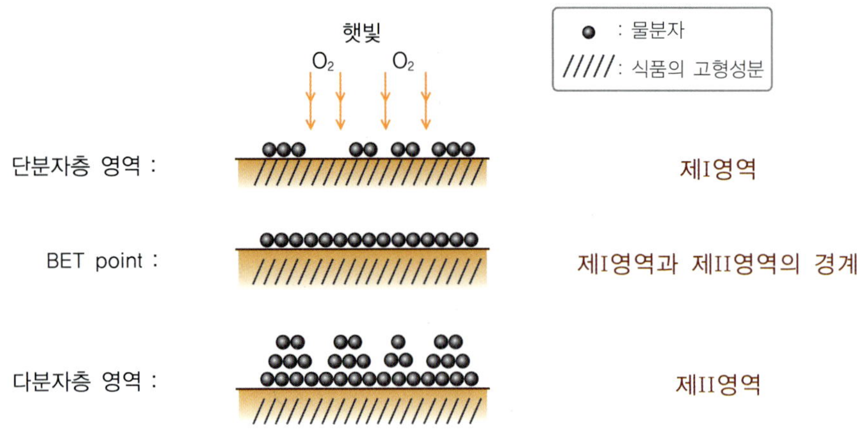

[그림 2-6] 영역별 물분자의 분포도

〈표 2-6〉 단분자층을 이루는 수분함량

식품	수분함량(%)	식품	수분함량(%)
옥수수전분	8.8	탈지분유	4.8
밀가루	8.2	건조 달걀	4.7
쌀(백미)	7.7	냉동 당근	4.4
냉동 돼지고기	5.8	콩가루	3.8
가다랑어	5.0	녹차(건조)	3.4

(3) 제 II 영역

제 II 영역은 상대습도의 증가에 따라 식품의 수분함량이 급격하게 증가하는 영역으로 식품 중의 물 분자가 다분자층(multimolecular layer)을 형성하고 있다. 이 영역의 수분은 준결합수로 식품의 가용성 성분을 용해한다. 즉, 물 분자들은 이온화되지 않은 여러 작용기과 수소결합, 즉 비극성 결합에 의해 제 I 영역의 물에 비하여 느슨히 결합되어 있고 제 III 영역의 물보다 이동성이 떨어진다. 제 II 영역의 식품이 갖는 수분활성도는 0.25~0.8 정도이고, 상대습도가 30~80% 정도에서 나타난다. 또한, 식품성분은 여러 층의 물 분자들로 덮여 있어 공기 중의 산소와 반응할 수 없다. 그러므로 건조식품은 제Ⅱ영역 중 제Ⅰ영역의 경계인 단분자층 수분에 해당되어 안정성이나 저장성이 가장 좋은 최적 수분함량을 나타내는 영역이다.

(4) 제Ⅲ영역

제Ⅲ영역은 상대습도 80% 이상에서 많이 나타나며, 수분활성도는 0.8 이상이다. 수분이 95% 이상인 채소, 과일, 육류 등 대부분의 신선한 식품이 해당된다. 등온흡습곡선에서 가장 기울기가 큰 부분은 식품의 모세관과 같은 미세구조물에 응축된 수분이며, 겔에서는 갇혀 움직임이 제한된 물로 모세관수(capillary water)라 한다. 이 영역의 수분은 자유수로서 화합물에 흡착되는 정도가 약하고 이동이 쉽고 용매로 작용하여 화학반응 촉진, 효소반응, 미생물 생육에 이용되어 식품의 품질저하를 가져온다.

6. 수분활성도와 식품의 안정성

수분활성도와 식품의 안정성은 매우 밀접하다. 식품의 수분활성도는 화학적 · 생물학적 변화에 영향을 미친다[그림 2-7]. 수분활성도는 효소작용, 화학반응, 미생물 성장 외에 건조식품과 반건조식품의 조직에도 영향을 준다. 식품에 따라 다르지만, 건조식품의 특성을 유지하려면 최대 수분활성도를 0.35~0.50로 유지해 주어야 한다. 더욱이 부드러운 조직을 가진 식품이 딱딱해지는 것을 막기 위해서는 적절히 높은 수분활성도를 유지시켜 주는 것이 필요하다.

또한, 식품의 안정성과 저장성을 높이기 위하여 글라이세롤(gycerol), 설탕, 당알코올(sugar alcohols) 및 올리고당 등의 친수성이 강한 식품첨가물을 첨가하여 수분활성도를 0.7 이하로 낮추어 식품의 변화를 억제하면서도 조직감이 좋아 섭취하기 편하게 만든 식품을 중간수분식품(intermediate moisture food)이라고 한다. 이들 중간수분식품에는 잼, 젤리, 건조과일, 양갱, 약식 및 훈제품 등이 해당된다.

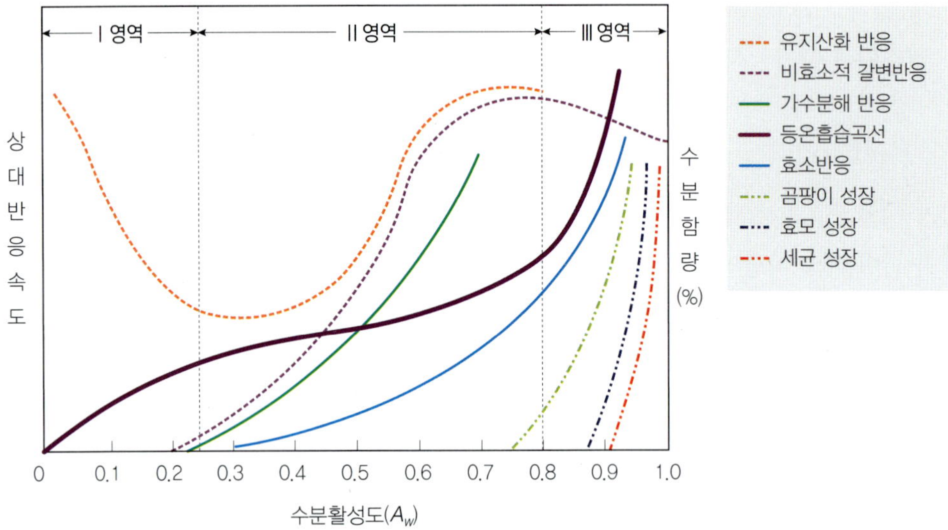

[그림 2-7] 수분활성도와 식품의 안정성

1) 수분활성도와 미생물 성장

미생물이 번식과 성장을 하려면 실제로 이용할 수 있는 일정량 이상의 수분이 필요하나, 식품의 수분은 결합수 등이 있어 미생물이 활용할 수 있는 수분의 양은 실제 수분함량과 다르다. 미생물 번식과 성장의 한계를 설명할 때 수분함량보다는 수분활성도로 표현하는 것이 더욱 효율적이다. 세균이 자랄 수 있는 최저 수분활성도는 0.91~0.94이며, 효모는 0.88~0.90, 곰팡이는 0.70~0.75이다. 최저 수분활성도 이상에서는 미생물의 성장이 급격히 증가한다. 그러나 호염성 세균은 0.75, 내건성 곰팡이는 0.65, 내삼투압성 곰팡이는 0.60에서도 생육이 가능하다. 따라서 제한수분활성도 이하에서는 미생물의 성장활동이 완전히 억제되어 식품의 저장성을 향상시킬 수 있다.

2) 수분활성도와 효소반응

일반적으로 수분활성도가 높은 경우 효소반응이 활발하다. 대부분의 효소는 가수분해효소(hydrolase)처럼 수분활성도가 높을수록 반응속도가 높으며, 최종가수분해도(final degree of hydrolysis)도 수분활성도에 영향을 받는다. 많은 효소는 수분활성도 0.85 이하에서 활성이 낮아지나 지방 가수분해효소인 라이페이스(lipase)는 0.1~0.3의 낮은 수분활성도에서도 활성을 나타낸다. 효소반응이 수분활성도에 영향을 받는 현상은 수분에 의한 기질, 효소의 이동 및 회합에 의한 영향과 기질로서 물의 이용에 의한 것이다.

3) 수분활성도와 비효소적 갈변반응

비효소적 갈변(browning)반응의 하나인 마이야르(Maillard) 반응은 수분활성도에 영향을 받는다. 수분활성도가 낮은 단분자층의 영역에서는 마이야르 반응의 기질인 당과 아미노산(amino acid)의 이동이 제한되면서 갈변반응이 잘 일어나지 않는다. 수분활성이 증가함에 따라 반응속도가 증가하여 0.6~0.7이 되면 활발하게 갈변반응이 일어나 최대에 도달하였다가, 수분활성도가 0.8 이상이 되면 기질이 물에 의하여 상대적으로 희석되어 반응속도는 다시 감소한다. 수분활성도가 높을 때 반응속도가 감소하는 이유는 희석효과(dilution effect)에 의한 것이며, 수분활성도가 낮을 때 반응속도가 저하되는 것은 용매로서의 물이 존재하지 않으므로 반응물질의 이동이 불가능하기 때문이다.

4) 수분활성도와 유지산화 반응

식품에 수분이 전혀 없는 경우, 유지와 지용성 비타민, 향기성분 등의 지용성 물질이 산소와 직접 만나면 매우 빠르게 자동산화(autoxidation)가 일어난다. 이후 수분함량이 증가함에 따라 식품 표면에 존재하는 물 분자가 유지의 산화과정에서 생성된 유리 라디칼(free radical: R•)에 의해서 형성된 과산화물(hydroperoxide)과의 수소결합으로 복합체를 형성하여 과산화물의 분해를 억제한다. 식품 속의 물 분자는 산화촉진제로 작용하는 미량 금속(metal)을 수화시켜 금속수산화물(metal hydroxides) 형태로 만들어서 금속의 촉매작용을 억제하므로 산화를 억제한다. 이러한 현상은 주로 유지산화의 초기단계에서 나타나 수분활성도가 0.3~0.5까지 일어나며, 수분이 많아지면 유지산화의 전파단계 촉진으로 산화속도가 증가한다.

7. 냉동식품의 안정성

냉동이 식품을 장기간 저장하는 좋은 방법이라고 생각하지만, 냉동식품의 안정성을 이해하려면 얼음의 성질을 알아야 한다. 냉동은 냉동속도에 따라 크게 급속동결과 완만동결로 나뉜다. 온도를 갑자기 급강하시켜 급속동결하면 미세한 얼음입자가 생성되어 세포 내에 균일하게 분산된다. 급속동결 후 해동 시에는 동결과 동시에 얼음 입자들이 성장 없이 얼었다 녹기 때문에 조직의 변화를 최소화시킬 수 있다. 반면, 완만동결은 식품을 천천히 동결하는 것으로 얼음결정이 성장하여 부피가 9% 정도 증가되고, 얼음결정이 세포 외에 생겨 결정은 크고 수분 분포가 불균일하다. 따라서 식품을 해동할 경우 원래의 조직감을 찾기 어려울 뿐만 아니라 단백질이 변성되어 조직감이 다르게 나타난다. 또한, 단단했던 조직이 연화되면서 미생물이나 효소작용에 의해 품질이 저하된다.

수용성 용액을 동결하는 동안 세포 현탁액, 조직, 용액으로부터 유래된 수분은 얼음결정체로 전환되나, 거의 모든 비수용성 성분은 얼지 않고 감소된 물에 농축된다. 동결에 따른 농축효과는 온도가 낮고 분리된 물이 부분적으로 얼음 형태로 존재하는 것을 제외하면 탈수와 유사하다. 농축의 정도는 주로 최종 온도에 의해 결정되며 존재하는 용질의 융해온도, 교반 및 냉각속도 등에도 어느 정도 영향을 받는다.

동결 농축효과에 의해 비수용성 성분이 동결되지 않은 상태에서는 pH, 적정산도, 이온 강도, 점도, 동결온도 등의 특성이 변화된다. 또한, 용액으로부터 산소 및 이산화탄소(CO_2)가 빠져나오며, 물 구조와 물-용질 간의 상호 반응이 급격하게 변하고 거대분자들이 근접하게 되어 상호 반응을 촉진한다. 즉, 동결 아이스크림에서 유당이 결정화되면 식감이 떨어지고 염석(salting-out)효과로 인하여 단백질이 변성되며, 등전점(isoelectric point: pI) 이하로 pH가 떨어지면 단백질 응고현상이 생긴다. 또한, 냉동 맥주나 소다수 등에 존재하는 가스가 농축되어 초포화현상이 발생함으로써 용기 밖으로 농축된 가스가 분출될 수 있으며, 많은 식품류에서 탈수로 인한 조직 손상이 일어날 수 있다.

탄수화물

FOOD CHEMISTRY 03

탄수화물(carbohydrate)은 지구상에 가장 널리 분포되어 있는 유기물질로 녹색 식물의 광합성에 의해 합성된다. 즉, 녹색식물은 광합성을 통해 이산화탄소로부터 포도당(글루코오스, glucose)을 합성하고, 포도당 분자들은 전분이나 셀룰로오스(cellulose) 등으로 중합되어 저장된다. 탄수화물은 우리가 다량 섭취하는 곡류 및 서류 등과 같은 식품의 주요 구성성분으로 생체 내에서 중요한 에너지원으로 쓰인다. 또한, 탄수화물은 식품 중에서 감미료, 겔 또는 페이스트 형성제, 증점제 및 안정제 등의 역할을 하며, 조리 · 가공 과정에서 일어나는 일련의 반응에 의해 향기와 색소의 전구체로도 작용한다.

1. 탄수화물의 정의와 분류

1) 탄수화물의 정의

탄수화물은 탄소, 수소, 산소로 구성되어 있고 $C_m(H_2O)_n$과 같이 일반식으로 나타낸다. 탄수화물이란 명칭은 탄소의 수화물이라는 개념에서 유래되었기 때문에 포도당처럼 $C_6H_{12}O_6(6C + 6H_2O)$와 같이 표기한다. 최근까지 탄수화물 범주의 수많은 화합물이 발견되면서 $C_m(H_2O)_n$으로 표현할 수 없는 것도 많아 당질(glucoside)이라는 명칭으로 대신하기도 하지만, 탄수화물이란 관용명은 계속 사용되고 있다.

탄수화물은 화학적으로 분자 내에 2개 이상의 하이드록실기(hydroxyl, −OH)와 1개의 알데하이드기(aldehyde, −CHO) 또는 1개의 케톤기(ketone, $>C=O$)를 가진 화합물로 정의한다. 각종 당류와 전분 외에 식물체의 주요 구성성분인 셀룰로오스, 헤미셀룰로오스(hemicellulose), 펙틴(pectin), 리그닌(lignin), 검질(gums) 및 질소(hitrogen: N)나 황(sulfur: S)이 포함된 원자단과 결합한 것 등도 탄수화물에 포함된다.

2) 탄수화물의 분류

탄수화물은 구성된 당의 분자 수에 따라 단당류(monosaccharides), 소당류(oligosaccharides), 다당류(polysaccharides)로 분류한다〈표 3-1〉. 1개의 당으로 된 것을 단당류, 2개의 당으로 구성된 것을 이당류(disaccharides), 3~10개의 당으로 구성된 것을 소당류, 그 이상의 당으로 구성된 것을 다당류라고 한다. 단당류는 포도당이나 과당(프럭토오스, fructose)과 같이 그 구조를 변형하지 않고서는 더 이상 간단한 화합물로 가수분해될 수 없는 탄수화물이다. 소당류는 연결되는 단당류의 수에 따라 이당류, 삼당류(trisaccharide), 사당류(tetrasaccharide) 등으로 부르며, 이때 연결되는 단당류는 모두 같을 수도 있고 다를 수도 있다. 다당류는 수백~수천 개의 단당류가 결합하여 이루어진 고분자 중합체이다.

〈표 3-1〉 탄수화물의 분류

탄수화물		종류
단당류 (monosaccharides)	3탄당 (triose)	글리세르알데하이드(glyceraldehyde), 다이하이드록시아세톤(dihydroxyacetone)
	4탄당 (tetrose)	에리트로오스(erythrose), 트레오스(threose)
	5탄당 (pentose)	리보오스(ribose), 데옥시리보오스(deoxyribose), 자일로오스(xylose), 아라비노오스(arabinose)
	6탄당 (hexose)	포도당(glucose), 과당(fructose), 갈락토오스(galactose), 만노오스(mannose)
소당류 (oligosaccharides)	이당류 (disaccharide)	설탕(sucrose), 맥아당(maltose), 유당(lactose), 겐티오바이오스(gentiobiose), 셀로비오스(cellobiose), 루티노오스(rutinose), 트레할로오스(trehalose), 멜리비오스(melibiose)
	삼당류 (trisaccharide)	라피노오스(raffinose), 겐티아노오스(gentianose)
	사당류 (tetrasaccharide)	스타키오스(stachyose)
다당류 (polysaccharides)	단순다당류 (simple polysaccharide)	전분(starch), 덱스트린(dextrin), 셀룰로오스(cellulose), 이눌린(inulin), 글라이코젠(glycogen)
	복합다당류 (complex carbohydrate)	펙틴(pectin), 헤미셀룰로오스(hemicellulose)

2. 당의 구조 및 특성

1) 단당류의 구조와 명명법

단당류는 카보닐기(carbonyl group)의 종류와 탄소 수에 따라 분류되는데, 카보닐기가 알데하이드인 것을 알도오스(aldose), 케톤기인 것을 케토오스(ketose)라고 하며, 알도오스에는 -ose를 케토오스에는 -ulose를 붙여 명명한다. 따라서 탄소 수가 3, 4, 5, 6개인 알도오스를 트리오스(triose), 테트로오스(tetrose), 펜토오스(pentose), 헥소오스(hexose)라고 하며, 케토오스를 트리우로오스(triulose), 테트룰로오스(tetrulose), 펜툴로오스(pentulose), 헥술로오스(hexulose)라고 부른다.

가장 간단한 알도오스는 3개의 탄소원자에 하이드록실기 2개, 알데하이드 1개를 가진 글리세르알데하이드(glyceraldehyde)이며, 가장 간단한 케토오스는 3개의 탄소원자에 하이드록실기 2개, 케톤기 1개를 가진 다이하이드록시아세톤(dihydroxyacetone)이다. 알도오스에서는 알데하이드 탄소를 1번으로 시작하여 차례로 탄소번호를 붙이고, 케토오스에서는 카보닐기의 탄소가 2번째 탄소(C2)가 된다.

글리세르알데하이드의 2번째 탄소는 부제 탄소이다[그림 3-1]. 부제 탄소란 서로 다른 4개의 원자나 원자단이 결합되어 있는 탄소를 말하며, * 표시를 한다. 부제 탄소를 가진 글리세르알데하이드는 2개의 이성질체가 존재하고 이들은 서로 거울상의 관계를 가지며 좌우의 손바닥처럼 서로 포갤 수 없다. 이처럼 거울상의 관계에 있는 입체이성질체를 거울상 이성질체(enantiomer)라고 한다. 분자 중에 부제 탄소가 존재하면 구성 원자와 원자단들의 입체적 배치가 다른 입체이성질체가 생기며, 부제 탄소 수가 n개 있으면 가능한 입체이성질체의 수는 2^n개가 된다[그림 3-2].

글리세르알데하이드　　다이하이드록시아세톤

[그림 3-1] 글리세르알데하이드와 다이하이드록시아세톤의 구조(* 부제 탄소)

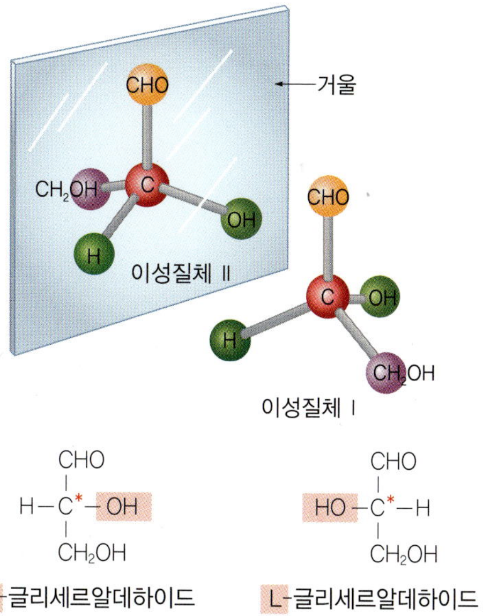

[그림 3-2] 글리세르알데하이드의 입체구조와 이성질체

당의 입체 배열에 따른 명명법에서 D-형 또는 L-형의 지정은 알도오스의 경우 D-글리세르알데하이드를 기준으로 하이드록실기가 오른쪽에 있으면 D-형, 왼쪽에 있으면 L-형으로 한다. 탄소 수가 더 많은 다른 당의 경우 1번 탄소의 알데하이드로부터 가장 멀리 있는 부제 탄소에 붙은 하이드록실기가 오른쪽에 있으면 D-형이고, 왼쪽에 있으면 L-형이 된다[그림 3-3]. 케토오스에서는 에리트룰로오스(erythrulose)를 기준으로 하여 케톤기로부터 가장 멀리 있는 부제 탄소의 입체배치에 따라 D-형과 L-형으로 표시한다.

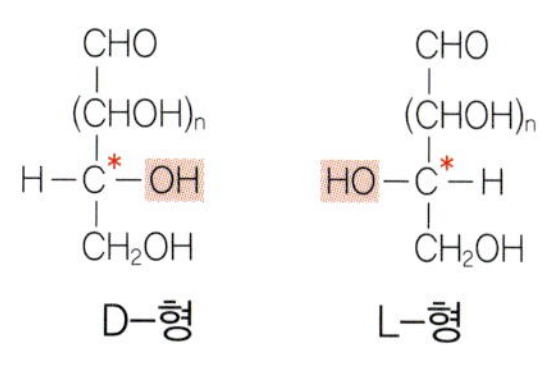

[그림 3-3] D-형과 L-형의 지정방법

자연계에는 D-형의 당이 많이 존재한다. D-형 알도오스 계열의 당의 구조는 [그림 3-4]와 같고, 이와 같은 당의 구조를 피셔(Fischer) 구조식이라 하며, 피셔 투영식을 입체화하는 방법은 [그림 3-5]와 같다.

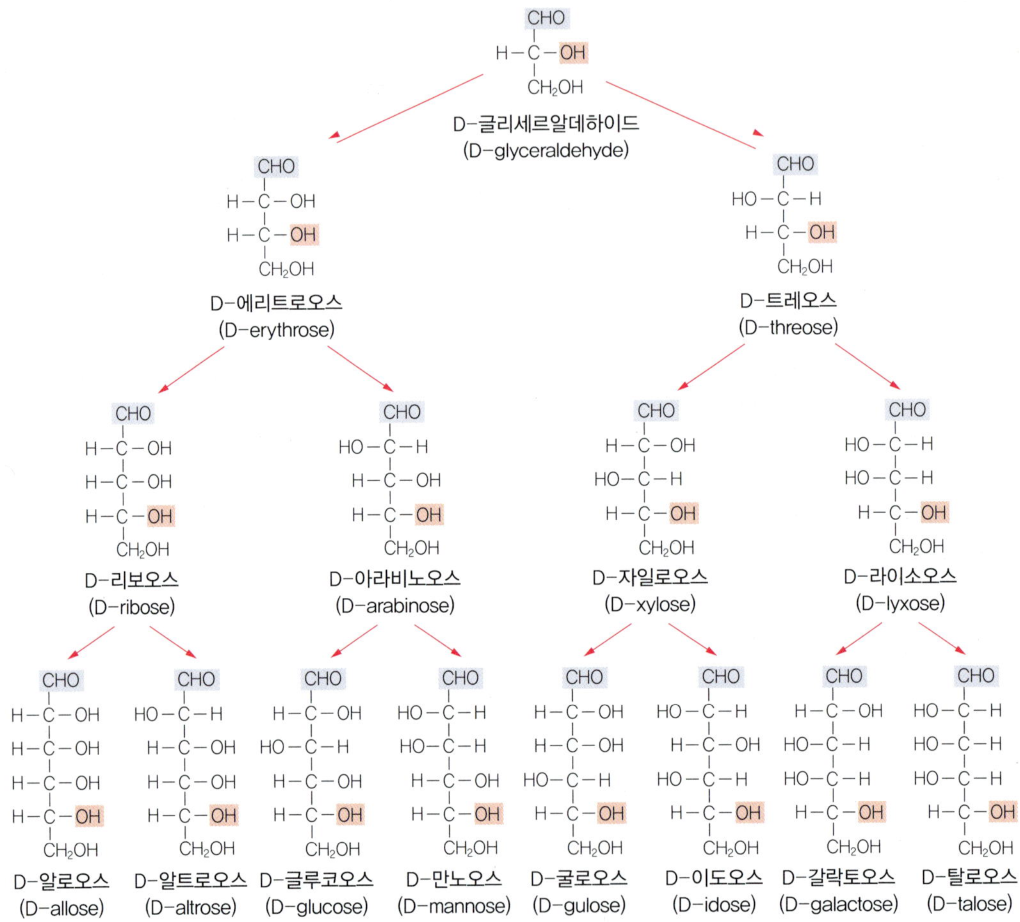

[그림 3-4] D-형 알도오스 계열의 당의 피셔 구조식

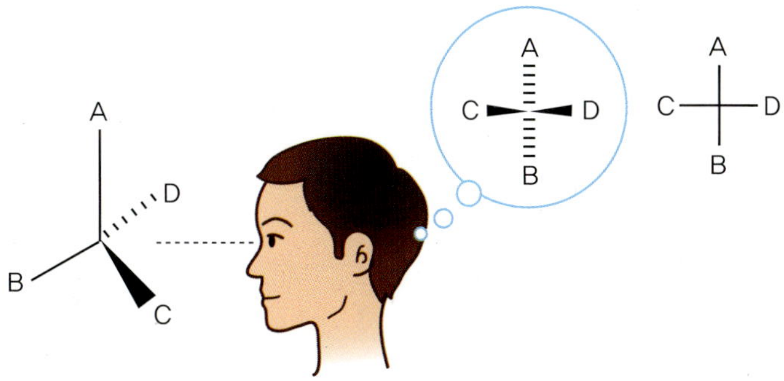

[그림 3-5] 피셔 투영식을 입체화하는 방법

부제 탄소에 의해 생기는 입체이성질체 중에서 1개의 탄소원자에서만 원자단이 다르게 배치되어 있는 2개의 당을 서로 에피머(epimer)라고 부른다. 예를 들면, 포도당과 갈락토오스(galactose)는 4번째 탄소에 결합되어 있는 수소와 하이드록실기가 서로 다르게 배치되어 있기 때문에 에피머이다.

부제 탄소를 갖는 이성질체들의 용액은 편광을 통과할 때 편광면을 회전시키는 광학적 성질을 가지고 있어 이들을 광학적 이성질체(optical isomer)라고 한다. 편광면을 오른쪽으로 회전시키는 것을 우선성이라 하며 (+)로 표시하고, 편광면을 왼쪽으로 회전시키는 것은 좌선성이라고 하며 (-)로 표시하며 당의 이름 앞에 붙인다[그림 3-6]. 예를 들면, 우선성의 D-포도당은 D-(+)-포도당으로 표시한다. 편광면을 회전시키는 정도를 선광도(specific rotation)라고 한다. 용액에 우선성과 좌선성의 이성질체가 동량으로 존재할 경우 광학적 활성(optical active)이 서로 상쇄되어 없어지게 되는데, 이렇게 우선성과 좌선성 이성질체가 동량 혼합된 혼합물을 라세미체(racemic mixture)라고 한다.

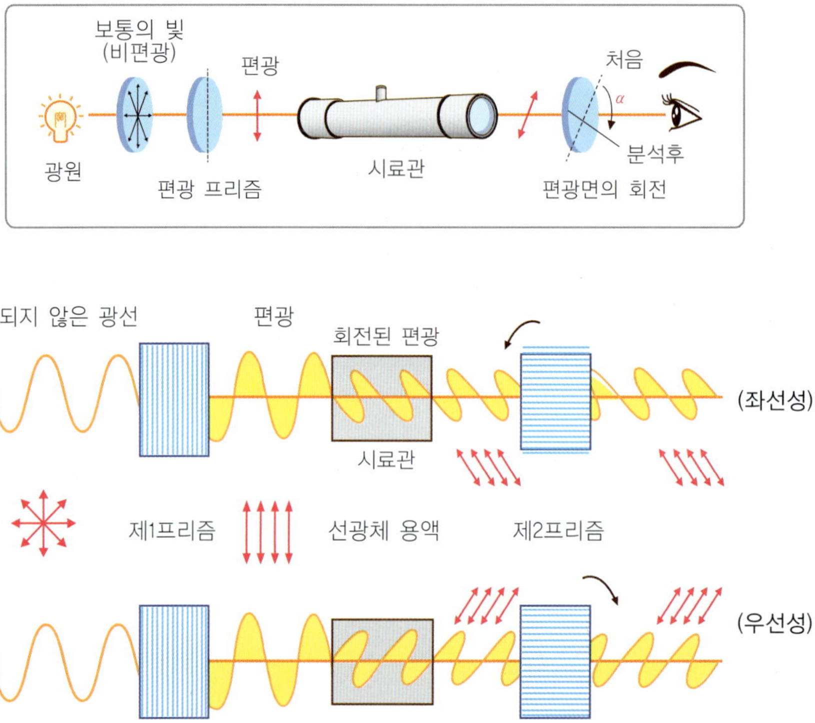

[그림 3-6] 광학적 이성질체의 선광성

2) 당의 사슬구조와 고리구조

사슬 모양의 당에 있는 알데하이드기 또는 케톤기는 C5에 결합된 하이드록실기와 반응하여 헤미아세탈(hemiacetal)과 헤미케탈(hemiketal)을 형성하여 고리 모양의 고리구조를 이룬다[그림 3-7]. 당이 고리구조를 형성함으로써 생긴 C1의 하이드록실기를 글라이코사이드(glycoside)성 하이드록실기 또는 헤미아세탈성 하이드록실기라고 한다. 고리구조에는 오각형의 퓨라노오스(furanose)와 육각형의 피라노오스(pyranose)가 있다. 이와 같이 고리 형태의 당을 표현하는 구조식을 하워드(Haworth) 투영식이라 한다[그림 3-8], [그림 3-9].

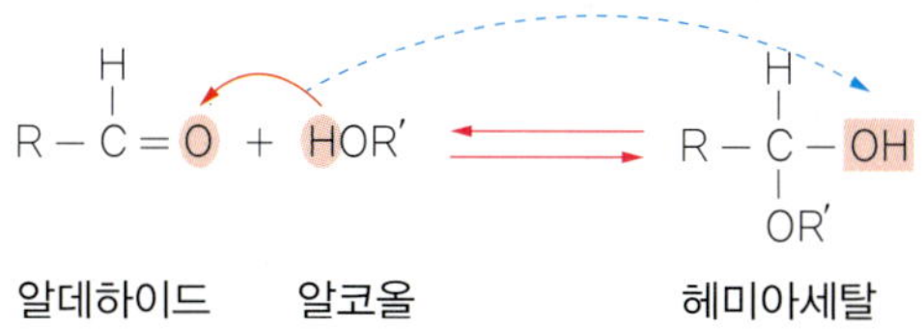

[그림 3-7] 헤미아세탈의 형성반응

포도당의 고리구조에서는 부제 탄소인 C1에 결합된 수소와 하이드록실기의 입체배치에 따라 2개의 이성질체가 생길 수 있다. 즉, C1에 결합된 하이드록실기가 평면 아래로 배치되면 α-형, 평면 위로 배치되면 β-형이라고 하며, 이들 이성질체를 아노머(anomer)라고 한다. 아노머는 고유 광회전도와 같은 물리적 성질이 서로 다르다. 일반적으로 당의 수용액에서는 α-형과 β-형이 평형을 이루고 있다.

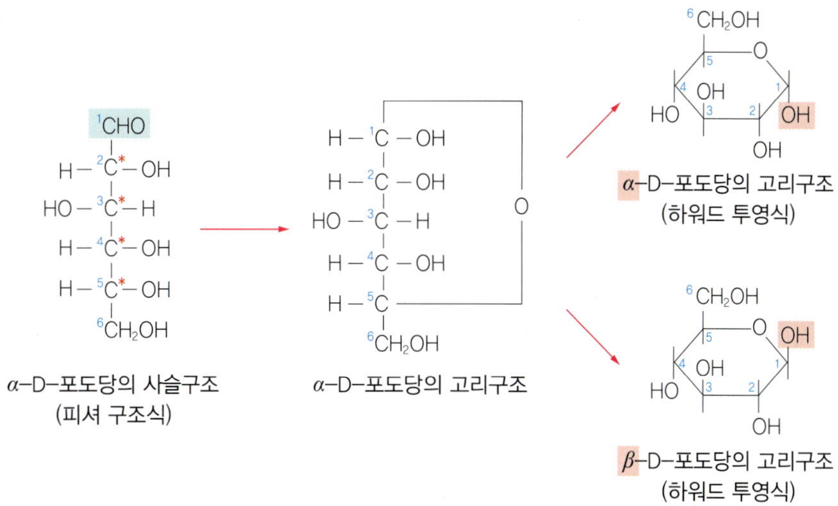

[그림 3-8] 포도당의 사슬구조와 고리구조

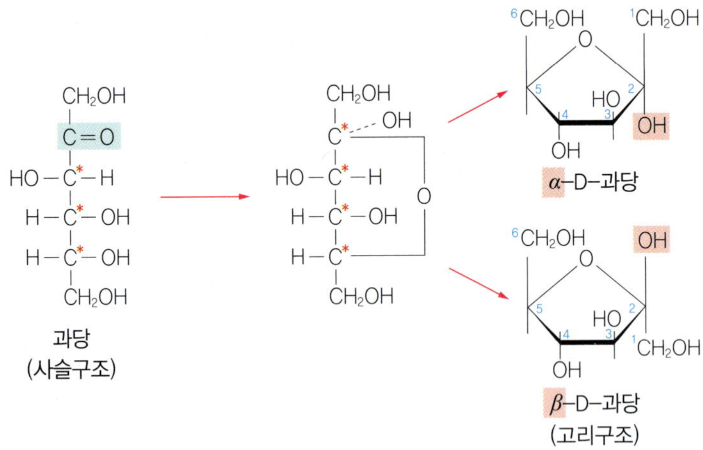

[그림 3-9] 과당의 사슬구조와 고리구조

3) 변선광

α-형 또는 β-형의 당을 물에 녹이면 선광도가 변한다. 결정성 포도당인 α-D-글루코피라노오스(α-D-glucopyranose)의 선광도는 +112.2°이며, β-D-글루코피라노오스의 선광도는 +18.7°인데, 예를 들어 α-D-글루코피라노오스를 물에 녹여 선광도를 측정하면 녹인 직후는 +112.2°이지만, 이를 방치하면 선광도가 변화한다. 이런 현상을 변선광(mutarotation)이라고 한다. 이 용액은 평형에 이르면 α-형과 β-형이 37:63으로 존재하며 선광도가 +52.7°가 된다[그림 3-10].

당류 용액에서 변선광이 일어나는 이유는 수용액에서 당의 고리구조가 사슬구

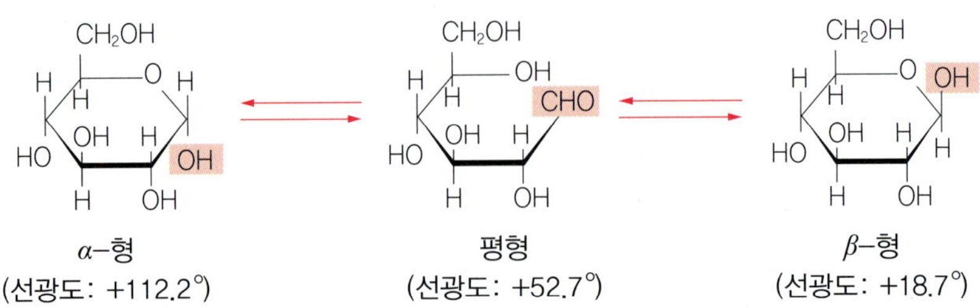

[그림 3-10] 포도당의 변선광

조를 거쳐서 고리구조의 이성질체로 전환하기 때문이다. D-과당(D-fructose)의 경우 α-형의 선광도는 −64°이고, β-형의 선광도는 −134°이며, 과당을 물에 녹여 평형상태에 도달하면 선광도는 −92°가 된다.

4) 환원당과 비환원당

당이 고리구조를 형성할 때 알데하이드 또는 케톤기가 하이드록실기와 헤미아세탈 또는 헤미케탈하이드록실기를 형성한다. 이러한 글라이코사이드성 하이드록실기는 환원성을 가지므로 글라이코사이드성 하이드록실기를 가진 당을 환원당(reducing sugar)이라고 하고, 이를 갖지 않은 당을 비환원당(nonreducing sugar)이라고 한다. 모든 단당류와 이당류 중 맥아당(말토오스, maltose)과 유당(락토오스, lactose)은 환원당이며, 설탕(수크로오스, sucrose, saccharose)은 비환원당이다. 환원당은 펠링(Fehling) 반응 실험에서 황산구리($CuSO_4$)의 알칼리 용액에서 Cu^{+2}를 환원시켜 Cu^{+}인 이산화구리(Cu_2O)의 붉은색 침전을 생성한다.

3. 단당류

단당류는 가장 단순한 탄수화물로 탄소원자 수에 따라 3탄당(triose), 4탄당(tetrose), 5탄당(pentose), 6탄당(hexose)으로 구분된다. 3탄당과 4탄당은 유리상태로는 존재하지 않기 때문에 식품에서 중요한 단당류는 주로 5탄당과 6탄당이다. 단당류는 물에 잘 녹는 결정형이다.

1) 5탄당

5탄당은 자연계에 유리상태로는 거의 존재하지 않으며 주로 다당류나 핵산의 구성성분으로 존재한다. 5탄당은 초식동물에는 중요한 사료 성분이나, 인체 내에는 소화효소가 없어서 영양성분으로서는 가치가 없다. 자일로오스(xylose), 아라비노오스(arabinose), 리보오스(ribose) 등이 5탄당에 속한다[그림 3-11]. 자일로오스는 자당의 60% 정도의 단맛(sweet taste)을 가지고 있어 저칼로리 감미료로 이용되며, 아라비노오스는 아라비아검(arabia gum)의 성분인 아라반(araban)의 구성성분이고, 리보오스는 RNA, ATP, NAD(니코틴아마이드 아데닌 다이뉴클레오타이드, nicotinamide adenine dinucleotide), CoA(조효소 A, coenzyme A), 비타민 B_2의 구성성분으로 생체 내에서 매우 중요하다.

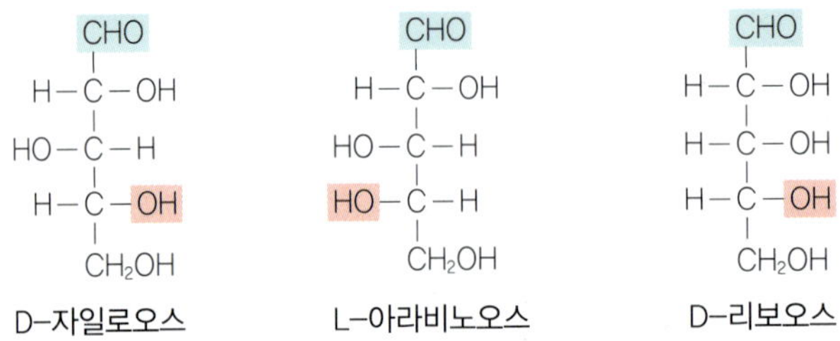

[그림 3-11] 5탄당의 구조

2) 6탄당

6탄당은 탄소수 6개로 구성된 당으로 자연식품에 널리 분포되어 있다. 식품성분으로 중요한 6탄당에는 포도당, 과당, 갈락토오스, 만노오스(mannose) 등이 있고, 모두 효모에 의해 발효된다.

(1) 포도당(Glucose)

포도당은 유리형 또는 결합형으로 식물체에 널리 분포하며, 유리상태로는 과일, 특히 포도에 많이 함유되어 있다. 포유동물의 혈액에는 혈당으로 약 0.1% 정도 존재하며, 동물 체내에는 글라이코젠(glycogen)의 형태로 저장되어 에너지원으로 사용된다. 전분, 글라이코젠, 셀룰로오스, 맥아당, 유당, 설탕, 배당체(glycoside)를 구성하는 단당류이며, α-형이 β-형보다 더 안정하며 단맛도 1.5배 정도 더 강하다. 포도당의 단맛은 설탕을 100으로 했을 때 70 정도이다.

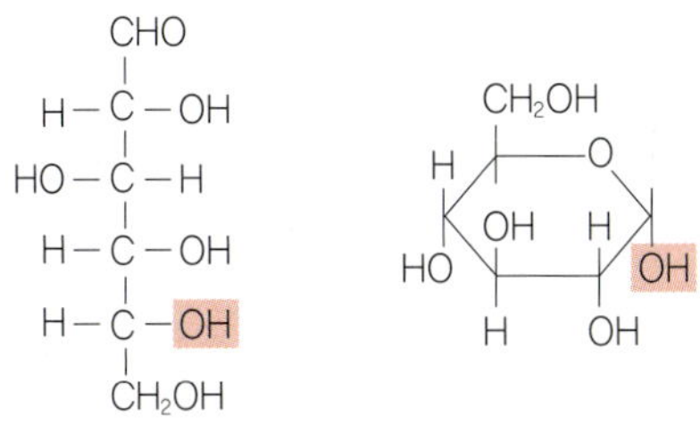

[그림 3-12] α-D-포도당의 구조

(2) 과당(Fructose)

과당은 유리상태로 과일 중에 널리 존재하며, 벌꿀에도 많이 함유되어 있다. 포도당과 결합하여 설탕을 구성하며, 돼지감자의 주성분인 이눌린(inullin)은 과당이 중합된 다당류이다. 과당은 결합상태일 때는 푸라노오스 형태로 존재하고, 유리형일 때는 푸라노오스와 피라노오스의 두 가지 형태로 존재한다. 과당은 천연 당류 중 가장 단맛이 강하다. 과당도 α-형과 β-형의 2개의 이성질체가 존재하는데, β-형이 α-형보다 3배나 더 달고 상대적인 감미도는 약 115~130 정도이다. 용해도가 크고 포화되기 쉬우며 흡습성이 커서 결정화되기 어렵고, 벌꿀을 끈적하게 한다.

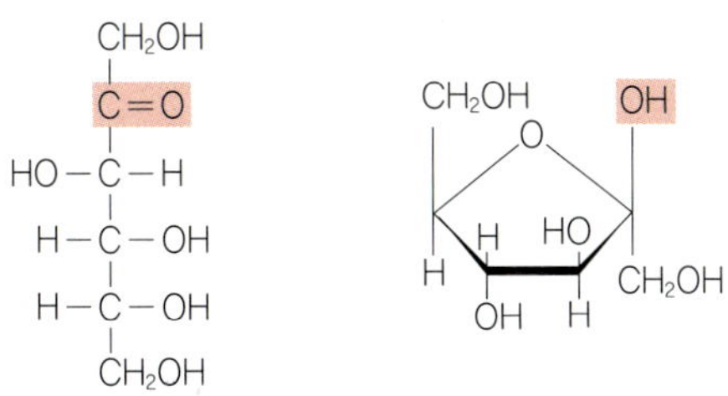

[그림 3-13] 과당의 구조

Easy Tip 이성질체의 단맛 강도 비교

포도당 α형 〉 β형 (1.5배)　　과당 β형 〉 α형 (3배)

(3) 갈락토오스(Galactose)

갈락토오스는 유리상태로 존재하지 않으며, 체내에서 단백질 또는 지방과 결합하여 동물의 뇌, 신경조직 내의 지질인 세레브로사이드(cerebroside)의 구성성분이 된다. 갈락토오스는 α-형과 β-형의 2개의 이성질체가 존재한다. 단맛은 설탕을 100으로 했을 때 32 정도이다[그림 3-14].

(4) 만노오스(Mannose)

만노오스는 자연상태에서 유리상태로는 거의 존재하지 않고 α- 및 β-형의 2개의 이성질체로 존재한다. 곤약의 주성분인 만난(mannan)의 구성 단당류이며, 만난, 갈락토만난(galactomannan)의 형태로 감자나 백합 뿌리 등에도 들어 있다[그림 3-15].

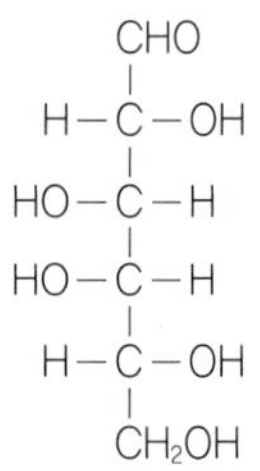

[그림 3-14] 갈락토오스의 구조

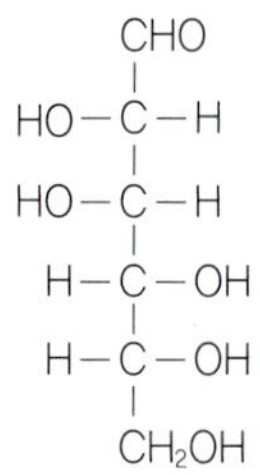

[그림 3-15] 만노오스의 구조

4. 이당류

2개의 단당류가 글라이코사이드 결합을 한 것을 이당류라 한다. 이당류에는 맥아당, 설탕, 유당 등이 있으며, 맥아당과 유당은 글라이코사이드성 하이드록실기가 유리상태로 있어 환원력을 가지므로 환원당이고, 설탕은 환원력이 없어 비환원당이다.

1) 맥아당(Maltose)

맥아당은 포도당 2분자가 α-1,4 글라이코사이드 결합으로 연결되어 있다. 전분을 β-아밀레이스(β-amylase)로 가수분해시키면 맥아당이 생성된다. 맥아당은 엿기름(맥아) 속에 많고 엿의 주성분으로 엿당이라고도 하며 식물의 잎이나 싹에 많이 존재한다. 맥아당은 환원당이며, 효소에 의해서 발효되고, 단맛은 설탕을 100으로 했을 때 50~60 정도이다[그림 3-16].

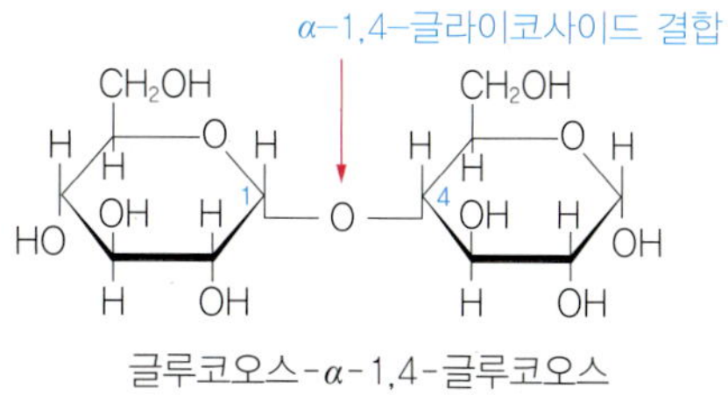

[그림 3-16] 맥아당의 구조

2) 설탕(Sucrose; Saccharose)

설탕은 서당, 자당이라고도 하며, 자연식품의 감미의 주요 성분이다. 사탕수수 줄기나 사탕무에서 얻은 즙을 농축하여 결정화하고 정제하여 만든다. 포도당 1분자와 과당 1분자가 α-1,2 결합한 비환원당으로, α, β의 이성질체가 존재하지 않기 때문에 동일 농도에서는 온도에 따른 단맛의 변화가 거의 없어 감미료의 표준물질로 사용한다. 주요 천연당류의 감미도를 비교하면 과당 > 전화당 > 설탕 > 포도당 > 맥아당 > 유당의 순으로 높다.

설탕은 산이나 효소(sucrase, invertase)에 의해 가수분해되면 포도당과 과당을 각각 1분자씩 생성하며 이때 생성된 등량의 포도당과 과당 혼합물을 전화당(invert sugar)이라고 한다. 이와 같은 설탕의 가수분해를 전화(inversion)라 하는데, 그 이유는 비선광도가 우선성이었던 설탕이 가수분해되면 좌선성으로 변하기 때문이다. 즉, 우선성인 설탕($[\alpha]^{20}_{D}=+66.5°$)이 가수분해되어 포도당($[\alpha]^{20}_{D}=+52.2°$)과 과당($[\alpha]^{20}{}_{D} = -92°$)이 동량 생성되면서 혼합물의 비선광도는 좌선성인 $-19.9°$가 된다.

전화당은 벌꿀에 많이 들어 있는데, 이는 벌의 타액에 있는 효소인 전화효소에 의하여 설탕이 전화되기 때문이다. 전화당의 단맛은 설탕보다 강하고 환원력과 용해도가 높아 제과에 널리 이용된다.

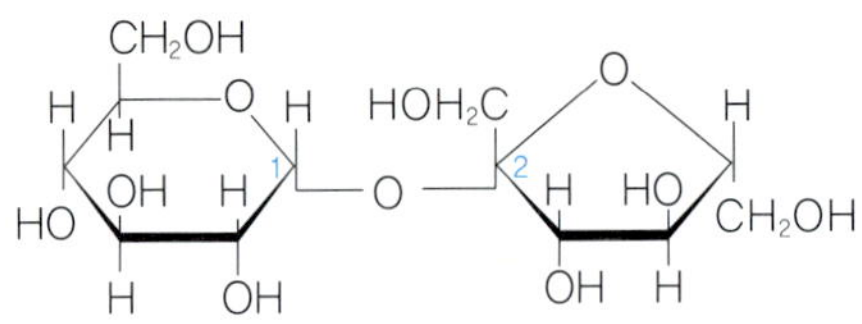

글루코오스-α-1,2-프럭토오스

[그림 3-17] 설탕의 구조

3) 유당(Lactose)

유당은 젖당이라고 하며, 갈락토오스 1분자와 포도당 1분자가 β-1,4 결합한 당으로 환원당이다[그림 3-18]. 유당은 젖에 많이 함유되어 있어 우유에는 약 4.5%, 모유에는 약 7% 들어 있으며, 유당 가수분해효소인 락테이스(lactase)에 의해 분해된다. 포유동물의 성장과 뇌신경조직에 중요한 역할을 하고 장내 유산균의 번식을 도와 정장작용을 한다. 단맛은 설탕을 100으로 했을 때 16~28이다.

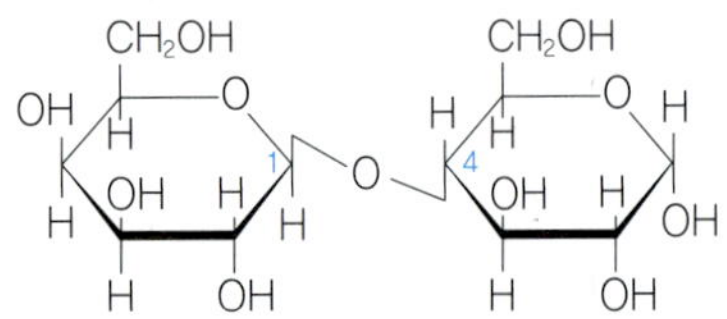

갈락토오스-β-1,4-글루코오스

[그림 3-18] 유당의 구조

4) 겐티오바이오스(Gentiobiose)

겐티오바이오스는 β-포도당의 C1과 포도당의 C6이 결합된 당으로 두 번째 포도당이 α인 것을 α-겐티오바이오스, β인 것은 β-겐티오바이오스라고 한다[그림 3-19]. 겐티오바이오스는 삼당류인 겐티아노오스(gentianose) 또는 배당체인 아미그달린(amygdalin)의 구성단위이다. 환원당으로 단맛이 없고, 전분의 가수분해 과정에서 맥아당과 함께 소량이 형성된다.

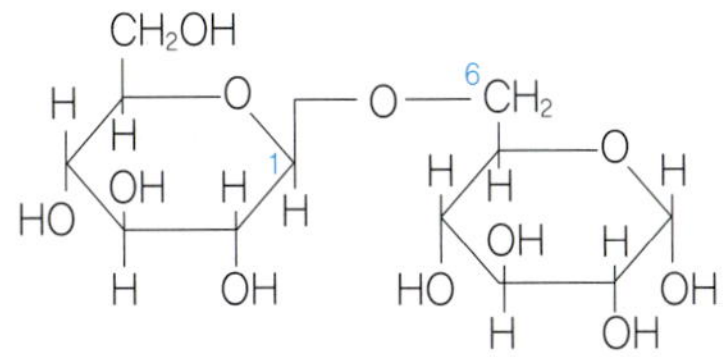

글루코오스-β-1,6-글루코오스

[그림 3-19] 겐티오바이오스의 구조

5) 셀로비오스(Cellobiose)

셀로비오스는 β-D-포도당 2분자가 β-1,4 결합한 것으로 섬유소의 구성 단위이다[그림 3-20]. 자연에서 유리상태로 존재하지 않으며 단맛이 없다.

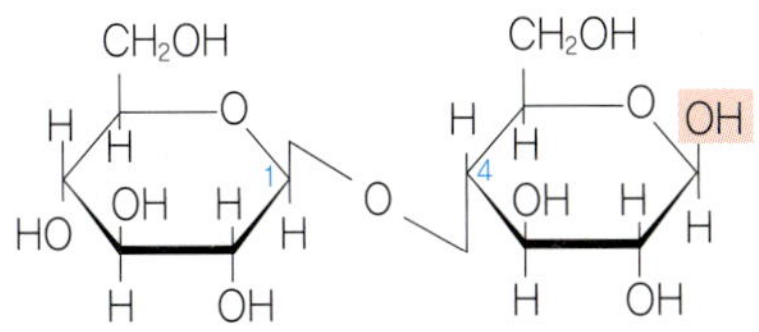

글루코오스-β-1,4-글루코오스

[그림 3-20] 셀로비오스의 구조

6) 루티노오스(Rutinose)

루티노오스는 β-람노오스(β-rhamnose)와 β-포도당이 β-1,6 결합한 환원당이며, 루틴(rutin), 헤스페리딘(hesperidin), 나린진(naringin) 등의 구성성분이다.

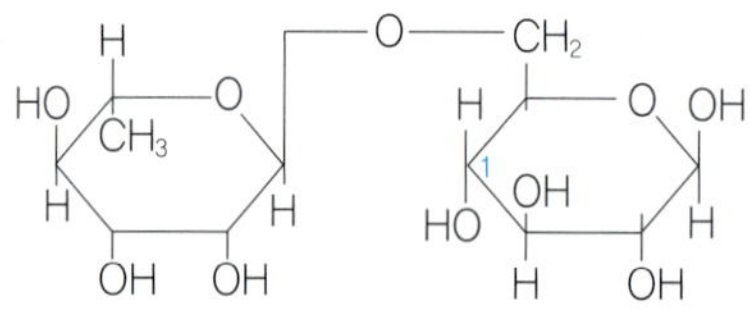

[그림 3-21] 루티노오스의 구조

7) 트레할로오스(Trehalose)

트레할로오스는 α-포도당 2분자가 α-1,1 결합한 당으로[그림 3-22], 환원성이 없으며 버섯, 효모 등에 존재한다.

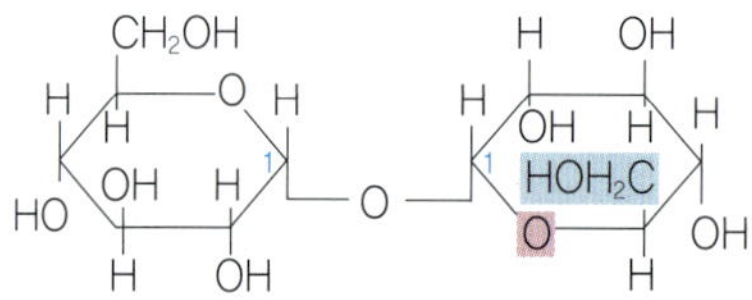

글루코오스-α-1,1-글루코오스

[그림 3-22] 트레할로오스의 구조

8) 멜리비오스(Melibiose)

멜리비오스는 갈락토오스의 C1과 포도당의 C6이 축합하여 결합된 당으로 환원당이며 삼당류인 라피노오스(raffinose)의 구성단위이다.

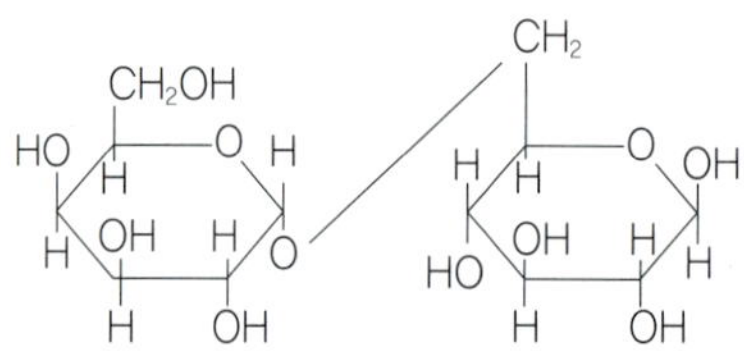

[그림 3-23] 멜리비오스의 구조

5. 소당류

소당류는 2~8개의 단당류로 구성된 당류이며, 삼당류인 라피노오스, 겐티아노오스와 사당류인 스타키오스 등이 존재한다.

1) 라피노오스(Raffinose)

라피노오스는 갈락토오스, 포도당, 과당으로 이루어진 삼당류로, 비환원당이고, 효모에 의해 멜리비오스와 과당으로 분해된다. 식물의 뿌리나 종자에 많고 대두와 면실, 사탕무에도 존재한다[그림 3-24].

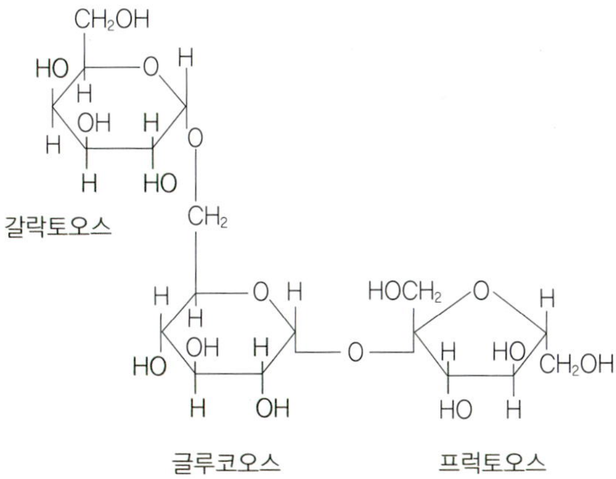

[그림 3-24] 라피노오스의 구조

2) 겐티아노오스(Gentianose)

겐티아노오스는 삼당류로 겐티오바이오스의 포도당 C1에 β-D-과당이 α, β-1,2 결합으로 축합된 구조를 가진다. 겐티아노오스는 비환원성이며, 단맛이 없고 효소인 인베르틴(invertin)이나 산에 의해 가수분해되어 겐티오바이오스와 과당이 생성된다.

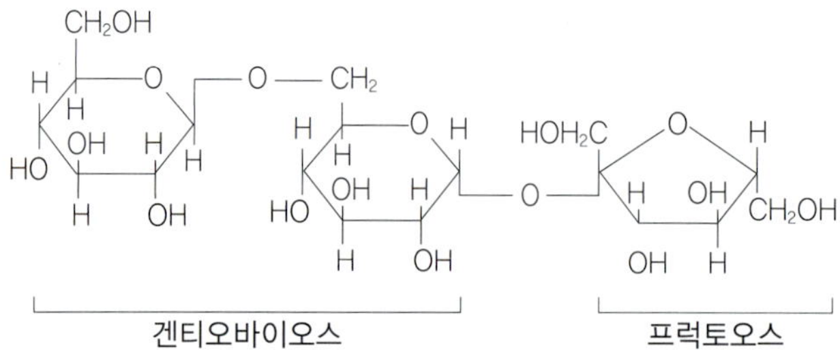

[그림 3-25] 겐티아노오스의 구조

3) 스타키오스(Stachyose)

스타키오스는 라피노오스의 갈락토오스 C6에 또 1개의 갈락토오스가 α-1,6 결합을 통해서 결합된 사당류로, 비환원당이며, 면실과 대두에 많이 들어 있다. 장내 세균의 발효에 의해 가스를 형성하나 비피더스균의 활성을 증가시키는 것으로 알려져 있다[그림 3-26].

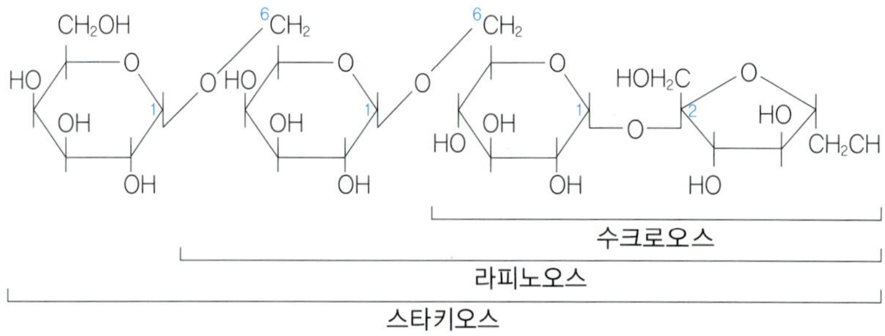

[그림 3-26] 라피노오스와 스타키오스의 구조

6. 당유도체

당유도체(sugar derivatives)는 단당류가 가지고 있는 작용기의 산화(oxidation), 환원(reduction), 치환(subtitution), 비당류의 결합 등으로 구조와 성질이 변한 당을 말한다.

1) 당알코올(Sugar alcohols)

당알코올은 단당류에 있는 알데하이드기(−CHO)가 알코올기(−CH_2OH)로 환원된 화합물이다. 즉, 5탄당이나 6탄당을 환원제나 수소 등으로 환원하면 알데하이드기와 케톤기가 환원되어 하이드록실기(−OH)로 바뀌며, 이러한 생성물을 당알코올이라 한다. 대표적으로 리보오스의 당알코올인 리비톨(ribitol), 포도당이 환원된 소르비톨(D-sorbitol), 만노오스가 환원된 만니톨(D-mannitol), 갈락토오스가 환원된 둘시톨(D-dulcitol), 5탄당인 자일로오스가 환원된 자일리톨(xylitol), 환상구조의 당알코올인 이노시톨(inositol) 등이 있다[그림 3-27].

소르비톨은 과일에 많이 존재하고, 만니톨은 갈조류에 함유되어 있다. 자일리톨은 설탕과 달리 충치균이 분해할 수 없기 때문에 충치예방 감미료로 이용되고 있으며 껌에도 쓰인다. 이노시톨(inositol)은 두류와 과일 등 식물체에도 존재하나, 동물의 근육, 뇌, 내장 등에 존재하므로 근육당이라고도 한다. 당코올은 설탕을 대체하는 저열량 감미료로 많이 이용되고 있다.

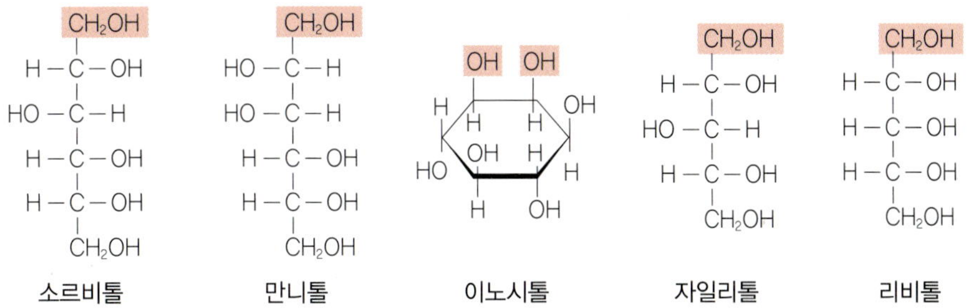

[그림 3-27] 당알코올의 구조

2) 아미노당(Amino sugar)

아미노당은 6탄당에서 C2의 하이드록실기(−OH)가 아미노기(−NH_2)로 치환된 것이다. 글루코사민(D-glucosamine)은 포도당의 아미노당으로 새우, 게 등 갑각류 껍질의 주성분인 키틴(chitin)의 구성성분이다. 갈락토사민(D-galactosamine)은 갈락토오스의 아미노당으로 연골이나 힘줄의 당단백질 중 콘드로이틴황산염(chondroitin sulfate)의 구성성분이다[그림 3-28].

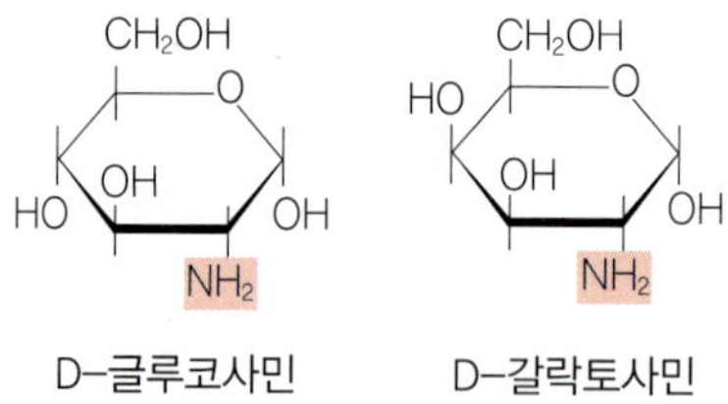

[그림 3-28] 아미노당의 구조

3) 데옥시당(Deoxysugar)

데옥시당은 단당류에서 산소원자 1개가 제거된 것으로 하이드록실기가 수소원자로 치환된 당이다. 데옥시리보오스(D-deoxyribose)는 리보오스의 C2에서 산소가 제거된 것으로 DNA의 구성성분이다. 람노오스는 만노오스의 C6에서 산소가 제거된 메틸펜토오스(methyl pentose)이며 배당체로 식물계의 색소 성분에 존재한다. 퓨코오스(L-fucose)는 갈락토오스의 C6에서 산소가 제거된 것으로 해조류의 다당류인 퓨칸(fucan)의 구성성분이다[그림 3-29].

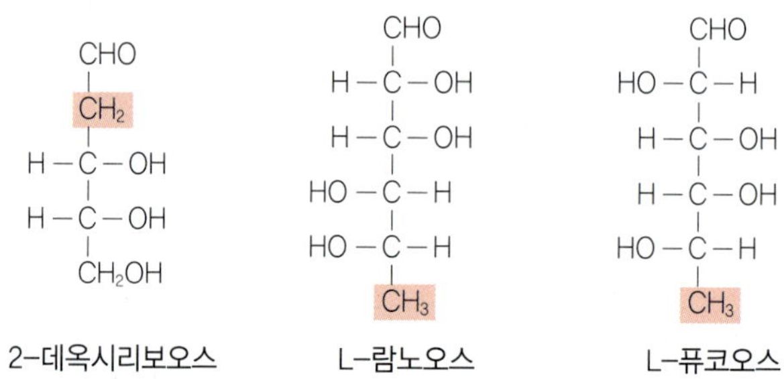

[그림 3-29] 데옥시당의 구조

4) 싸이오당(Thio sugar)

싸이오당은 단당류의 C1의 하이드록실기가 싸이올기(thiol group, −SH)로 치환된 것으로, 싸이오글루코오스(thioglucose)는 무, 마늘, 고추냉이의 매운맛 성분인 시니그린(sinigrin)의 구성당으로 배당체로 존재한다[그림 3-30].

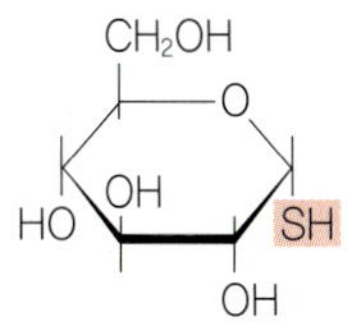

[그림 3-30] α-싸이오글루코오스의 구조

5) 배당체(Glycoside)

배당체는 당류의 환원성 하이드록실기와 비당류 부분이 글라이코사이드성 결합을 한 것을 말한다. 배당체의 비당류 부분을 아글리콘(aglycone)이라고 하며, 아글리콘의 종류에 따라 여러 가지 배당체가 있다. 감자의 싹에 있는 솔라닌(solanine), 가지와 포도의 안토시아닌(anthocyanin), 밀감에 들어 있는 나린진, 헤스페리딘 등이 배당체로 알려져 있다〈표 3-2〉.

〈표 3-2〉 식품에 존재하는 주요 배당체

배당체	결합당	아글리콘	함유식품
아미그달린 (amygdalin)	겐티오바이오스 (gentiobiose)	벤즈알데하이드(benzaldehyde), 시안화수소(hydrogen cyanide)	청매실, 살구
안토시아닌 (anthocyanin)	포도당(glucose), 갈락토오스(galactose)	안토시아니딘(anthocyanidin)	가지, 검정콩, 포도
시니그린 (sinigrin)	포도당	알릴아이소싸이오사이아네이트 (allyl isothiocyanate)	고추냉이, 겨자

배당체	결합당	아글리콘	함유식품
나린진 (naringin)	포도당, 람노오스(rhamnose)	나린제닌(naringenin)	밀감, 자몽
헤스페리딘 (hesperidin)	포도당, 람노오스	헤스페레틴(hesperetin)	밀감
솔라닌 (solanine)	포도당, 갈락토오스, 람노오스	솔라니딘(solanidine)	감자의 싹
루틴 (rutin)	포도당, 람노오스	퀘르세틴(quercetin)	메밀

7. 다당류

다당류는 수많은 단당류나 그 유도체가 글라이코사이드 결합으로 연결된 고분자 탄수화물이며 자연계에 존재하는 탄수화물의 대부분을 차지하고 있다. 다당류에는 구성 단당류가 1종류로 되어 있는 단순다당류와 2종류 이상으로 되어 있는 복합다당류가 있다. 전분, 셀룰로오스, 글라이코겐 등은 단순다당류에 속하고, 펙틴, 헤미셀룰로오스 등은 복합다당류에 속한다. 또한, 다당류는 출처에 따라 동물성 다당류와 식물성 다당류로 분류할 수도 있다. 다당류는 구성하고 있는 당의 종류 및 조성, 구조적 특성에 있어서 큰 차이를 나타낸다.

1) 전분(Starch)

전분은 대표적인 식물성 저장 탄수화물로서, 포도당이 수백~수천 개가 중합되어 있다. 전분은 녹색식물의 엽록소에서 광합성 작용에 의해 만들어져서 종자나 뿌리 등에 저장되어 에너지원으로 사용된다. 곡류나 감자류 등에 많이 들어 있으며 인간이 섭취하는 열량의 70~80%를 공급하므로 다당류 중 가장 중요하다.

(1) 특성

전분은 녹말이라 불리며 흰색의 입자로 맛(taste)과 냄새(odor)가 없고 물에 녹지 않는다. 전분 입자의 형태와 크기는 식물의 종류에 따라 매우 다르며, 광학현미경으로 쉽게 구분할 수 있고 구형, 달걀형, 원반형, 불규칙형, 다면체형 등 모양이 일정하지 않다[그림 3-31]. 곡류의 전분 입자는 크기가 소형이고 크기의 분포 범위가 좁지만(지름 2~40μm), 덩이줄기류의 전분 입자는 대형이고 분포 범위가 넓은 것이(지름 5~100μm) 특징이다. 전분은 물보다 비중이 크기 때문에 물에 넣고 저어주면 현탁액을 형성한 후 침전하게 된다.

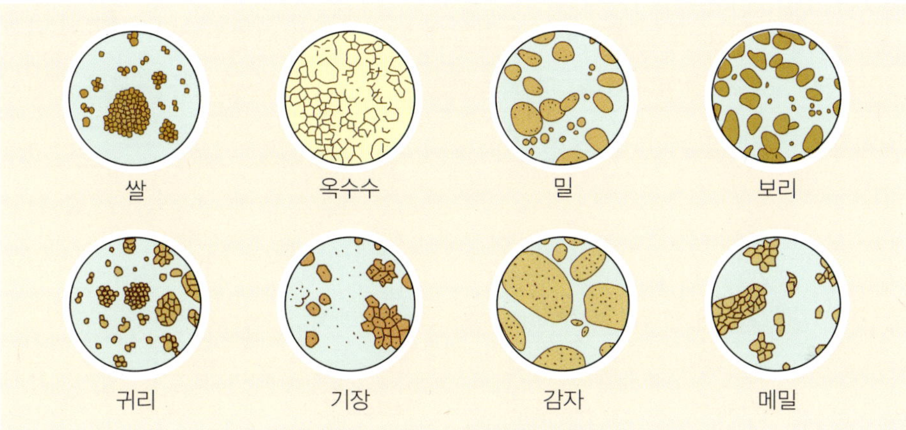

[그림 3-31] 전분 입자의 형태

(2) 조성

전분은 대부분 2종류의 중합체로 구성되어 있다. 포도당이 α-1,4 결합으로 연결된 직선형(linear)의 아밀로오스(amylose)와 이 아밀로오스 사슬 사이에 α-1,6 결합으로 가지를 지닌 아밀로펙틴(amylopectin)으로 구성된다[그림 3-32].

전분 중 아밀로오스와 아밀로펙틴의 함량 비율은 일반적으로 20:80 정도이나 전분의 종류에 따라 차이가 있다. 찹쌀, 찰옥수수, 차조 등의 찰전분은 거의 아밀로펙틴으로만 되어 있다.

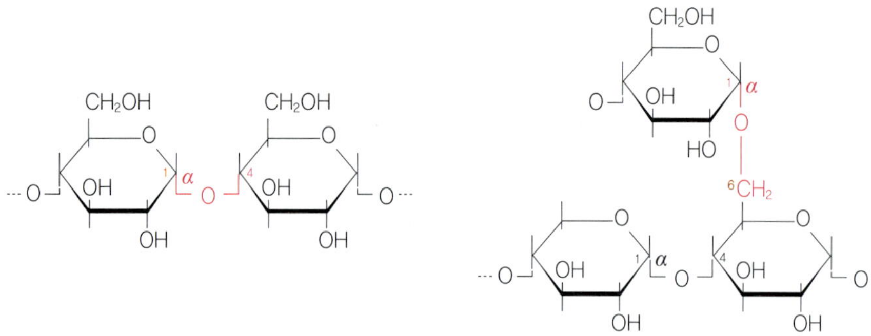

[그림 3-32] α-1,4-결합 및 α-1,6-결합

1 아밀로오스

아밀로오스는 α-포도당이 α-1,4 결합을 되풀이하며 연결된 직선상의 긴 사슬 모양을 한 고분자 중합체이다. 평균 중합도는 전분의 종류에 따라 다르나 일반적으로 200~3,000 정도이다[그림 3-33].

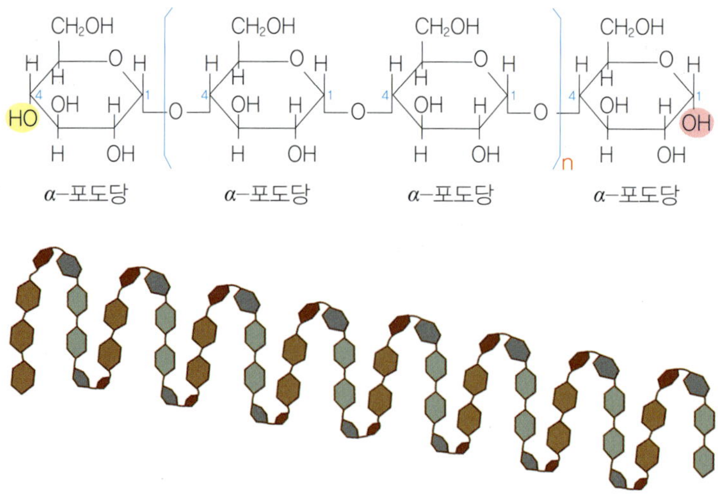

[그림 3-33] 아밀로오스의 구조

아밀로오스는 대개 6~8개의 포도당 분자마다 1회 회전하여 나선상 구조(α-helical form)를 이루고 있다. 아밀로오스 나선의 내부 공간에는 지방산(fatty acid) 분자나 요오드(iodine: I) 분자가 들어가서 포접화합물을 형성할 수 있다. 아밀로오스에 요오드를 반응시키면 요오드 분자들이 내부 공간에 복합되어 특유의 정색반응을 나타내는데 이를 요오드-전분 반응이라고 한다. 아밀로오스는 정색반응에 의해 청남색을 나타내며 아밀로오스의 사슬 길이가 길수록 청색이 짙어진다〈표 3-3〉, [그림 3-34].

〈표 3-3〉 아밀로오스 사슬 길이에 따른 요오드 정색반응

사슬 길이 (포도당 분자 수)	나선구조의 회전 수	요오드 반응 색깔
12	2	무색
12~15	2	갈색
20~30	3~5	적색
35~40	6~7	자색
< 45	9	청색

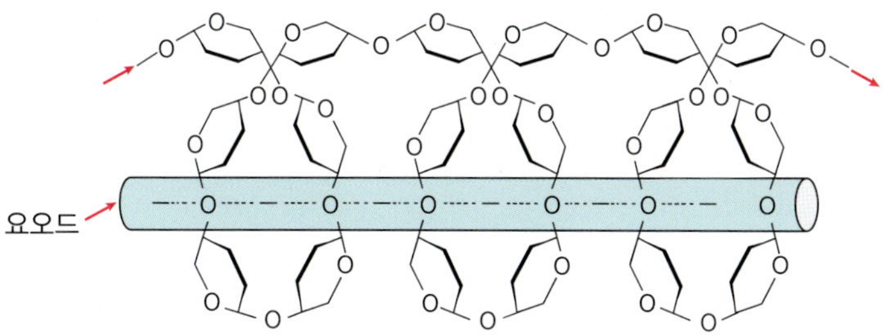

[그림 3-34] 아밀로오스-요오드 복합체

2 아밀로펙틴

아밀로펙틴은 α-포도당이 α-1,4 결합으로 연결된 아밀로오스의 사슬 군데군데에 다른 아밀로오스 사슬이 α-1,6 결합에 의해서 가지(branch)를 지닌 구조이며, 포도당 18~27개마다 가지를 가지고 있다. 아밀로펙틴 분자는 보통 1,000여 개 이상의 포도당으로 구성되어 있다. 아밀로펙틴은 나선상의 형태를 이루고 있지 않아

포접화합물을 형성하지 않으므로 요오드와 거의 반응하지 않고 아밀로오스와 달리 정색반응에 의해 자주색을 나타낸다. 아밀로펙틴은 가지를 가지고 있으므로 전체적인 분자형태는 나무와 같은 모양을 가진다[그림 3-35].

[그림 3-35] 아밀로펙틴의 분자형태에 관한 모델

(3) 전분의 미셀 구조 및 결정성

생전분 분자들은 규칙적인 배열로 미셀(micelle)을 형성하고 있어 X-선 조사를 하면 비교적 뚜렷한 반점(spot)이나 동심원륜(concentric ring)이 나타난 회절도를 보인다. 이는 미셀을 이루는 아밀로오스나 아밀로펙틴이 규칙적이고 조밀하게 배열하는 부분인 결정성 영역(crystalline region)이 존재하기 때문이다[그림 3-36].

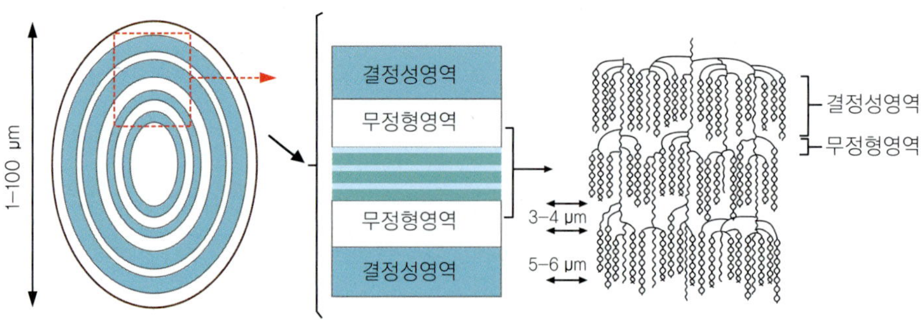

[그림 3-36] 전분미셀의 구조

생전분은 전분의 종류에 따라 특징적인 회절도를 보이는데 곡류 전분(쌀, 밀)은 A 도형, 감자, 밤 등의 전분은 B 도형, 고구마, 칡, 타피오카 등의 전분은 C 도형의 X-선 회절도를 나타난다[그림 3-37].

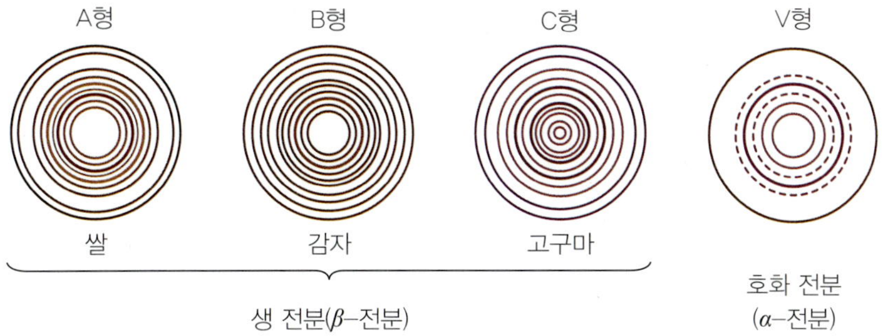

[그림 3-37] 전분의 X-선 회절도 모형

한편, 전분에 호화가 일어나면 전분의 미셀 구조가 파괴되어 규칙적인 배열 부분인 결정성 영역이 없어지고 배열이 불규칙하게 되어 X-선에 대하여 뚜렷한 회절도를 나타내지 않고 V 도형으로 알려진 무정형의 X-선 회절도를 나타낸다. 일반적으로 A, B, C 도형의 X-선 회절도를 나타내는 전분을 β-전분이라고 하고, V 도형을 나타내는 전분을 α-전분이라고 한다.

(4) 전분 분해효소

전분은 전분을 가수분해시키는 효소에 의해 구성당으로 분해된다. 전분의 분해효소에는 α-아밀레이스, β-아밀레이스, 글루코아밀레이스(glucoamylase) 등이 있으며 각 효소의 작용은 〈표 3-4〉, [그림 3-38]과 같다.

〈표 3-4〉 전분 분해효소의 종류와 작용

효소	작용
α-아밀레이스 (α-amylase)	• 타액, 췌장액, 발아 종자, 미생물 등에 존재함 • 칼슘이온을 지닌 금속효소임(metal enzyme) • 전분의 α-1,4 결합을 무작위로 가수분해함(endo 효소) • α-1,6 결합을 분해하지 못함 • 아밀로펙틴에서 α-아밀레이스가 작용하지 못하고 남은 부분을 α-아밀레이스 한계덱스트린(limit dextrin)이라고 함[그림 3-39] • 전분을 가수분해하여 용액상태로 만들기 때문에 액화효소라고 함
β-아밀레이스 (β-amylase)	• 감자, 곡류, 두류, 엿기름, 타액에 존재함 • 전분의 α-1,4 결합을 맥아당 단위로 말단에서부터 가수분해함(exo 효소) • α-1,6 결합을 분해하지 못함 • 아밀로펙틴에서 β-아밀레이스가 작용하지 못하고 남은 부분을 β-아밀레이스 한계덱스트린이라고 함[그림 3-39] • 전분을 가수분해하여 맥아당과 포도당의 함량을 증가시켜 단맛을 높이므로 당화효소라고 함
글루코아밀레이스 (glucoamylase)	• 동물의 간조직과 미생물에 존재함 • 전분의 α-1,4 결합, α-1,6 결합, α-1,3 결합을 말단에서부터 포도당 단위로 가수분해함 • α-1,4 결합만으로 구성된 아밀로오스는 모두 분해하며, 아밀로펙틴은 80~90% 분해함 • 맥아당 가수분해효소(maltase) 또는 γ-아밀레이스(γ-amylase)라고도 함 • 고순도의 결정포도당을 생산하는 데 이용됨

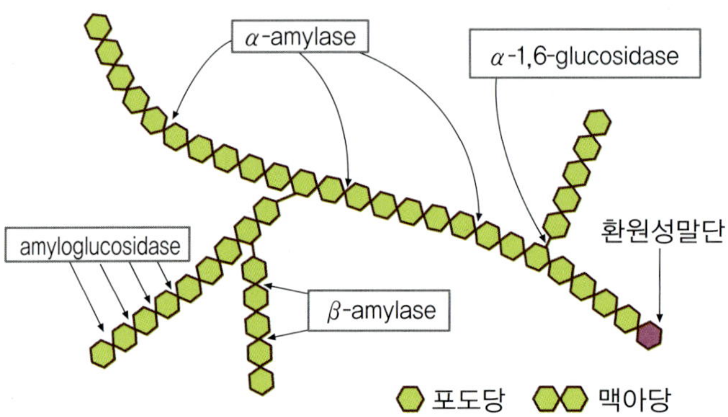

[그림 3-38] 전분 분해효소의 작용기전

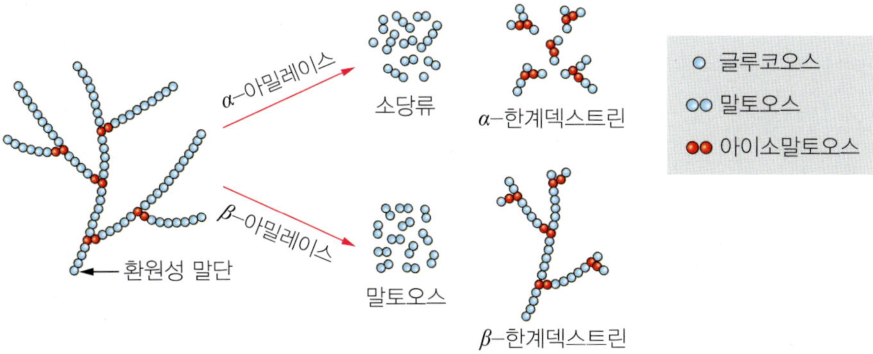

[그림 3-39] 한계덱스트린의 구조

(5) 전분의 호화

전분 입자는 분자 상호 간에 강한 결합력에 의하여 규칙적으로 모여진 미셀 구조로 되어 있는데 이를 생전분(β-전분)이라 한다. 생전분에 물을 넣어 가열하면 60~80℃에서 전분 입자가 파괴되어 미셀 구조가 흐트러지는데 이를 전분의 호화(gelatinization) 또는 교질화, α-화라고 하며 호화된 전분을 α-전분이라 한다.

1 호화과정

전분의 호화는 수화, 팽윤, 교질용액의 형성 등 3단계의 과정으로 이루어진다 [그림 3-41].

[STEP 1] 수화(Hydration)

전분에 물을 가하면 미셀을 형성하고 있는 아밀로오스나 아밀로펙틴 분자들 사이에 물 분자가 침투한다. 주로 비결정성 영역에 침투되며, 전분 입자들은 현탁액의 온도가 높아짐에 따라 중량의 20~30%의 물을 흡수한다. 호화 개시온도 전까지 이루어지는 이 과정은 가역적이므로 건조시키면 원상태로 돌아올 수 있다.

[STEP 2] 팽윤(Swelling)

전분현탁액의 온도가 상승하고 호화 개시온도(약 60℃ 전후) 이상이 되면 다량의 수분을 계속 흡수하여 전분이 급격히 팽윤한다. 결정성 영역의 분자 간 수소결합이 끊어지고 분자들 사이의 간격은 계속 늘어나면서 전분의 미셀 구조도 느슨해지기 시작한다. 이 과정은 비가역적이다. 이러한 변화가 일어나는 온도를 호화온도라고 하는데, 호화온도는 전분의 종류에 따라 다르며, 일반적으로 온도범위로 표시한다. 예를 들어, 밀 전분 53~65℃, 쌀 전분 61~78℃ 등과 같이 온도의 범위로 나타낸다. 그 이유는 전분 입자들의 크기와 모양이 다양하기 때문에 특정 온도에서 모든 전분 입자들이 동시에 호화되지 않고 온도 상승에 따라 점차적으로 호화되기 때문이다.

[STEP 3] 교질용액(Colloid) 형성

온도가 계속 상승하면 전분 입자들은 붕괴되고 현탁액은 교질 용액으로 변한다. 즉, 아밀로오스 및 아밀로펙틴 분자들의 일부가 끊어져 용출되어 나와 점도가 증가하며, 반투명한 교질용액으로 변한다. 또한, 전분의 결정성이 소실되었음을 의미하는 복굴절성(birefringence)이 소실되는 변화가 일어난다[그림 3-40]. 교질용액의 점도는 호화되는 동안 최대점도에 도달한 후 다시 감소한다.

(A) (B)

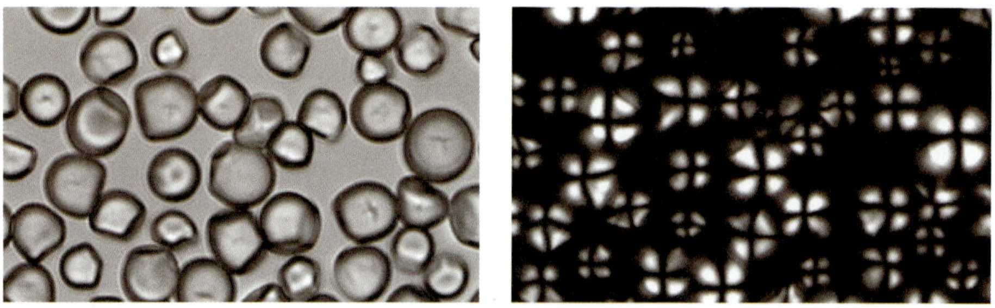

[그림 3-40] 광학현미경에 의한 전분 입자(A)와 편광현미경에 의한 복굴절성(B)

출처: Food Hydrocolloids 66: 334-342 (2017)

[그림 3-41] 전분의 호화과정

2 호화에 영향을 미치는 요인

- 전분의 종류: 전분의 호화는 전분 종류에 따라 다르게 나타난다. 전분 입자들의 크기, 형태, 내부 구조, 아밀로오스와 아밀로펙틴의 함량 등은 호화에 큰 영향을 미친다. 일반적으로 전분 입자가 작으면 호화온도가 높아지며 아밀로펙틴의 함량이 많을수록 호화속도는 느리다. 따라서 쌀, 보리 등 곡류 전분은 감자, 고구마와 같은 서류 전분보다 호화온도가 높게 나타난다.
- 수분함량: 전분 입자가 호화되기 위해서는 수분이 필요하다. 호화 시 수분이 전분 입자 안으로 흡수되어 전분 입자가 팽윤되므로 전분의 수분함량이 많을수록 호화가 잘 일어난다.
- pH: 전분 분자 사이의 수소결합은 산과 알칼리에 의해 영향을 받으며, 특히 알칼리성에서 전분의 호화가 촉진된다.
- 온도: 호화 최저온도 이상이 되어야 호화가 일어나며, 온도가 높으면 호화시간은 단축된다.
- 염류: 염류는 수소결합에 영향을 주기 때문에 전분의 호화에 영향을 미친다. 전분 입자의 팽윤을 촉진시키는 물질을 팽윤제(swelling agent)라고 하는데, 전분 현탁액에 팽윤제를 첨가하면 호화온도가 낮아진다. 알칼리성 염류들은 전분의 호화를 촉진시키며, NaOH, KOH, KCNS, KI, NH_4NO_3, $AgNO_3$ 등이 팽윤제의 역할을 한다. 그러나 황산염은 호화를 억제시킨다.
- 당류: 고농도의 당은 전분이 호화되는 데 필요한 물을 빼앗아 당의 수화에 이용하므로 결과적으로 전분의 호화 억제 작용을 한다.

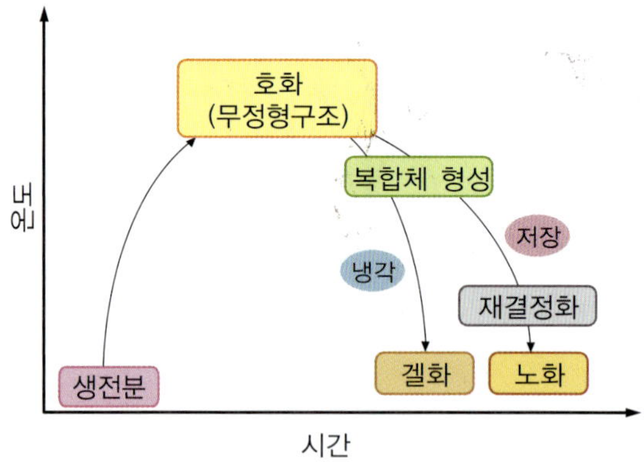

[그림 3-42] 전분의 호화, 겔화 및 노화의 개념도

(6) 전분의 겔화

호화된 전분은 점성이 있고 흐르는 성질을 지닌 졸(sol) 상태이나 냉각하면 반고체 상태의 겔(gel)을 형성한다. 이를 겔화(또는 젤화, gelation)라고 한다[그림 3-42]. 호화 시 용출되었던 아밀로오스 분자들이 수소결합으로 회합하거나, 아밀로펙틴 분자의 가지와 결합하여 3차원 망상구조를 형성하면서 그 내부에 물이 갇히게 되면서 겔이 된다. 전분 겔의 대표적인 식품으로 묵이 있으며, 겔 식품은 점탄성을 지니고 흔들흔들하면서도 모양을 유지하는 특성이 있다.

(7) 전분의 노화

호화된 α-전분 및 겔화된 전분을 낮은 온도에 방치하면 전분 입자들이 다시 모여 규칙성 있는 미세구조를 형성하여 점점 굳어지게 된다. 이러한 현상을 노화(retrogradation)라고 하며, α-전분에 대응해 β-전분이라고도 하므로 β화라고도 한다[그림 3-42]. β-전분이라는 명칭은 같으나 생전분과는 차이가 있다.

1 노화의 과정

호화된 전분에서는 전분 분자들이 많은 물 분자들에 의해 수화되어 서로 떨어져 있으면서 불규칙적인 배열을 하고 있었으나 온도가 낮아지면서 노화가 시작되면 전분 분자들이 가까운 다른 분자와 수소결합을 하기 시작한다. 이렇게 분자 간 회합점이 생기면서 부분적으로 작은 결정영역이 형성되며, 이들이 재배열되면서 규칙적인 분자배열을 한 결정영역이 점차 커지게 된다. 노화에 의해 형성된 결정영역은 생전분의 결정영역과는 다른 양상을 보인다.

한편, 3차원 망상구조를 이루고 있던 전분 겔의 경우 노화되면 망상구조가 수축하면서 내부에 갇혀 있던 물이 빠져 나오기도 하는데 이를 이액(syneresis)현상이라 한다.

2 노화에 영향을 미치는 요인

- 전분의 종류: 전분의 노화도 전분의 종류에 영향을 받는다. 전분 입자의 크기가 작으면 노화되기 쉬우므로 전분 입자가 작은 쌀, 옥수수 등의 곡류 전분은 노화되기 쉬우며 전분 입자의 크기가 큰 감자, 고구마, 타피오카 등의 근경류 전분은 노화되기 어렵다. 또한, 아밀로오스는 직선상의 분자로 입체장애가 없으므로 노화되기 쉽고 아밀로펙틴은 가지 형태의 구조를 가지고 있어 입체장애로 인해 노화되기 어렵다. 따라서 찹쌀, 찰옥수수 등 아밀로펙틴만으로 구성된 전분은 잘 노화되지 않는다.
- 수분함량: 전분의 수분함량이 30~60%일 때 가장 노화되기 쉽고, 수분이 10% 이하이거나 60% 이상이면 α-전분 중의 아밀로오스 분자들의 침전과 회합에 방해되므로 노화가 잘 일어나지 않는다.
- pH: pH가 알칼리성일수록 호화는 촉진되고 노화는 억제된다. 일반적으로 산성에서는 노화가 촉진되나 강산성일 때는 오히려 노화가 지연된다.
- 온도: 노화가 가장 잘 일어나는 온도는 0~5℃의 냉장온도인데, 이것은 온도가 낮으면 α-전분의 교질구조가 불안정해지기 때문이다. 또한, 온도가 60℃ 이상이어도 노화는 잘 일어나지 않는다.
- 염류: 일반적으로 무기염류는 호화를 촉진시키고 노화를 억제하지만 황산마그네슘과 같은 황산염은 노화를 촉진한다. 음이온은 $CNS^- > PO_3^- > CO_3^{2-} >$

$I^- > NO_3^-$ 순으로, 양이온은 $Ba^{2+} > Sr^{2+} > Ca^{2+} > K^+ > Na^+$ 순으로 호화를 촉진하고 노화를 억제한다.

3 노화의 억제

α-전분은 물 분자가 침입하기 쉽고 소화효소가 접촉할 수 있는 면이 넓어 소화되기 쉬우나 노화된 β-전분은 단단하여 소화가 어렵다. 또한, 전분의 노화는 일반적으로 가공식품의 품질이나 영양가에 좋지 않은 영향을 미치고 바람직한 현상은 아니므로 노화를 억제하는 방법이 필요하다.

- **수분함량의 조절**: 노화가 가장 잘 일어나는 수분함량은 30~60%이다. 따라서 이 범위를 벗어나도록 수분함량을 조절해 주면 노화를 억제할 수 있다. 수분함량을 60% 이상으로 높인 전분질 식품은 저장성이 떨어지므로 실제로는 30% 이하로 낮추어 주는 방법이 효과적이다. 특히, 호화된 전분의 수분함량이 15% 이하이면 노화가 잘 억제되고, 10% 이하까지 낮출 경우 노화가 거의 일어나지 않는다. 라면, 비스킷, 건빵 등은 이러한 원리를 이용하여 제조한다.
- **냉동**: 전분의 노화는 냉동온도에서는 잘 일어나지 않는다. 이는 온도가 내려가면 물 분자 사이의 수소결합이 더 안정화되어 전분 분자 간의 자유로운 이동이 억제되기 때문이다.
- **용질의 첨가**: 설탕과 같은 용질은 전분 겔의 노화를 억제해 준다. 이것은 설탕이 탈수제처럼 작용하기 때문이며 α-전분을 단시간에 건조시킨 것과 같은 효과가 있다.
- **유화제의 사용**: 모노글리세라이드(monoglyceride), 다이글리세라이드(diglyceride), 자당지방산에스터(sucrose fatty acid ester)와 같은 유화제를 사용하면 전분 교질용액의 안정도를 증가시켜 전분 분자의 침전이나 부분적인 결정 형성을 억제함으로써 노화를 억제한다. 이러한 유화제는 빵류나 과자류의 노화 방지에 효과가 크다.

(8) 전분의 호정화

전분에 수분을 첨가하지 않고 160℃ 이상의 고온에 가열하면 전분 분자의 부분적인 가수분해 또는 열분해가 일어나 가용성 전분을 거쳐 가용성 덱스트린(dextrin)이 생성된다. 이러한 과정을 호정화(dextrinization)라고 한다. 호정화는 물리적인 상태의 변화만 일어나는 호화와는 달리 전분이 열분해(pyrolysis)되는 화학적 변화이다. 덱스트린은 호화전분보다 물에 잘 녹고 효소작용을 받기 쉬워 쉽게 소화된다. 전분 식품을 볶을 때, 빵을 구울 때, 뻥튀기와 같은 팽화 식품을 만들 때 전분의 호정화가 일어난다.

2) 덱스트린(Dextrin)

전분을 산이나 효소로 가수분해할 때 포도당이나 맥아당이 되기 전에 생성되는 전분의 가수분해 중간산물을 덱스트린이라고 하며 가수분해의 정도에 따른 분자량이나 중합도에 따라 가용성 전분(soluble starch), 아밀로덱스트린(amylodextrin), 에리트로덱스트린(erythrodextrin), 아크로덱스트린(achrodextrin), 말토덱스트린(maltodextrin) 등으로 구분한다〈표 3-5〉. 이들은 요오드 반응의 정색에 따라 가수분해 정도를 추정할 수 있다. 덱스트린은 일반적으로 물에 녹고, 전분처럼 겔을 형성하지 않으며 단맛을 가지고 있다.

〈표 3-5〉 덱스트린의 종류 및 특성

종류	특성
가용성 전분 (soluble starch)	• 생전분을 묽은 염산으로 처리하여 침지시키고 일주일 정도 실온에서 방치한 후 용액이 산성을 띠지 않을 때까지 물로 수세하여 건조시켜서 얻는다. • 생전분처럼 냉수에는 잘 분산되지 않으나 뜨거운 물에는 잘 분산되어 교질용액을 만든다. • 펠링용액을 환원시키지 않으며, 요오드 정색반응에서 청색을 나타낸다. • 가용성 전분도 전분의 가수분해물로 덱스트린이기는 하나, 다른 덱스트린과 달리 전분의 유도체로 취급하고 있다.
아밀로덱스트린 (amylodextrin)	• 가용성 전분보다 가수분해가 좀 더 진행된 것으로 가용성 전분과 거의 비슷한 성질을 나타낸다. • 요오드 정색반응에서 청색을 나타낸다.
에리트로덱스트린 (erythrodextrin)	• 아밀로덱스트린보다 가수분해가 더 진행된 것으로 1~3%의 맥아당을 함유하고 있어 환원성을 가지고 있다. • 냉수에 녹으며 요오드 정색반응에서 적색을 나타낸다.
아크로덱스트린 (achrodextrin)	• 에리트로덱스트린보다 가수분해가 더 진행된 것으로 환원성이 있다. • 요오드 정색반응을 나타내지 않는다.
말토덱스트린 (maltodextrin)	• 아크로덱스트린보다 가수분해가 더욱 진행된 것으로 맥아당이나 포도당으로 가수분해되기 직전 상태의 덱스트린이다. • 덱스트린 중합도가 가장 적고 환원성이 가장 크다. • 요오드 정색반응을 나타내지 않는다.

3) 섬유소(Cellulose)

섬유소는 세포벽의 주성분으로 자연계에 널리 분포하고 있다[그림 3-43]. 섬유소는 포도당이 β-1,4 결합에 의하여 직쇄상으로 연결되어 있는데, 인체에는 이 결합을 분해하는 효소인 셀룰레이스(cellulase)가 없기 때문에 섬유소를 소화시키지 못한다. 따라서 영양적인 가치가 없는 대신 장을 자극하여 장운동을 활발하게 해 주어 변비를 예방하는 데 효과가 있다. 또한, 콜레스테롤(cholesterol)이나 기타 노폐물을 흡착하여 배설시킴으로써 콜레스테롤을 저하시켜 준다.

초식동물은 장내 세균이 사료 중의 섬유소를 분해시켜 흡수하지만 인체 내에서는 소화가 되지 않기 때문에 저칼로리 식품을 제조하는 데 사용될 수 있다. 식품용 분말 셀룰로오스는 빵, 과자 등에 무칼로리 증량제 역할을 하여 식이섬유 함량을 증가시키고 제품의 수분과 신선도를 오래 유지하는 데 이용되기도 한다.

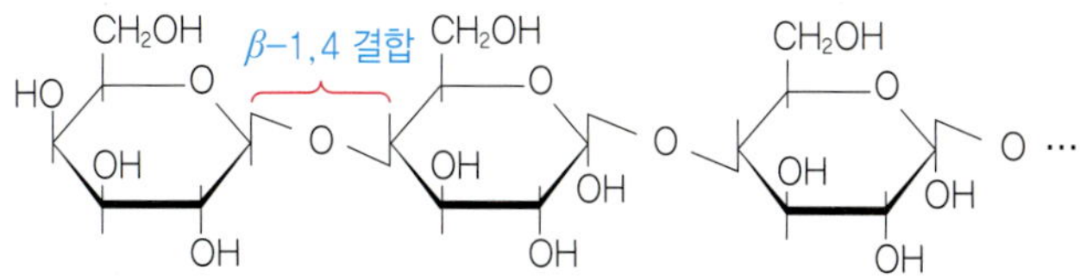

[그림 3-43] 섬유소의 구조

4) 이눌린(Inulin)

이눌린은 돼지감자, 우엉, 달리아의 뿌리, 백합 뿌리 등에 들어 있는 다당류로 β-프럭토퓨라노오스(fructofuranose)가 β-1,2 결합으로 이루어진 중합체이다. 사람에게는 이눌린을 분해하는 소화효소가 없으며, 요오드 반응을 하지 않는다[그림 3-44].

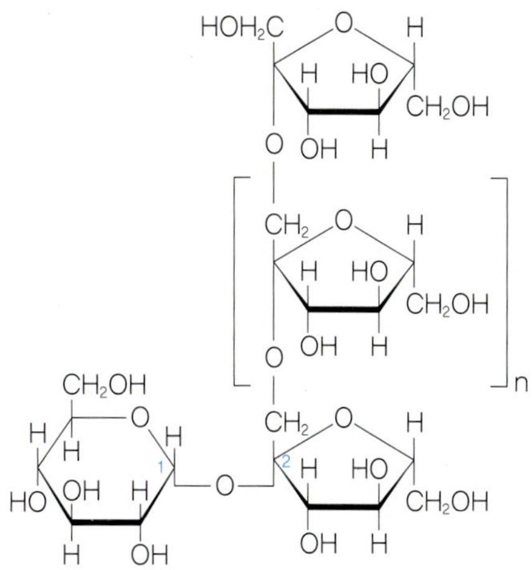

[그림 3-44] 이눌린의 구조

5) 글라이코젠(Glycogen)

글라이코젠은 동물의 저장 탄수화물로 간, 근육에 많이 함유되어 있다. 글라이코젠은 아밀로펙틴과 구조가 유사하나 아밀로펙틴보다 가지가 더 많고 사슬의 길이가 더 짧다[그림 3-45]. 구성단위는 포도당으로, α-포도당이 α-1,4 결합으로 이어져 있고 포도당 8~16개마다 α-1,6 결합을 가지고 있는 중합체이다.

글라이코젠은 무정형의 분말로 맛과 냄새가 없으며, 요오드 반응 시 적갈색을 나타낸다. 호화나 노화현상이 일어나지 않으며 찬물에 녹아 교질용액을 형성한다.

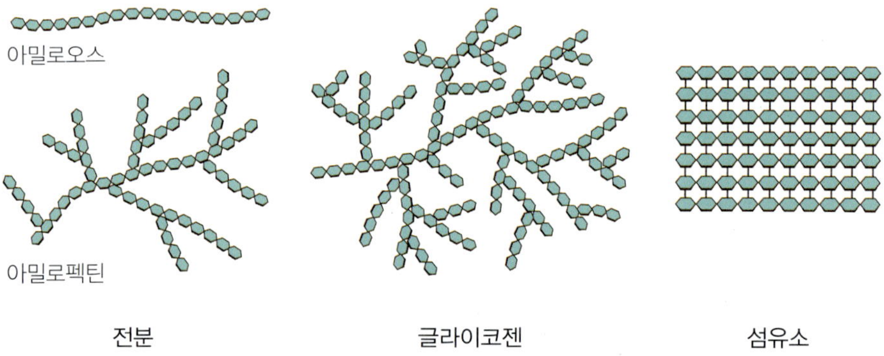

[그림 3-45] 전분, 글라이코젠 및 섬유소 구조의 비교

6) 펙틴 물질(Pectins)

펙틴 물질(pectin substance)은 식물의 뿌리, 과일이나 해조류 등에 함유되어 있으며 식물조직의 세포벽이나 세포막 사이 물질을 결착시켜 주는 물질이다. 펙틴 물질은 프로토펙틴(protopectin), 펙트산(pectic acid), 펙틴산(pectinic acid), 펙틴으로 구분된다.

(1) 펙틴 물질의 구조

펙틴 물질의 기본 구조는 α-D-갈락투론산(α-D-galacturonic acid)이 α-1,4 결

합으로 직선상으로 연결되어 있는 고분자 물질이며 α-나선상의 형태를 갖고 있다 [그림 3-46].

(2) 펙틴 물질의 종류

1 프로토펙틴(Protopectin)

프로토펙틴은 펙틴의 전구체로서 덜 익은 과일과 채소에 들어 있으며 과일과 채소가 익어 감에 따라 프로토펙티네이스(protopectinase) 효소작용에 의하여 펙틴 등으로 가수분해된다.

2 펙트산(Pectic acid)

펙트산은 α-D-갈락투론산 100~800 정도가 α-1,4 결합에 의하여 결합된 중합체로서 숙성한 과일에 있다. 메톡실기가 존재하지 않고 유리 카복실기를 가지고 있어 칼슘(calcium: Ca)이나 마그네슘(magnesium: Mg)과 결합하여 염을 형성하며, 칼슘과 결합한 경우에 불용성 칼슘펙테이트(calcium pectate)를 형성한다.

3 펙틴산(Pectinic acid)

펙틴산은 펙트산 분자의 카복실기 일부가 메틸에스터($-COOCH_3$)화되어 있으며 물과 교질을 형성한다.

4 펙틴(Pectin)

펙틴은 단일 물질이 아니며, 분자 내의 카복실기의 일부가 메틸에스터나 산의 형태 또는 소듐염, 포타슘염, 암모늄염의 형태로 되어 있는 수용성 펙틴산을 말한다. 펙틴은 메틸에스터의 백분율, 즉 에스터화도(degree of esterification: DE)에 따라 에스터화도가 50% 이상인 고메톡실(high methoxyl: HM)펙틴과 에스터화도가 50% 이하인 저메톡실(low methoxyl: LM)펙틴으로 분류한다. 에스터화도는 펙틴의 용해도, 겔 형성 능력과 겔의 특성에 큰 영향을 미친다. 펙틴은 사과, 감귤류에 특히 많이 들어 있다.

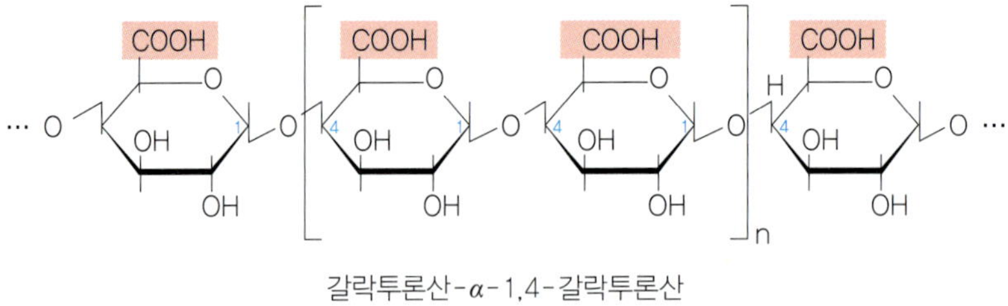

[그림 3-46] 펙틴물질의 기본 구조

(3) 펙틴의 겔 형성

펙틴의 겔 형성은 메톡실 함량에 따라 뚜렷한 차이가 있다. 만약, 펙틴 분자에 메톡실기(−OCH_3)가 전혀 없다면 메톡실기의 함량은 0%이다. 이 경우가 펙틴질의 분류상 펙트산(pectic acid)이다. 반대로 펙틴분자의 카복실기가 모두 메톡실기로 치환되어 있다면, 메톡실기의 함량은 펙틴분자 전체에 대한 메톡실기를 중량비로 계산할 경우 약 16.3%가 된다. 그러나 실제 자연계에서 펙틴의 메톡실기 함량은 최대 14% 정도이다. 따라서 14%의 중간값인 7%를 기준으로 그 이상의 메톡실기를 함유하면 고메톡실펙틴(HM), 그 이하는 저메톡실펙틴(LM)이라고 한다[그림 3-47].

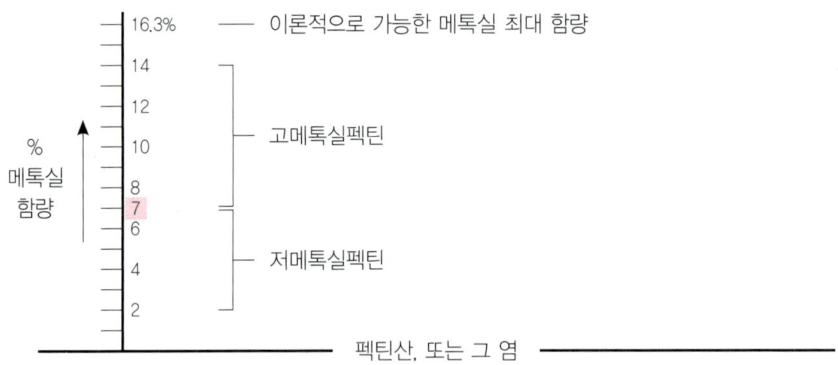

[그림 3-47] 메톡실 함량에 따른 펙틴의 분류

1 고메톡실펙틴의 겔 형성 원리

고메톡실펙틴은 pH 2.0~3.6에서 당 함량이 50% 이상이면 겔이 잘 형성된다. 즉, 고메톡실펙틴이 겔을 형성하기 위해서는 높은 당 함량과 낮은 pH가 필수적이나, 메톡실기가 많을수록 당과 산이 적어도 겔을 잘 형성한다. 펙틴 분자들은 산성 pH하에서는 분자 내 유리 카복실기가 해리하여 음의 전하를 갖고 있기 때문에 물 분자들에 의해 강하게 수화되고 펙틴 분자 상호 간의 음전하에 의한 반발로 비교적 안정화되어 있다. 그러나 이러한 펙틴 용액에 산을 더 가하면 수소이온(H^+)이 많아지고 카복실기의 해리는 감소되므로, 전기적으로 중화된다. 이는 분자 간 반발력을 감소시켜 불안정해진 펙틴 분자들이 상호 결합하면서 쉽게 3차원 망상구조가 형성된다. 이때 첨가된 설탕은 펙틴 분자를 수화하고 있던 물 분자를 빼앗아 자신이 수화됨으로써 펙틴에 대한 탈수제로 작용하여 펙틴의 불안정화를 가속화시킨다[그림 3-48].

2 저메톡실펙틴의 겔 형성 원리

저메톡실펙틴은 당이나 산을 첨가해도 겔이 잘 형성되지 않는다. 따라서, 저메톡실펙틴은 고메톡실펙틴과는 달리 설탕보다는 칼슘이온과 같은 2가의 양이온들을 첨가하면 겔이 잘 형성된다. 즉, 저메톡실펙틴 분자들은 메톡실기가 결합되지 않은 유리 카복실기가 상대적으로 많아, 이들이 양이온들과 결합함으로써 양이온을 매개로 한 펙틴 분자 사이의 결합을 유도하여 3차원 망상구조의 겔이 형성된다. 따라서 저메톡실펙틴을 이용한 겔은 설탕 함량을 감소시킬 수 있어 저열량 식품으로 유용하다. 단, 소듐이온과 같은 1가 양이온들은 오히려 이온결합을 약화시켜 겔 형성을 억제한다[그림 3-48].

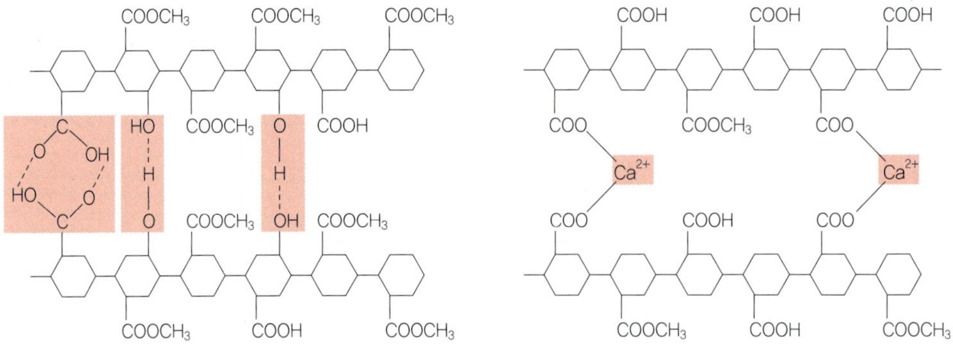

고메톡실펙틴에 의한 겔화
↓
HM(high methoxyl) pectin
$-OCH_3 > -COOH$

저메톡실펙틴의 칼슘이온에 의한 가교결합
↓
LM(low methoxyl) pectin
$-OCH_3 < -COOH$

[그림 3-48] 펙틴의 겔 형성 원리

7) 헤미셀룰로오스(Hemicellulose)

헤미셀룰로오스는 식물 세포벽의 구성성분으로 세포벽의 20~30%를 차지한다. 헤미셀룰로오스는 화학구조상 셀룰로오스와는 상관없는 물질로서 식이섬유의 성분으로 중요하다. 헤미셀룰로오스는 β-D-자일로피라노오스(xylopyranose)가 결합된 물질로 짧은 곁가지를 가지고 있다. 곁가지들은 주로 L-아라비노오스, D-갈락토오스, D-포도당들로 구성되어 있다.

8) 글루코만난(Glucomannan)

글루코만난은 만난, 곤약만난(konjak mannan)이라고도 하며 만노오스와 포도당이 약 2:1로 결합되어 있다. 난소화성으로 인체에서는 거의 소화되지 않기 때문에 저칼로리 식품의 원료로 사용된다.

9) 키틴(Chitin)

키틴은 새우, 게 등의 갑각류의 껍질에 존재하는 갑각성분으로 당유도체인 아미노당이 β-1,4 결합되어 있다[그림 3-49]. 키틴에서 아세틸기가 제거된 것이 키토산이며 최근 키토산의 항균성, 항암성 등 여러 가지 생리활성이 밝혀져 다양한 용도로 이용되고 있다.

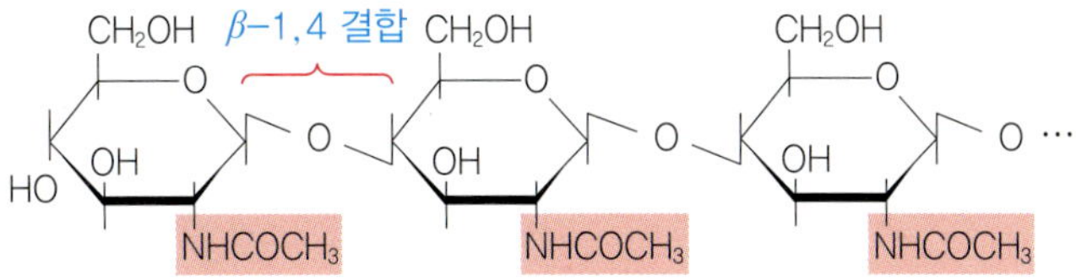

아미노당-β-1,4-아미노당

[그림 3-49] 키틴의 구조

10) 검류(Gums)

검이란 육상 식물(조직, 종자 등), 해조류 및 미생물로부터 얻는 고분자의 수용성 다당류에 속하는 물질로 물에 녹아 점성을 나타내어 점도를 증가시키거나 겔을 형성하는 성질이 있다. 따라서 점질 다당류라고 하며, 검류 또는 친수성 콜로이드(hydrocolloids)라고도 불리운다. 가공식품의 증점제, 안정제, 겔화제, 결합제 및 유화제 등으로 널리 쓰이고 있으며 그 출처에 따라 분류한다〈표 3-6〉.

〈표 3-6〉 검류의 종류와 특성

출처	종류	특성	이용
식물종자	로커스트빈검 (Locust bean gum =로커스트콩검 =메뚜기콩검)	• 중동지방, 지중해 지역 등에서 재배되는 콩과식물인 locust bean의 종자에서 얻어짐 • 기본 구조는 만노오스가 β-1,4결합으로 직선구조를 이루고, 만노오스 4~5개 단위당 α-1,6결합으로 갈락토오스가 중간중간 연결된 구조임 • 냉수에서도 잘 팽윤하고 친수성이 크며 제품의 탄성을 증가시킴	• 증점제, 안정제 • 샐러드 드레싱, 아이스크림, 치즈 등
	구아 검 (Guar gum)	• 인도나 파키스탄 등에서 재배되는 구아(guar)식물의 종자에서 얻어짐 • 구아란(guaran)이라고도 함 • 만노오스와 갈락토오스로 구성되어 있음 • 결정성이 약하여 물 분자가 쉽게 침투하여 냉수 중에서도 신속히 수화됨 • 긴 사슬 형태로 존재하여 부피가 커서 용액의 점도가 매우 높음 • 천연 검 중에서 가장 점도가 큼 • 냉수에서 팽윤하고 가열조리에 의하여 점성을 잃지 않음 • 다른 식품 성분들과 같이 사용될 수 있어 전분, 셀룰로오스, 카라기난, 잔탄 등과 상호작용하여 점도의 상승 효과를 나타내거나 지방대체물을 만들기도 함	• 증점제, 안정제, 얼음결정 성장 억제제 • 아이스크림, 빵, 드레싱, 소스, 치즈 등
식물조직 (식물 삼출물)	아라비아 검 (Gum arabic)	• 아프리카, 오스트레일리아, 중앙 아메리카의 열대 및 아열대에 분포하는 아카시아 나무의 삼출물로부터 얻음 • 아카시아검(gum acacia)이라고도 하며 4천여년 전부터 사용한 가장 대표적인 천연 검물질 • 주요 구성단위의 당은 β-갈락토오스로 다른 당이 곁사슬로 결합한 가지 많은 구조의 산성다당류 • 주로 칼슘, 마그네슘, 칼륨과 염을 형성함 – 물에는 매우 잘 녹으나 점성이 낮음 • 다른 친수성 콜로이드보다 용해도가 높아 최대 55%까지 용해됨(다른 검류는 점도가 높아서 5% 이상의 농도로는 잘 용해되지 않음) • 유화능과 젤 형성 능력이 우수함	• 감귤류 에멀젼의 안정제, 유화제로 우수 • 당류 및 얼음의 결정화 억제 특성이 있어 설탕의 석출방지제로 이용 • 맥주(거품안정제), 과실주스, 아이스크림 등

출처	종류	특성	이용
식물조직(식물 삼출물)	카라야 검 (Gum karaya)	• 인도의 건조한 고원 지대에 분포하는 *Sterculia urens*의 삼출물 • 주요 구성단위로 갈락투론산(galacturonic acid)을 함유한 산성다당류임 • 물을 매우 빨리 흡수하여 낮은 농도에서도 점성이 큰 콜로이드 분산액을 형성함	• 안정제 • 소스, 드레싱, 유제품, 냉동디저트 등
해조류	한천 (Agar)	• 홍조류인 우뭇가사리에서 추출된 다당류 • 홍조류를 건조한 후 뜨거운 물에 녹여 동결건조시켜 제조함 • 갈락토오스를 주체로 하여 일부에 소량의 황산기를 함유한 복합다당류 갈락탄(galactan)임 • 아가로오스(agarose)와 아가로펙틴(agaropectin)의 2종류 성분으로 되어 있음 • 찬물에는 용해되지 않으나 뜨거운 물에 잘 녹아 고온에서 잘 견디고 젤 형성능력이 강함 • 겔의 강도는 한천의 농도에 따라 결정됨 • 물속에서 팽윤하여 점도를 크게 증가시킴	• 제과의 안정제, 젤리의 원료, 미생물의 배지 등에 이용 • 양갱, 빵, 과제, 유제품, 청량음료 등
	알긴(Algin), 알긴산(Alginic acid)	• 미역이나 다시마와 같은 갈조류의 세포막에 존재하는 다당류(건물기준 18~40%) • 알긴산의 Na, Ca, Mg 등의 염을 알긴이라 함. • 당유도체인 만뉴론산(manuronic acid)과 글루쿠론산(glucuronic acid)으로 구성되어 있음 • 다수의 카복실기를 갖는 산성다당류 • 수용액은 강한 점성을 나타냄.	• 점도조절제, 겔 형성제, 안정제 • 아이스크림, 잼, 마요네즈, 토마토케첩, 소소, 시럽, 직물용 풀 등
	카라기난 (Carrageenan)	• 홍조류 세포벽에 들어 있는 다당류로 황산기가 당류에 결합되어 있는 갈락탄(galactan)의 혼합물 • 기본구조는 한천과 비슷하나 갈락토오스가 한천의 L형과 달리 D형으로 존재 • κ-, ι-, λ-카라기난이 있음 • 단백질(특히 우유 단백질)과 반응하면 점도가 증가하고 젤을 잘 형성하여 우유젤리에 유용함 • 황산기가 매우 강한 산성에서도 이온화되어 있어 넓은 범위의 pH에 걸쳐 안정된 점도를 유지함 • 유탁액이나 현탁액을 안정화시키는 성질을 가짐 • 한천보다 탄력성이 있고, 보수성이 강하며, 동결·해동의 의한 유출수가 적음	• 증점제, 겔 형성제, 에멀젼 안정제, 유화제 • 푸딩, 잼, 과일젤리, 냉동 젤리, 아이스크림

출처	종류	특성	이용
기타 미생물	잔탄검 (Xanthan gum)	• *Xanthomonas campestris*가 생성하는 미생물 다당류 • 기본 구조로 주사슬은 셀룰로오스와 같이 β–포도당 단위임 • 곁사슬이 주사슬에 가깝게 배열되어 있어 분자구조가 견고하여 열, 산, 알칼리에 대한 안정성이 매우 강함 • 구조가 견고하여 용액 중에서 펼친 형태를 나타내어 넓은 pH와 온도범위에서 안정하여 용액의 점도가 높고, 고온에서도 점도가 거의 변하지 않음 • 따라서 온도 변화에 따른 점도 변화 없이 쉽게 부을 수 있는 성질이 필요한 초코릿 시럽 등에 유용함 • 구아검, 로커스트빈검 등과 상승작용을 나타내어 용액의 점도를 증가시킬수 있음	• 증점제, 안정제 • 샐러드 드레싱, 초콜릿 시럽, 소스, 수프 등

11) 변성전분(Modified starch)

전분의 성질은 원료전분에 따라 차이가 있고, 열안정성이 떨어지거나 노화되는 등 식품 산업에서 이용하는 데 많은 문제점이 있다. 이런 문제를 해결하기 위해 전분에 소량의 화학물질을 처리하여 전분의 기능을 보완(또는 강화)하거나 전분분자의 절단, 입자구조의 파괴(또는 강화) 및 입자구조의 변형 등에 의해 전분의 본래 구조나 물리적 특성을 변형시킨 것이 변성전분 또는 가공전분이다.

변성전분에는 초산전분, 산화전분, 하이드록시프로필인산이전분, 하이드록시프로필전분, 인산이전분, 인산일전분, 인산화인산이전분 등 여러 종류가 있으며 이들은 식품산업, 제지공업, 섬유공업 및 제약공업 등 여러 분야에서 다양한 용도로 이용되고 있다. 식품산업에서 변성전분은 증점제, 안정제, 겔화제, 유화제 등 여러 분야에서 이용되고 있으나 화학처리 등을 통해 제조되는 경우가 많아 신중한 사용과 검토가 필요하다. 우리나라 식품첨가물공전에는 「변성전분(Food Starch Modified)」으로 「가공전분」이 등재되어 있으며, 변성전분에 10품목이 포함되어 있다 〈표 3-7〉. 일본의 11품목에 들어 있는 변성전분 중 '아세틸화 산화전분'이 우리나라에는 등재되어 있지 않다.

〈표 3-7〉 식품첨가물공전에 등재된 변성전분의 종류

산화전분(Oxidized Starch)	차아염소산나트륨에 의한 산화반응
아세틸아디프산이전분 (Acetylated Distarch Adipate)	무수아디판산 및 무수초산에 의한 에스테르화반응
아세틸인산이전분 (Acetylated Distarch Phosphate)	산화염화인 또는 메타삼인산나트륨과 무수초산 또는 초산 비닐에 의한 에스테르화 반응
옥테닐호박산나트륨전분 (Starch Sodium Octenyl Succinate)	무수옥테닐호박산에 의한 에스테르화
인산이전분 (Distarch Phosphate)	산화염화인 또는 메타삼인산나트륨에 의한 에스테르화반응
인산일전분 (Monostarch Phosphate)	인산일전분반응 및 인산이전분반응
인산화인산이전분 (Phosphated Distarch Phosphate)	폴리삼인산나트륨 및 메타삼인산나트륨에 의한 에스테르화반응
초산전분 (Starch Acetate)	무수초산 또는 초산비닐에 의한 에스테르화반응
하이드록시프로필인산이전분 (Hydroxypropyl Distarch Phos-phate)	산화염화인 또는 메타삼인산나트륨에 의한 에스테르화 반응 및 프로필렌옥사이드에 의한 에테르화반응
하이드록시프로필전분 (Hydroxypropyl Starch)	프로필렌옥사이드에 의한 에테르화반응

지 질

1. 지질의 정의
2. 지방산
3. 지질의 분류
4. 유지의 물리적 · 화학적 성질
5. 유지의 산패와 자동산화
6. 유지의 가공

04

FOOD CHEMISTRY

지질(lipids)은 탄수화물, 단백질과 함께 생물체를 구성하고 있는 중요한 성분으로, 당질과 같이 중요한 에너지원이다. 또한, 식품공업 및 유지공업의 원료로 널리 이용되고 있다. 주성분 원소는 탄소, 수소, 산소이며, 그 밖에 인(phosphorus: P), 질소, 황을 포함한 것도 있다. 필수지방산(essential fatty acid)의 급원이며, 지용성 비타민 A, D, E, K의 용매로서 그 이용률을 높여 준다. 지질은 유지라고 불리는데, 상온에서 액체상태인 것을 유(oil), 고체상태인 것을 지(fat)라고 한다. 일반적으로 포화지방산(saturated fatty acid)을 많이 함유하는 것은 고체 지방이고, 불포화지방산(unsaturated fatty acid)을 많이 함유하는 것은 액체유이다.

근래에는 건강에 유익한 DHA(도코사헥사에노산, docosahexaenoic acid), EPA(에이코사펜타에노산, eicosapentaenoic acid), 공액리놀레산(conjugated linoleic acid)과 건강을 저해하는 트랜스지방산(trans fatty acid) 및 콜레스테롤에 대해 많은 연구가 진행되고 있다.

1. 지질의 정의

지질이란 생물계에서 지방산을 포함하고 있거나 지방산과 쉽게 결합하여 존재하는 물질을 모두 가리킨다. 또한, 물에는 용해되지 않으며, 벤젠, 에테르, 헥산, 클로로포름, 아세톤 등 유기용매에 용해되는 공통점이 있다.

지질은 일반적으로 그 지방산과 결합하는 물질의 종류에 따라 분류된다. 단순지질(simple lipids)인 트리글리세라이드(triglyceride)는 동물체의 지방조직 에너지 저장체로, 복합지질(compound lipids)은 생체막 구성성분으로, 유도지질(derived lipids)은 단순지질이나 복합지질의 가수분해 생성물로서 물에 불용성인 물질이다 〈표 4-1〉.

〈표 4-1〉 지질의 분류와 특징

분류	종류	특징
단순지질	트라이아실글라이세롤	지방산과 트라이아실글라이세롤의 에스터 결합
	왁스(납)	고급지방산과 고급1가 알코올의 에스터 결합
	콜레스테롤 에스터	지방산과 콜레스테롤의 에스터 결합
복합지질	인지질	지방산, 알코올류, 인산, 질소화합물 결합
	당지질	지방산, 스핑고신, 당류 결합
	황지질	유황을 함유한 지질
	단백지질	단백질과 결합한 지질
유도지질	지방산	직쇄의 카복실산
	고급알코올류	왁스류의 고급 1가 알코올, 스테롤류
	탄화수소	지방족 탄화수소, 카로티노이드, 스쿠알렌
	지용성비타민류	비타민 A, D, E, K

2. 지방산(Fatty acid)

지방산은 탄소의 긴 사슬로 한쪽 끝에는 메틸기($-CH_3$), 다른 한쪽 끝에는 카복실기(−COOH)를 가지고 있다. 지방산은 이중결합(C=C)의 존재 유무에 따라 포화지방산과 불포화지방산, 체내에서의 합성 정도에 따라 필수지방산과 비필수지방산, 탄소 수에 따라 저급지방산과 고급지방산으로 분류한다〈표 4-2〉. 일반적으로 탄소 수가 6개 이하이면 저급지방산, 8~12개이면 중쇄지방산, 14개 이상이면 고급지방산이라고 한다.

지방산의 탄소 번호는 카복실기의 탄소를 1번으로 하여 차례로 나타내며, 불포화지방산의 이중결합의 위치는 Δ의 오른쪽에 표시한다. 즉, 탄소 수가 18개이며 탄소와 탄소 사이에 단일결합(C−C)만 존재하는 스테아르산은 이중결합이 없는 포화지방산이므로 $C_{18:0}$으로 표시한다. 한편, 탄소 수가 18개이며 3개의 이중결합이 9번, 12번, 15번 탄소에 위치하는 리놀렌산의 경우 $C_{18:3}$, $\Delta_{9,12,15}$로 표시한다〈표 4-3〉, 〈표 4-4〉.

〈표 4-2〉 포화 · 불포화지방산의 구조

분류		지방산	구조
포화지방산		스테아르산($C_{18:0}$)	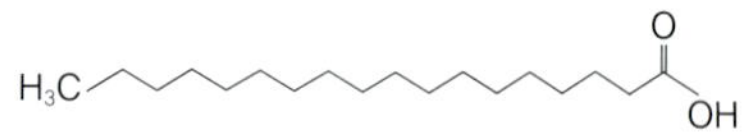
불포화지방산	단일 불포화지방산	올레산($C_{18:1}$)	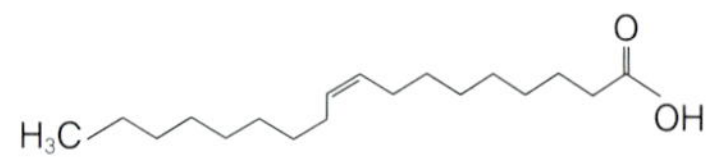
	다가 불포화지방산	리놀레산($C_{18:2}$)	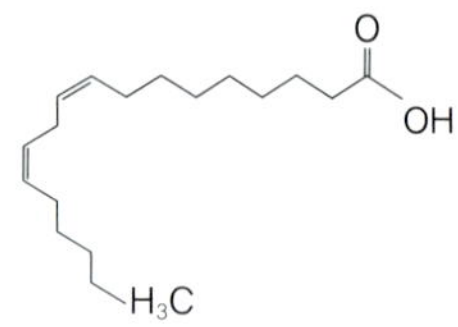
		리놀렌산($C_{18:3}$)	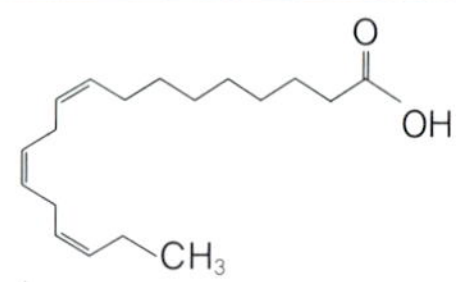

1) 포화지방산(Saturated fatty acid)

포화지방산은 분자 내에 이중결합이 없는 지방산으로 자연계에는 탄소 수 4~24개의 포화지방산이 알려져 있다. 이들 중 팔미트산($C_{16:0}$)과 스테아르산($C_{18:0}$)이 천연 유지에 가장 많이 함유되어 있다〈표 4-3〉.

이 외에 근래 밝혀진 바에 의하면 C_{15}, C_{17}, C_{19}의 홀수 지방산이 극미량이지만 여러 동물성 지방에서 발견되었고, 특수한 어유, 세균의 지질, 왁스(waxes)에서 많은 양이 발견되었다. 대표적인 홀수 지방산으로는 돌고래의 지방에서 얻을 수 있는 아이소발레르산(isovaleric acid)과 결핵균에서 얻을 수 있는 투베르큐로스테아르산(tuberculostearic acid)이 있다.

포화지방산은 주로 버터, 쇠고기 지방, 돼지고기 지방 등 동물성 지방에 많으며, 코코넛유 및 팜핵유 등 식물성 유지에도 함유되어 있다. 버터와 코코넛유에는 저급지방산이 많고, 왁스에는 탄소 수 26개 이상의 고급지방산이 많으며, 탄소 수가 증가함에 따라 녹는점이 높아진다.

〈표 4-3〉 주요 포화지방산

지방산의 종류	탄소 수: 이중결합수	분자식	소재	녹는점 (℃)
부티르산 (butyric acid)	$C_{4:0}$	$CH_3(CH_2)_2COOH$	버터	−7.9
카프로산 (caproic acid)	$C_{6:0}$	$CH_3(CH_2)_4COOH$	버터, 코코넛유	−3.4
카프릴산 (caprylic acid)	$C_{8:0}$	$CH_3(CH_2)_6COOH$	버터, 코코넛유	16.7
카프르산 (capric acid)	$C_{10:0}$	$CH_3(CH_2)_8COOH$	버터, 코코넛유	31.6
라우르산 (lauric acid)	$C_{12:0}$	$CH_3(CH_2)_{10}COOH$	코코넛유, 팜핵유	44.2
미리스트산 (myristic acid)	$C_{14:0}$	$CH_3(CH_2)_{12}COOH$	코코넛유, 팜핵유, 동식물유지	53.9
팔미트산 (palmitic acid)	$C_{16:0}$	$CH_3(CH_2)_{14}COOH$	동식물유지, 특히 팜유	63.1
스테아르산 (stearic acid)	$C_{18:0}$	$CH_3(CH_2)_{16}COOH$	동식물유지, 특히 쇠고기 지방	69.6
아라키드산 (arachidic acid)	$C_{20:0}$	$CH_3(CH_2)_{18}COOH$	동식물유지, 땅콩유	76.1

2) 불포화지방산(Unsaturated fatty acid)

불포화지방산은 분자 속에 이중결합이 있는 지방산으로서 탄소 수는 〈표 4-4〉와 같이 C_{14}~C_{22}의 짝수이고, 사슬 모양 구조인 것이 많다. 그 분자 중 이중결합의 수에 따라 분류할 수 있다.

이중결합이 1개인 경우 단일불포화지방산(monounsaturated fatty acid: MUFA), 2개 이상인 경우는 다가불포화지방산(polyunsaturated fatty acid: PUFA)이라고 한다. 자연계에 널리 존재하는 불포화지방산은 올레산($C_{18:1}$), 리놀레산($C_{18:2}$), 리놀렌산($C_{18:3}$)이다.

불포화지방산은 옥수수유, 대두유, 면실유 등 식물성 유지에 많이 함유되어 있다. 예외적으로 어유는 동물성 지방이지만 EPA($C_{20:5}$), DHA($C_{22:6}$)와 같은 이중결합이 많은 다가불포화지방산이 많아 상온에서 액체상태이다.

〈표 4-4〉 주요 불포화지방산

지방산의 종류		탄소 수: 이중결합수 (이중결합의 위치), ω탄소	분자식	소재	녹는점 (℃)
올레산 (oleic acid)		$C_{18:1}$ (Δ9), ω-9	$CH_3(CH_2)_7CH = CH(CH_2)_7COOH$	동식물 유지	13.0
필수지방산	리놀레산 (linoleic acid)	$C_{18:2}$ (Δ9, 12), ω-6	$CH_3(CH_2)_4(CH = CHCH_2)_2(CH_2)_6COOH$	식물성 유지, 반건성유	−5.0
	리놀렌산 (linolenic acid)	$C_{18:3}$ (Δ9, 12, 15), ω-3	$CH_3CH_2(CH = CHCH_2)_3(CH_2)_6COOH$	식물성 유지, 건성유	−11.0
	아라키돈산 (arachidonic acid)	$C_{20:4}$ (Δ5, 8, 11, 14), ω-6	$CH_3(CH_2)_4(CH = CHCH_2)_4(CH_2)_2COOH$	간유, 난황유	−49.5
에이코사펜타에노산 (eicosa pentaenoic acid)		$C_{20:5}$ (Δ5, 8, 11, 14, 17), ω-3	$CH_3(CH_2)_4(CH = CHCH_2)_5(CH_2)_2COOH$	어유	−54.0
도코사헥사에노산 (docosa hexaenoic acid)		$C_{22:6}$ (Δ4, 7, 10, 13, 16, 19), ω-3	$CH_3CH_2(CH = CHCH_2)_6(CH_2)COOH$	어유	−44

(1) 필수지방산(Essential fatty acid)

필수지방산은 동물의 정상적인 성장과 건강 유지를 위해 식품으로부터 반드시 섭취해야 하는 지방산이다. 포유동물의 경우 이중결합을 2~3개 갖는 지방산을 합성하지 못하므로 리놀레산(linoleic acid), 리놀렌산(linolenic acid) 및 아라키돈산(arachidonic acid)을 식품으로 섭취해야 한다. 필수지방산은 영양학적으로 비타민으로 분류하여 비타민 F(vitamin F)로 불리며 동물의 성장에 없어서는 안 될 생체막의 중요한 성분이며 혈중콜레스테롤 함량을 낮추는 기능도 가지고 있다.

(2) 오메가지방산(Omega fatty acid)

오메가지방산의 탄소번호는 카복실기 반대쪽의 메틸기($-CH_3$)에 있는 탄소를 1번으로 하여 첫 번째 이중결합이 나타나는 탄소의 위치를 기준으로 하여 ω를 사용하여 표시하는 방법도 있다[그림 4-1]. 예를 들어, 리놀렌산은 메틸기로부터 3번째 탄소에 이중결합이 처음 나타나므로 ω-3계열 지방산에 속한다.

ω-3계열 지방산으로는 리놀렌산, EPA, DHA 등이 있으며, ω-6계열 지방산으로는 리놀레산과 아라키돈산이 대표적이다. ω-3계열 지방산이 풍부한 식품으로는 들기름과 아마인유, 고등어, 꽁치 및 참치 등의 어유가 있다. ω-6계열 지방산은 대두유, 옥수수유 및 참기름 등 일반 식물성 유지에 많이 들어 있다.

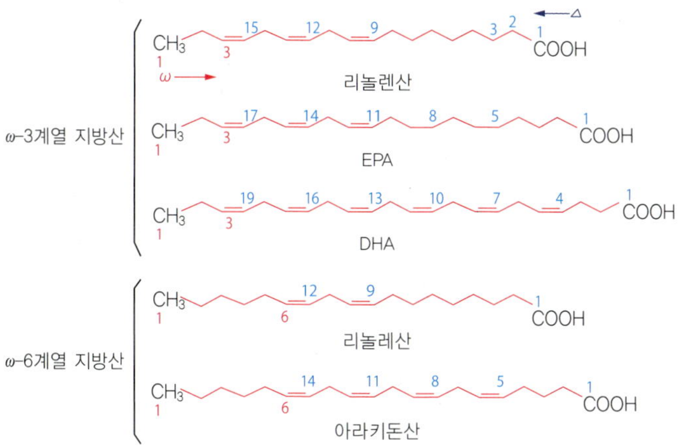

[그림 4-1] ω-3계열 지방산 및 ω-6계열 지방산

(3) 트랜스지방산(Trans fatty acid)

트랜스지방산은 주로 식물성 기름이 수소화 공정을 거치거나 고온에서 가열될 때 생성된다.

이중결합을 갖는 불포화지방산은 시스(cis)형과 트랜스(trans)형이 있으며[그림 4-2], 천연의 불포화지방산은 대부분 불안정한 시스형이므로 안정한 트랜스형으로 이성질화되기 쉽다. 마가린, 쇼트닝과 같이 수소화된 제품은 제조과정에서 시스형

불포화지방산의 일부가 트랜스형으로 전환되어 트랜스지방산을 함유하게 된다. 불포화지방산은 이중결합이 많을수록 산화되기 쉽고 불안정하며 녹는점이 낮은데, 이중결합수가 같은 지방산이라도 시스형이 트랜스형보다 녹는점이 더 낮다. 트랜스지방산은 비만, HDL-콜레스테롤(high density lipoprotein cholesterol) 함량의 저하, LDL-콜레스테롤(low density lipoprotein cholesterol)의 증가로 심장병, 동맥경화증 등을 증가시킨다고 알려져 있으며, 대장암, 유방암, 간암 및 당뇨병과도 관련이 있는 것으로 보고되고 있다. 빵, 과자, 음료 등에는 트랜스지방산 및 콜레스테롤 함유량 표시를 의무화하고 있다.

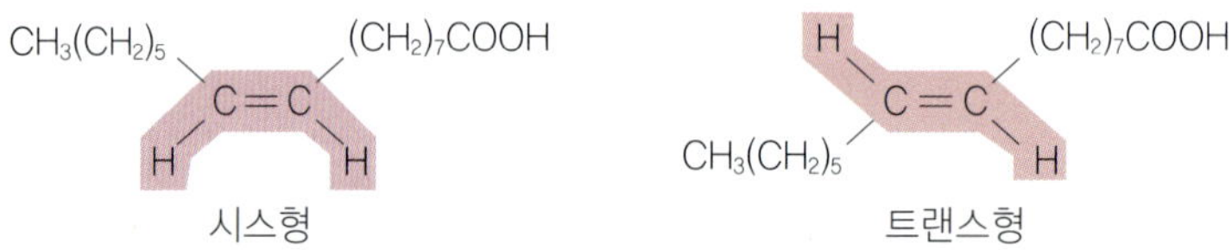

[그림 4-2] 시스형 지방산과 트랜스형 지방산

3. 지질의 분류

1) 단순지질(Simple lipids)

단순지질은 탄소, 수소, 산소의 원소로 이루어져 있고, 화학적 구조는 지방산과 알코올의 에스터(ester)이며, 알코올의 종류에 따라 중성지질, 왁스 및 스테롤에스터(sterol ester)로 분류할 수 있다.

(1) 중성지질(Triglyceride)

중성지질은 당질, 단백질과 함께 에너지원이며 생물계에 널리 존재한다. 중성지질을 효소나 알칼리로 분해하면 글라이세롤과 지방산 또는 지방산염을 생성한다. 따라서 중성지질은 3가 알코올인 글라이세롤과 3개의 유리 지방산과의 에스터 결합으로 이루어진 트라이아실글라이세롤이다[그림 4-3].

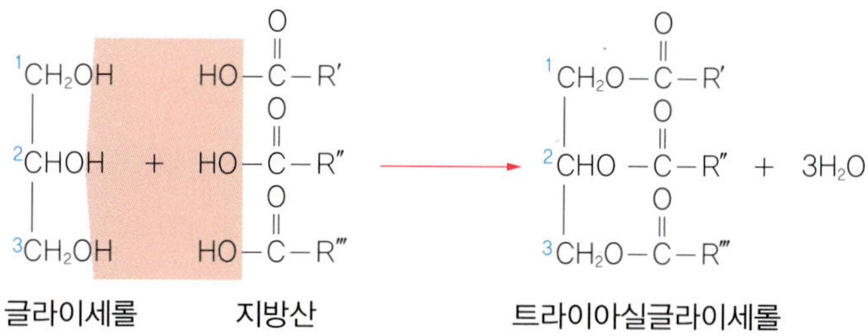

[그림 4-3] 트라이아실글라이세롤의 형성

(2) 왁스류와 스테롤에스터(Wax & Sterol ester)

왁스는 고급지방산과 고급 1가 또는 2가 알코올의 에스터이다. 유지와 다른 점은 3가 알코올인 글라이세롤로 이루어져 있지 않다는 점이다[그림 4-4].

스테롤에스터는 지방산이 스테롤(고리 모양 알코올)과 에스터 결합된 에스터이다. 왁스와 스테롤에스터는 유지와 같이 지방산으로 이루어진 에스터로서 단순지질에 속한다.

[그림 4-4] 왁스를 구성하는 대표적인 지방산과 1가 알코올

1 왁스

식물체에는 줄기, 잎, 종자, 동물체에는 체표면, 장, 뼈 등에 존재하며, 표면을 보호하는 물질이다. 유지처럼 물에 용해되지 않으며 알코올, 클로로포름 등에 용해된다. 유지에 비해서 안정한 에스터로서 가수분해되기 어려우며 공기 중에서 변질되지 않고 세균 등에 의해 작용되지 않는다. 생물체의 표면에서 습윤, 건조 등을 방지하고, 체온을 유지하는 역할도 한다. 왁스는 사람의 소화기 내에서 가수분해되는 소화효소가 존재하지 않으므로 영양소로서는 이용되지 않으나, 자연계에 광범위하게 분포되어 있으며 동식물체의 내부를 보호한다.

동물성 왁스인 밀랍은 멜리실 팔미테이트(melissyl palmitate)가 주성분인데 주로 벌집의 소재이며, 녹는점은 60~65℃이다. 경랍은 고래의 머릿기름에 존재하며 주성분은 세틸 팔미테이트(cetyl palmitate)이며, 녹는점은 40~45℃이다. 식물의 잎과 줄기, 과실 표면에 존재하는 식물성 왁스는 식물체의 표면을 곤충이나 미생물의 침입으로부터 보호하고 수분의 증발을 방지하는 역할을 하며, 카나우바 왁스(carnauba wax), 칸데릴라 왁스(candelilla wax) 등이 있다. 왁스의 용도는 비누, 화장품, 종이, 가죽 등의 광택제, 유화제 및 전기절연제 등으로 사용되며, 산소에 의해 산화되지 않고 아크롤레인(acrolein)도 발생하지 않는다.

2 스테롤에스터

콜레스테롤과 팔미트산(palmitic acid)과의 에스터 및 콜레스테롤과 올레산과의 에스터는 혈액 속에, 콜레스테롤과 스테아르산(stearic acid)과의 에스터는 라놀린(lanolin)에 존재한다.

식물성 식품에는 스테롤, 당류 및 지방산으로부터 이루어진 스테롤 글라이코사이드(sterol glycoside)가 존재한다. 스테롤로서는 β-시토스테롤, 당류는 포도당이 확인되었고, 스테롤과 포도당은 β-형으로 결합되어 있고, 지방산은 당류의 C6에 결합한 구조로서 식물조직 속에 널리 분포한다[그림 4-5].

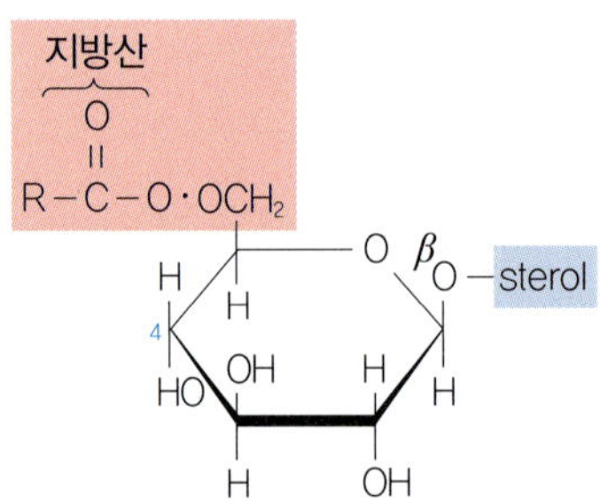

[그림 4-5] 스테롤 글라이코사이드

2) 복합지질(Compound lipids)

복합지질은 가수분해에 의하여 글라이세롤과 지방산 외에 인산(H_3PO_4), 질소화합물, 당류 등을 생성한다. 복합지질은 뇌, 신경조직, 장기, 식물의 종자 등에 많이 있고, 단백질과 결합하여 여러 가지 생리기능을 가진 세포막, 핵막, 세포 내 과립 등의 생체막(biological membrane) 구조와 밀접하며, 단순지질과는 달리 극성을 띤 지질이므로 계면활성제(surface active agent)로서 식품공업에 이용된다.

(1) 인지질(Phospholipid, phosphatide)

인지질은 동물체 중에는 알, 뇌, 골수, 심장, 폐, 간, 신장, 식물체 중에는 종자(특히 두류)나 효모 등에 포함되어 있다. 글라이세로인지질(glycerophospholipid)은 3-포스포-*sn*-글라이세롤(3-phospho-*sn*-glycerol)에 두 분자의 지방산(R-COOH)이 에스터 결합한 L-α-포스파티드산(L-α-phosphatidic acid)의 인산에 있는 −X의 종류에 따라 다음과 같은 여러 물질이 존재한다[그림 4-6].

1 레시틴과 세팔린

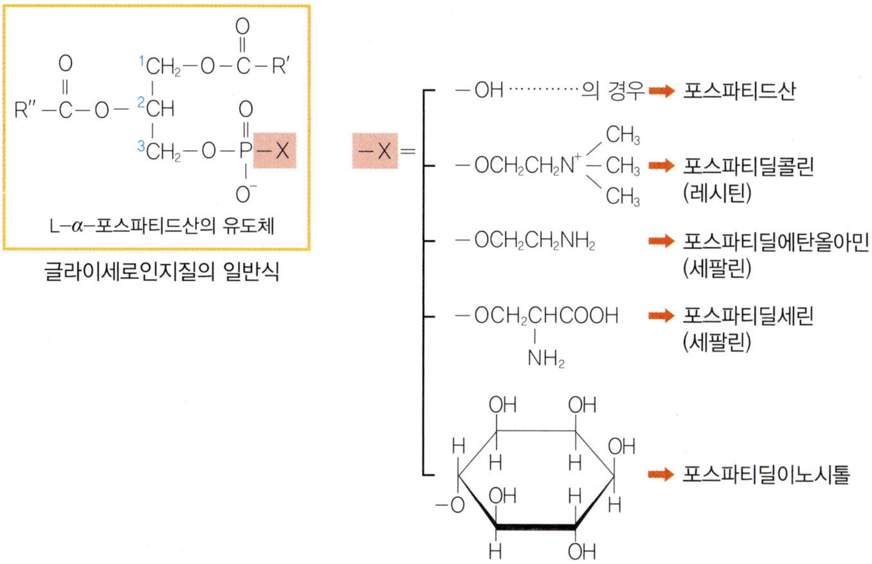

[그림 4-6] 레시틴과 세팔린

① 레시틴(Lecithin)

레시틴은 분자 중에 콜린(유기 염기)을 포함하고 있어 포스파티딜콜린(phosphatidylcholine)이라고 불린다[그림 4-7]. 분자 중의 친수성 부분인 포스포콜린(phosphocholine)과 소수성의 글리세라이드기가 있으므로 표면활성을 가져 유화(emulsion)작용이 있으며, 유화제로서 널리 식품에 사용되고 있다. 마요네즈(mayonnaise)는 달걀 노른자의 레시틴을 이용한 것이다. 레시틴은 에테르, 클로로포름, 뜨거운 알코올에 잘 녹으나 아세톤에는 잘 녹지 않는다.

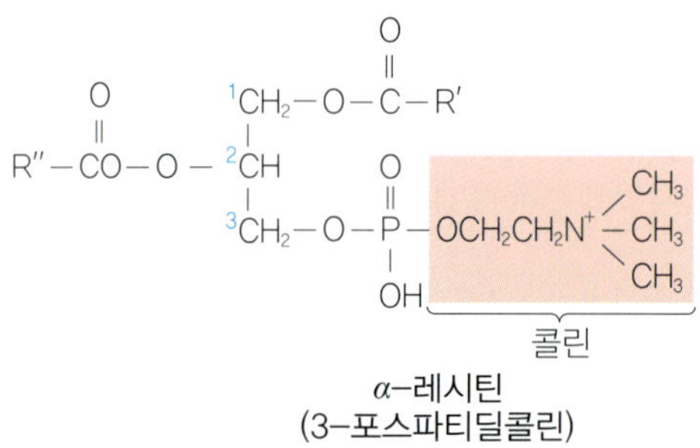

[그림 4-7] 레시틴

레시틴 분자 중의 지방산 하나가 가수분해되어 제거된 나머지를 리소레시틴(lysolecithin, lysophosphatidyl choline)이라 한다[그림 4-8]. 리소레시틴은 용혈작용이 있어서 주사 등을 이용해 혈액 속으로 들어가면 동물은 즉사한다. 사람이 독사에 물렸을 때 죽는 이유는 독사의 독선 속에 있는 레시티네이스(lecithinase)라는 효소가 작용하여 혈액 속에 있는 레시틴이 리소레시틴으로 변화되어 용혈작용을 일으키기 때문이다.

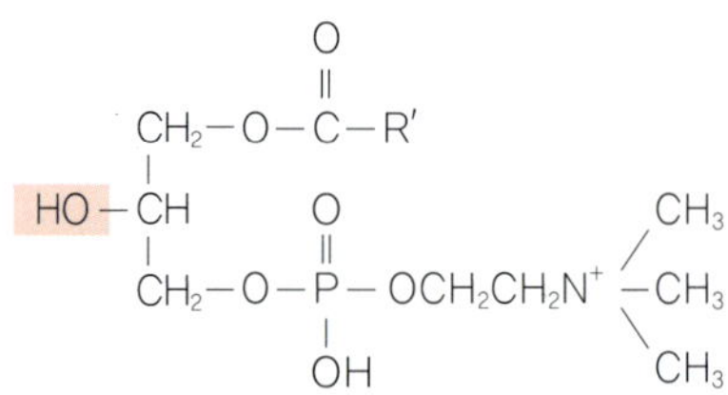

[그림 4-8] 리소레시틴(리소포스파티딜콜린)

② 세팔린(Cephalin)

세팔린은 레시틴의 구조와 비슷한데, 레시틴의 콜린 부분에 에탄올아민(ethanolamine)이 결합하거나 아미노산인 세린(serine)이 결합한 인지질이다. 구조의 특성에 따라 포스파티딜에탄올아민(phosphatidylethanolamine) 또는 포스파티딜세린(phosphatidylserine)이라 한다[그림 4-9].

세팔린은 레시틴과 같이 동식물에 널리 분포하고, 에테르, 뜨거운 알코올에는 잘 녹으나 아세톤에는 거의 녹지 않는다. 성질은 레시틴과 흡사하고 유화작용이 있다. 1개의 지방산이 결합된 것이 리소세팔린(lysocephalin)이다.

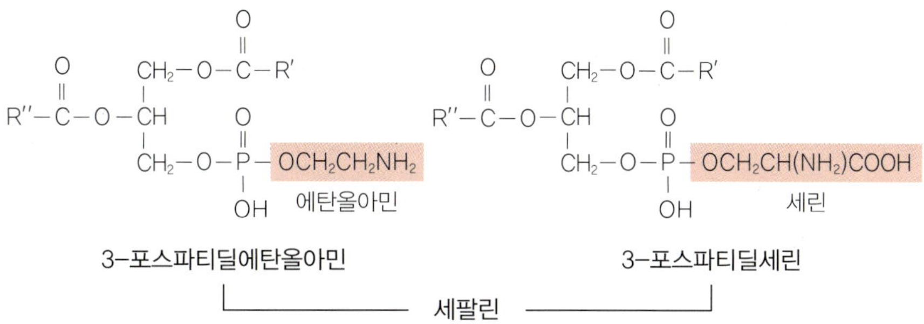

[그림 4-9] 세팔린

2 스핀고미엘린(Sphingomyelin)

스핀고미엘린은 분자 구성상 글라이세롤이 없는 인지질로서 스핀고인지질의 대

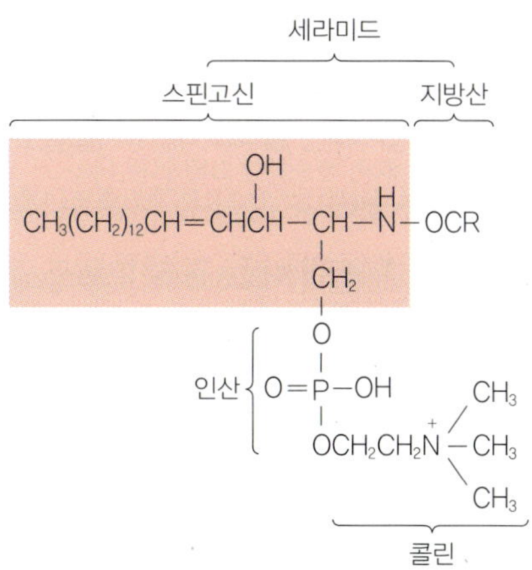

[그림 4-10] 스핀고미엘린

표적인 물질이다. 글라이세롤 대신 스핀고신(sphingosine)을 포함한다[그림 4-10]. 식물계에는 존재하지 않고 뇌조직, 장기조직에 존재하며 하등동물에는 비교적 적다. 유화력은 있으나 식품가공에는 이용되지 않는다.

(2) 당지질(Glycolipid)

당지질은 분자 내에 당과 지질의 양쪽을 포함하는 물질의 무리로서 글라이세로당지질(glyceroglycolipid)과 스핀고당지질(sphingoglycolipid) 등 몇 가지로 분류된다.

1 갈락토실다이아실글라이세롤(Galactosyldiacylglycerol)

갈락토실다이아실글라이세롤은 D-galactopyranose가 β-1,3 결합으로 1,2-디아실-*sn*-글라이세롤(1,2-diacyl-*sn*-glycerol)에 결합한 구조로서 글라이세로당지질의 일종이다. 식물조직 속에서 많이 볼 수 있으며, 동물조직 속에서는 미량 발견되고 있다[그림 4-11].

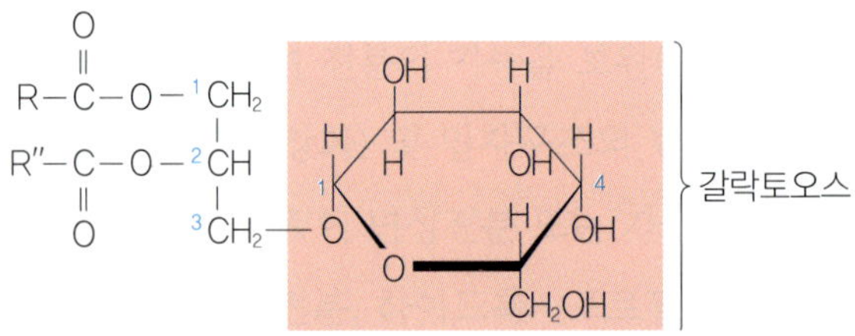

[그림 4-11] 갈락토실다이아실글라이세롤

2 세레브로사이드(cerebroside)

세레브로사이드는 당을 주성분으로 하는 당지질로서 스핀고신, 지방산, 6탄당 등으로 구성되며, 동물의 뇌, 특히 신경조직에 많이 존재한다. 구성당은 주로 갈락토오스이며 때로는 포도당인 경우도 있다. 스핀고신과 지방산이 결합된 세라미드의 1차 알코올성 하이드록실기에 갈락토오스가 β-글라이코사이드 결합한 것으로, 투디쿰(Thudichum, 1874)에 의해서 뇌조직에서 최초로 발견된 스핀고당지질의 일종이다[그림 4-12].

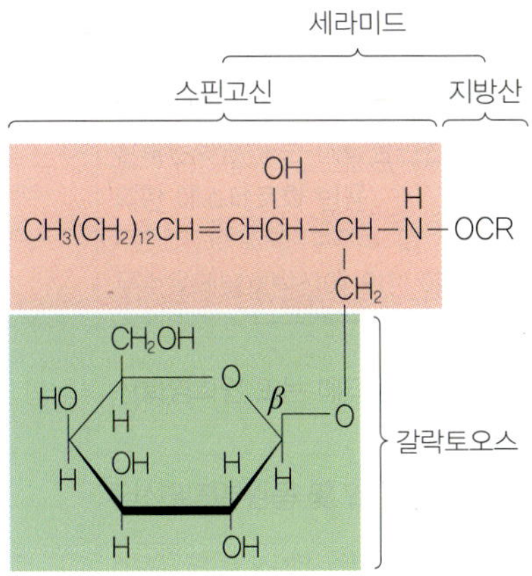

[그림 4-12] 세레브로사이드

(3) 지단백질(Lipoprotein)

지단백질은 콜레스테롤, 트라이글리세라이드, 지용성 비타민 등의 수송에 필수적인 지질과 단백질의 복합체이다. 즉, 체내에 섭취된 지질은 소수성이므로 단백질과 결합하여 분자 내에 소수성 부분과 친수성 부분이 공존하는 유화력을 지닌 지단백질의 형태로 체액과 조직 등으로 운반된다. 지단백질은 비중이나 전기영동도에 따라 카일로미크론(chylomicron), 초저밀도지단백(VLDL; very low density lipoprotein), 저밀도지단백(LDL; low density lipoprotein), 고밀도지단백(HDL; high density lipoprotein) 등으로 분류되며, 인지질, 중성지질, 콜레스테롤 등과 결합하여 이들을 운반한다. 저밀도지단백질과 고밀도지단백질은 주로 콜레스테롤의 운반과 대사에 관여하며, 과량의 저밀도지단백질은 동맥경화, 고지혈증 등을 야기할 수 있다.

3) 유도지질(Derived lipids)

유도지질은 단순지질과 복합지질이 가수분해된 것으로 물에는 녹지 않고 유기용매에 녹는 화합물이다. 유리 지방산, 고급알코올, 스테롤, 탄화수소, 스핀고신, 비타민 A, D, E, K 등이 유도지질에 속하며, 천연유지 속에 용해되어 섞여 존재하고, 유지처럼 물에는 용해되지 않고 에테르에는 용해되지만 알칼리 용액으로 비누화될 수 없는 물질(unsaponifiable matter)에 속한다. 이 중 탄화수소를 제외하고는 생리적으로 중요한 물질이 많다.

(1) 스테롤(Sterol)

스테롤은 스테로이드핵을 갖는 고리구조의 고급알코올류의 화합물로 트라이아실글라이세롤과는 달리 비누화되지 않는 것이 특징이다. 널리 동식물계에 유리상태나 지방산과의 에스터 상태, 글라이코사이드 상태로 유지와 같이 존재하며, 유지의 종류에 따라 각 스테롤의 특징이 있다[그림 4-13].

동물성 스테롤에는 콜레스테롤, 코포스테롤(coposterol), 라노스테롤(lanosterol) 등이 있다. 식물성 스테롤에는 β-시토스테롤(β-sitosterol), 스티그마스테롤(stigmasterol), 캄페스테롤(campesterol), 버섯류에는 에르고스테롤(ergosterol) 등이 있으며, 성질은 콜레스테롤과 유사하다.

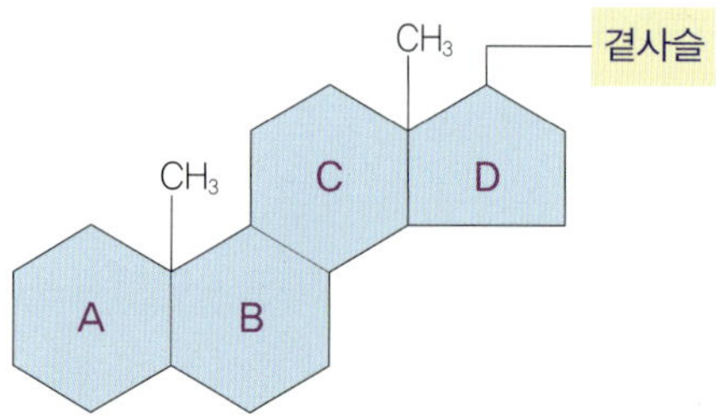

[그림 4-13] 스테로이드의 일반적 구조

1 콜레스테롤(Cholesterol)

동물성 스테롤인 콜레스테롤은 동물성 지방의 0.1~0.4%를 차지하며, 난황, 내장, 버터, 새우, 오징어, 어란, 성게 등에 많고 체내에도 함유되어 있다[그림 4-14]. 콜레스테롤은 세포의 원형질과 지단백질의 구성성분으로 존재하며, 담즙산 및 스테로이드계 호르몬 합성에 이용된다. 콜레스테롤은 동물 체내에서 지방 대사, 해독, 조절 등의 중요한 생리작용을 한다. 체내에서 변화되어 흡사한 구조를 가진 성호르몬(sex hormone), 담즙산(bile acid)이 된다. 그러나 동물성 지방을 많이 섭취하면 혈관벽에 침착되어 동맥경화의 원인이 된다고 한다. 식품에 포함된 콜레스테롤의 함량은 〈표 4-5〉와 같다.

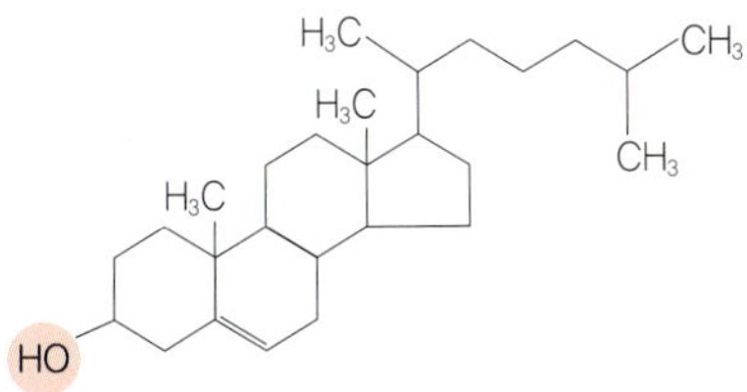

[그림 4-14] 콜레스테롤의 구조

〈표 4-5〉 식품 중의 콜레스테롤 함량 (단위: mg/100g)

식품	콜레스테롤	식품	콜레스테롤	식품	콜레스테롤
난백	0	닭고기	112	소간	260~320
해삼	18	우유	112~120	굴	326
대구	50~64	치즈	112~120	새우	123~356
정어리	70	바지락	135	생오징어	350~462
잉어	75	청어	80~144	대구이리	500
돼지고기	60~80	붕장어	160	청어이리	518
고등어	80	생문어	173	마른오징어	615
참치	84	게	80~182	난황	1,600~2,130
갈치	91	전복	182	메추리알노른자	2,610
명태	91	민물장어	189	어류 평균	91
쇠고기	89~102	청어알	242	육류 평균	100

2 에르고스테롤(Ergosterol)

식물성 스테롤인 에르고스테롤은 효모, 푸른곰팡이, 균류, 표고버섯 등에 존재하며, 자외선 조사에 의해 탄소의 결합이 끊어지면서 비타민 D_2(에르고칼시페롤, ergocalciferol)로 전환된다. 따라서 자외선 조사에 의해 비타민 D_3(콜레칼시페롤, cholecalciferol)가 되는 7-데하이드로콜레스테롤(7-dehydrocholesterol)과 함께 프로비타민 D로 불리기도 한다[그림 4-15].

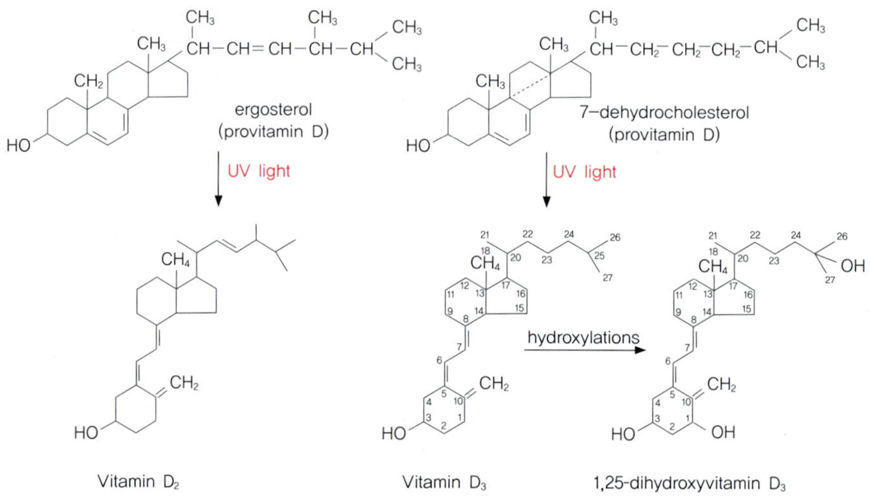

[그림 4-15] 자외선에 의한 에르고스테롤 비타민 D_2로의 전환

출처: Tom Brody, Nutritional Biochemistry (Second Edition), 1999.

(2) 그 밖의 유도지질

천연유지 속에는 스테롤 외에도 비누화될 수 없는 물질로서 탄화수소, 카로티노이드(carotenoid), 지용성 비타민의 유도체에 속하는 토코페롤(tocopherol), 고급알코올 등이 있다.

유지 중에 존재하는 탄화수소로서는 스쿠알렌(squalene)이 유명하다. 이것은 상어의 간유에 85%, 그 밖에 올리브유, 미강유에 존재하며, 아이소프렌(isoprene) 단위가 연결된 C30의 고도 불포화탄화수소로 스테로이드 화합물의 전구물질이다

[그림 4-16]. 스쿠알렌은 과산화물을 감소시키는 항산화 작용이 인정되었다.

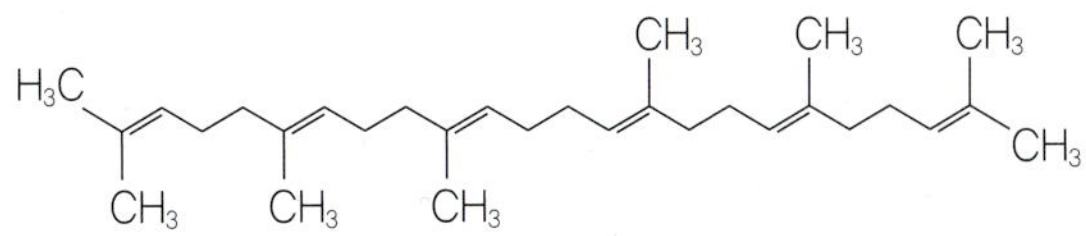

[그림 4-16] 스쿠알렌의 구조

4. 유지의 물리적 · 화학적 성질

트라이글리세라이드의 혼합물인 유지의 물리적 · 화학적 성질을 결정하는 인자는 결합되어 있는 지방산의 종류와 양에 따른다. 따라서 각각의 유지는 구성지방산과 양이 다르며 각각 특유한 물리적 · 화학적 성질을 나타내므로, 천연유지의 특징이나 변화를 알기 위하여 다음과 같이 물리적 · 화학적 특성값을 측정한다.

1) 물리적 성질

(1) 용해성(Solubility)

유지는 물에 녹지 않고 유기용매에 녹지만 부티르산(C_4)은 물에 잘 용해되고, 데칸산(C_{10})은 더운물에 약간 용해되지만 그 이상의 탄소 수의 지방산은 용해하지 않는다. 저급지방산이 물에 녹는 것은 친수성이 강한 카복실기가 분자에서 차지하는 비율이 많기 때문이다.

(2) 비중(Specific gravity)

유지류의 비중은 물보다 가벼우며, 15℃에서 0.91~0.95의 범위로 저급지방산이 많을수록 커진다. 유지의 비중은 불포화도가 높을수록, 산화중합될수록 증가하고 지방산의 분자량이 클수록, 유리 지방산이 많을수록 감소한다.

(3) 점도(Viscosity)

점도는 유지를 구성하는 지방산 종류에 따라 차이가 있어 구성지방산의 탄소 수가 증가할수록 분자 간 친화력 때문에 커지며, 불포화도가 증가할수록 감소하는 경향이 있다. 즉, 유지의 점도는 포화지방산이 많을수록, 고급지방산으로 된 트리아실글라이세롤일수록 점도가 증가하며, 유지를 고온에서 가열하면 산화중합되어 점도가 증가하므로 튀김 기름의 품질 변화를 확인하는 척도가 된다.

(4) 녹는점(Melting point)

유지는 단일 화합물이 아니므로 일정한 녹는점이 없다. 일반적으로 불포화지방산을 많이 포함한 것은 녹는점이 낮고 실온에서 액체상태이지만, 고급의 포화지방산을 많이 함유하고 있는 동물성 유지를 포함한 것은 녹는점이 높고 실온에서 고체상태이다. 또한, 단일 글리세라이드보다는 혼합 글리세라이드가 녹는점이 낮다. 식품 유지의 녹는점은 마가린, 초콜릿 등이 입에서 녹는 것과 밀접한 관계가 있다.

(5) 응고점(Solidifying point)

응고점은 액체유지를 냉각하여 굳게 하는 온도이다. 단순 트라이아실글라이세롤의 응고점은 녹는점과 일치하지만, 혼합 트라이아실글라이세롤의 응고점은 녹는점과 다르다. 팜유는 녹는점이 30~40℃이나, 응고점은 27~50℃이다.

(6) 발연점(Smoke point), 인화점(Flash point), 연소점(Fire point)

유지가 발연, 인화, 연소하는 최저온도를 발연점, 인화점, 연소점이라 하며, 저급지방산을 포함한 유지는 발연점이 낮다. 또한, 트라이글리세라이드 외의 유리 지방산 등의 존재는 발연점을 낮게 하므로 유지를 정제할 때 지표가 된다. 유지의 발연은 가열로 인해 트라이글리세라이드가 분해되어 생성된 글라이세롤이 계속 탈수되면서 생긴 아크롤레인(acrolein) 때문이다. 유지의 발연점은 유지를 오랜 시간 가열할수록, 유리 지방산의 함량이 많을수록, 표면적이 클수록, 불순물이 많을수록 낮아진다.

인화점은 발생한 연기가 공기와 섞여서 순간적으로 발화하는 온도를 말하며, 발연점이 높은 유지는 인화점도 높다.

연소점은 유지가 인화되어 계속 연소하는 온도를 말하며, 유지의 발연점이 높을수록 인화점과 연소점도 높다. 연소점은 일반적으로 약 330~360℃의 범위로, 인화점보다 20~60℃ 높다. 유지의 발연점, 인화점, 연소점은 유지의 순도, 정제 정도, 유지 중의 유리 지방산의 함량, 노출된 유지의 표면적, 유지 중 외부에서 들어오는 미세물질의 양 등 여러 요인에 의해 영향을 받는다.

(7) 굴절률(Refractive index: RI)

굴절률은 지방유의 두께에 따른 빛의 굴절을 측정한 값으로 1.45~1.47이며, 긴 탄소사슬의 지방산, 불포화지방산의 함유량이 많을수록 굴절률은 커지고, 산가와 비누화가가 높을수록, 요오드가가 낮을수록 유지의 굴절률이 감소한다. 굴절률은 불포화도가 높은 어유 등에 수소를 첨가하여 불포화도의 감소를 알아내는 데 이용된다.

(8) 가소성(Plasticity)

가소성이란 고체에 가해지는 외부의 압력이 어느 한도를 넘었을 때 일어난 변형이 압력을 제거한 후에도 본래 상태로 돌아오지 않는 성질이다. 가소성을 갖는 대표적인 유지는 버터, 마가린, 쇼트닝 등이다. 완전고체지방의 온도를 상승시키면, 트라이아실글라이세롤 분자들의 일부가 액체화되어 연화되고 유체의 성질을 가져 흐르게 되며, 어떤 온도에서는 유동성을 완전히 잃어 단단하고 부스러지기 쉬운 상태가 되어 가소성을 잃게 된다.

(9) 유화(Emulsification)

유지는 분자 중에 글라이세롤의 -OH 및 지방산의 -COOH와 같은 친수성기들이 결합하여 결국 소수성기(친유성기)만 남아 있으므로 물에 녹지 않는다. 그러나 여기에 단백질, 레시틴, 스테롤 등과 같이 한 분자 내에 친수성기와 소수성기를 함께 가진 화합물을 넣고 교반하면 이들이 유지와 물 사이를 연결하여 유지가 물에 분산된다. 이와 같은 현상을 유화라 하고 그 분산액을 유화액(emulsion)이라 부른다.

유지의 유화에는 수중유적형(oil in water, O/W)과 유중수적형(water in oil, W/O)의 2가지 형태가 있다[그림 4-17]. 수중유적형은 물에 기름이 분산되어 있는 형태로 마요네즈, 우유, 아이스크림 등이 대표적인 수중유적형 식품이다. 유중수적형은 기름에 물이 분산되어있는 형태로 버터, 마가린 등이 대표적인 유중수적형 식품이다.

유화에 필요한 유화제(emulsifier)로는 천연유화제와 합성유화제가 있다. 천연유화제에는 레시틴, 스테롤, 담즙산, 단백질 등이 있으며, 합성유화제에는 모노글라이세롤, 다이글라이세롤, 글리세린지방산에스터, 솔비탄지방산에스터 등이 있다.

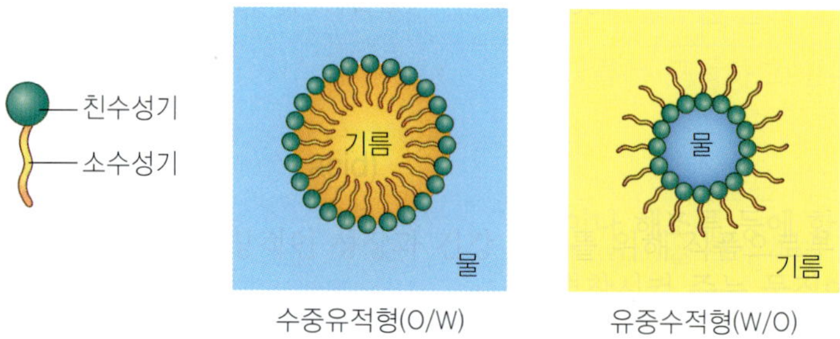

[그림 4-17] 유화의 형태

2) 화학적 성질

유지의 불포화도를 나타내는 요오드가, 비누화가, 라이카아트-마이슬가 등은 유지의 종류에 따라 일정한 값을 나타내는 화학적 값이다. 그러나 산가, 과산화물가, 카보닐가처럼 유지의 정제도나 산화 정도에 따라 변화하는 값도 있다. 다만, 화학적 값일지라도 오랜 시간 가열하면 변화할 수 있다.

(1) 요오드가(Iodine value)

유지의 불포화지방산의 이중결합에는 수소나 요오드(I_2)가 쉽게 첨가되어 유지 100g에 결합되는 요오드의 g 수를 요오드가라고 한다. 따라서 요오드가는 지방산의 불포화도를 측정하는 방법으로, 이중결합의 수가 많을수록 요오드가가 높다. 요오드가가 높은 유지는 일반적으로 산화가 잘 일어난다. 유지는 요오드가에 따라 불건성유, 반건성유, 건성유로 분류하는데, 요오드가가 100 이하인 유지를 불건성유(낙화생유, 피마자유, 올리브유), 100~130인 유지를 반건성유(참기름, 미강유, 채종유), 130 이상인 유지를 건성유(아마인유, 호두유, 대두유)라고 한다. 요오드가가 높다는 것은 유지를 구성하는 지방산 중 불포화지방산이 많음을 나타낸다. 〈표 4-6〉에서도 상온에서 액체인 대두유, 아마인유, 해바라기씨유 등은 높은 요오드가를, 고체상태인 버터, 쇠고기 지방, 돼지고기 지방, 코코넛유 등은 낮은 요오드가를 보이고 있다.

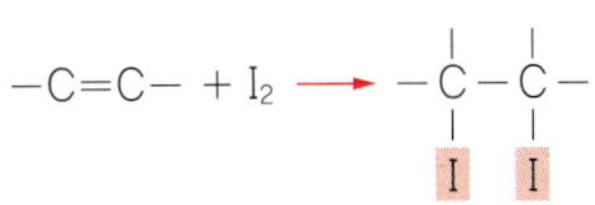

〈표 4-6〉 각종 유지의 요오드가

유지의 종류	요오드가	유지의 종류	요오드가
코코넛유	6~10	땅콩유	88~98
버터	26~38	유채유	94~105
쇠고기 지방	36~42	면실유	103~111
팜유	49~59	참기름	103~117
닭고기 지방	66~72	옥수수유	111~128
돼지고기 지방	63~79	대두유	122~134
피마자유	84	해바라기씨유	129~136
올리브유	79~88	아마인유	175~202

(2) 비누화가(Saponification value)

유지를 KOH의 알코올 용액에서 가열하여 반응시키면 글라이세롤과 지방산칼륨염(비누)가 생성되는데 이러한 반응을 비누화 또는 검화라고 한다. 비누화가는 유지 1g을 비누화하는 데 소요되는 수산화포타슘(KOH)의 mg 수를 의미한다. 비누화가로 구성지방산의 평균 탄소 수나 분자량의 범위를 알 수 있다. 보통 유지의 비누화가는 180~200 정도인데, 분자량이 작은 저급지방산의 함량이 많을수록 비누화가는 커지며, 고급지방산이 많이 함유된 유지일수록 작다〈표 4-7〉.

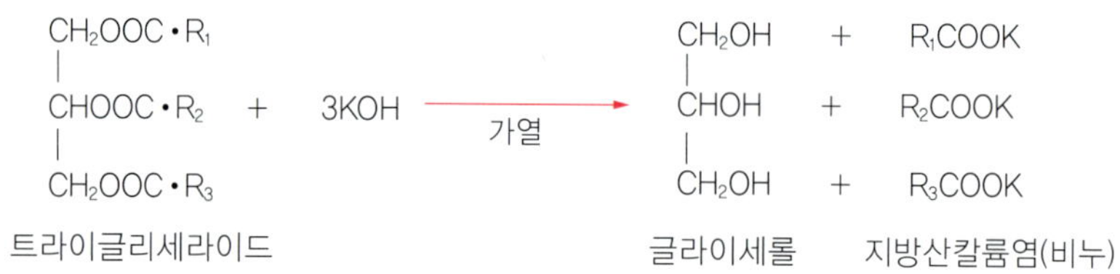

〈표 4-7〉 각종 유지의 비누화가

유지의 종류	비누화가	유지의 종류	비누화가
유채유	168~179	올리브유	185~196
피마자유	175~183	면실유	194~196
옥수수유	187~193	쇠고기 지방	196~200
참기름	188~193	돼지고기 지방	195~203
해바라기씨유	188~193	닭고기 지방	193~205
땅콩유	186~194	팜유	200~205
대두유	189~194	버터	210~230
아마인유	188~195	코코넛유	253~262

(3) 산가(Acid value)

신선한 유지에는 유리 지방산 함량이 매우 낮지만 유지를 가열 또는 저장하면 가수분해되어 유리 지방산이 생성된다. 산가는 유지 1g 중에 함유된 유리 지방산을 중화하는 데 필요한 수산화포타슘의 mg 수로, 유지의 산패 정도를 알아내는 방법으로 이용된다. 대체로 식용유지의 산가는 1.0 이하이며, 1.0 이상이면 변질되었거나 정제 정도가 떨어져 식용으로 부적합하다. 산가는 유지의 정제가 불충분했을 때, 튀김과 같이 가열산화될 때, 오래 저장되었을 때 크게 증가한다〈표 4-8〉.

$$R\text{-}COOH + KOH \longrightarrow R\text{-}COO^-K^+ + H_2O$$

〈표 4-8〉 각종 유지의 산가

유지의 종류	산가	유지의 종류	산가
쇠고기 지방	0.25	대두유	0.3~1.8
피마자유	0.1~0.3	해바라기씨유	1.9
땅콩유	0.8	옥수수유	1.3~2.0
면실유	0.6~0.9	버터	0.5~3.5
올리브유	0.3~1.0	아마인유	1.0~3.5
유채유	0.36~1.0	참기름	9.8
닭고기 지방	1.2	코코넛유	10.0
돼지고기 지방	1.6	팜유	10.0

(4) 과산화물가(Peroxide value)

유지가 산패되면 이중결합에 인접한 탄소에 분자상의 산소가 결합하여 과산화물이 형성된다. 과산화물가는 유지의 초기단계 산패도를 나타내는 값이며, 유지의 산화에 의해 생성된 과산화물에 요오드화포타슘(KI)을 가하여 반응시켜 유리된 요오드를 0.01N 싸이오황산소듐(sodium thiosulfate) 용액으로 적정하여 측정한다. 과산화물가가 10 이하이면 신선한 기름으로, 20~100는 산패된 기름으로 간주한다.

(5) 카보닐가(Carbonyl value)

카보닐가는 유지의 과산화물 분해에 의한 카보닐화합물의 양으로서 유지 1kg에 포함되어 있는 카보닐화합물의 밀리그램당량수(유지가 산화되어 생긴 과산화물이 분해되어 카보닐기를 포함한 2차 생성물)이다. 카보닐가가 증가하면 유지의 향, 맛 등이 낮아진다.

(6) 아세틸가(Acetyl value)

아세틸가는 유지에 존재하는 하이드록실기를 가진 지방산의 함량을 나타내는 값이다. 유지에 무수초산을 첨가하면 유지에 존재하는 하이드록실기와 반응하여 아세틸화하는데, 이 아세틸화된 유지 1g을 다시 가수분해하여 생성된 아세트산을 중화하는 데 소요되는 수산화포타슘의 mg 수로 아세틸가를 표시한다. 순수한 트리아실글라이세롤의 아세틸가는 0이고, 피마자유는 리시놀레산(ricinoleic acid)을 많이 함유하고 있어 아세틸가가 146~150으로 매우 높은 편이다.

(7) 라이카아트-마이슬가(Reichert-Meissl value)

라이카아트-마이슬가는 유지에 함유되어 있는 휘발성 수용성 지방산의 함량을 나타내는 값으로 유지 5g을 비누화한 후 산성에서 수증기를 증류해서 얻은 휘발성 수용성 지방산을 중화하는 데 필요한 0.1N 수산화포타슘의 mL 수로 표시한다. 라이카아트-마이슬가는 유지 속에 함유된 부티르산과 카프로산의 함량 측정에 이용된다. 버터는 26~32, 마가린은 0.55~5.50로 버터와 마가린의 구별에 이용된다. 보통 유지는 0.1 이하, 야자유는 5~9에 해당된다.

(8) 폴렌스케가(Polenske value)

폴렌스케가는 유지 5g을 비누화한 후 얻은 비수용성 휘발성 지방산을 중화하는 데 필요한 0.1N 수산화포타슘의 mL 수로 표시한다. 일반 유지의 폴렌스케가는 1.0 이하이며 버터는 1.5~3.5, 팜핵유는 16.8~18.2이다. 팜핵유는 버터보다 수용성 휘발성 지방산이 적고, 비수용성 휘발성 지방산이 많으므로 버터 내의 팜핵유 함유 정도를 검사하는 데 이용하고 있다.

(9) 헤너가(Hehner value)

헤너가는 유지 속의 물에 녹지 않는 지방산 양을 전체 유지의 양에 대한 퍼센트로 나타내며, 불용성 지방산과 비비누화물(nonsaponified product)의 함량을 나타내는 척도이다. 유지의 헤너가는 95 내외이며 저급지방산이 함유된 코코넛유는 80~90, 쇠고기 지방은 96~97, 돼지고기 지방은 97 정도로 높다.

5. 유지의 산패와 자동산화

유지 또는 유지를 많이 포함하는 유지식품을 보존, 조리, 가공하는 과정에서 가열에 의해 불쾌한 냄새나 맛이 생기고, 착색, 점성 증가 등 물리적·화학적 변화로 품질이 낮아지는 현상을 산패(rancidity)라 한다. 산패는 원인에 따라 가수분해에 의한 산패(hydrolytic rancidity), 산화에 의한 산패(oxidative rancidity) 등으로 구분한다.

1) 가수분해에 의한 산패

가수분해에 의한 산패는 유지가 수분과 접촉하는 동안 산, 알칼리에 의해 글라이세롤과 유리 지방산으로 분해되는 화학적 가수분해에 의한 산패와 라이페이스(lipase)와 같은 지방 가수분해효소에 의한 산패가 있다.

가수분해로 생성된 부티르산, 카프로산, 카프릴산 등의 저급지방산 때문에 비정상적인 냄새와 맛이 나며, 이는 유지나 지방질 식품의 품질을 떨어뜨리는 원인이 된다. 특히, 우유, 버터와 치즈 등에서 화학적 가수분해에 의한 산패취를 느낄 수 있다.

2) 산화에 의한 산패

산화에 의한 산패는 유지나 지방질 식품이 공기 중의 산소를 흡수하여 일어나는 산패이다. 종류로는 원인에 따라 자동산화(autoxidation)에 의한 산패, 효소에 의한 산패, 가열에 의한 산패, 변향에 의한 산패 등으로 구분할 수 있다. 유지의 산화에 의한 산패로 인하여 중량이 증가하고 알데하이드나 케톤(ketone)이 형성되며, 중합으로 비중이 증가하는데, 여러 원인 중 자동산화에 의한 산패가 가장 보편적인 산패현상이라 할 수 있다.

(1) 자동산화에 의한 산패

유지 중의 불포화지방산이 빛이나 공기로 인해 산화분해되어 불쾌한 냄새와 맛을 형성하는데, 이는 유지가 산소를 자연발생적으로 흡수하고, 흡수된 산소가 유지를 산화시켜 과산화물을 형성하는 자동산화에 의한 산패가 일어나기 때문이다.

1 자동산화의 유도기간

일반적으로 유지가 산소를 흡수하는 속도는 처음 일정 기간은 거의 같으나, 일정 기간이 지난 후에는 매우 급격하게 증가한다. 이때 산소의 흡수속도가 매우 적은 어느 일정한 기간을 유지의 유도기간(induction period)이라고 한다. 유도기간이 지나면 유지의 산소 흡수속도가 급증하여 산화생성물의 양이 급격히 증가하고, 많은 물리적·화학적 변화로 인해 유지의 산패가 일어나게 된다. 유도기간 후에는 과산화물이 생성되나 이는 저장시간이 길어짐에 따라 함량이 증가하다가 최고점 이후에는 함량이 감소한다. 이는 과산화물이 불안정하여 분해되기 때문이다. 과산화물과 달리 카보닐 화합물은 최고점 없이 산패기간이 길어져도 계속 증가한다[그림 4-18].

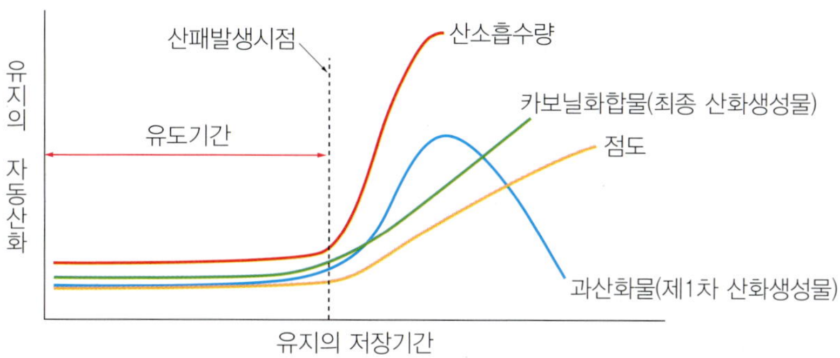

[그림 4-18] 유지의 자동산화 중 산화 생성물의 변화

2 자동산화 메커니즘

유지의 자동산화는 초기단계의 유리 라디칼 생성반응으로 시작하여 전파단계 및 종결단계의 세 단계로 나누어지며, 자동산화로 인해 물리적·화학적 변화가 나타나서 맛이 변하고 풍미가 저하되어 품질이 떨어지게 된다.

① 초기반응 단계

자동산화의 초기반응에서는 유지 분자들이 열, 빛, 금속 등으로 활성화되어 분자 내에 공유결합을 이루는 수소가 유지의 유리 라디칼을 형성한다. 유지 분자 또는 불순물로 존재하는 다른 물질들(금속이온, 과산화효소, 미량의 H_2O_2)이 열이나 빛 등에 의해 활성화되어 유리 라디칼을 형성한다[그림 4-19].

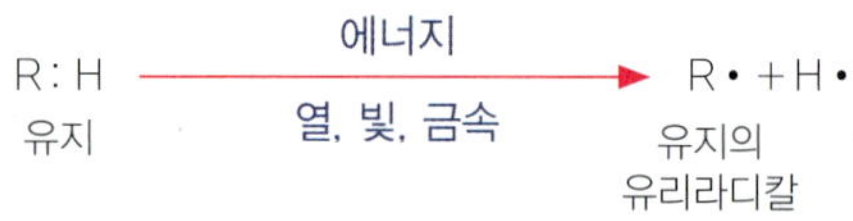

[그림 4-19] 초기반응단계

② 전파연쇄반응 단계

이중결합을 가진 유지 분자는 형성된 유리 라디칼과의 상호 반응으로 알릴라디칼(allyl radical)을 형성하고, 공기 중 산소와의 결합으로 퍼옥시라디칼(peroxy radical, ROO•)이 만들어진다. 퍼옥시라디칼은 이중결합을 가진 다른 유지 분자와의 상호 반응으로 비교적 안정한 중간 산화생성물인 과산화물을 생성한 후 연쇄반응을 계속한다. 자동산화 과정에서 과산화물이 생성되기 위해서는 유지 분자로부터 수소원자가 이탈되어 유리 라디칼이 형성되어야 하는데, 일반적으로 단일 알릴기(allyl group)보다는 1,4-펜타다이엔(1,4-pentadiene)의 메틸렌기(methylene group, $-CH_2$)로부터 더 쉽게 수소원자가 이탈하여 과산화물의 생성이 잘 일어난다[그림 4-20].

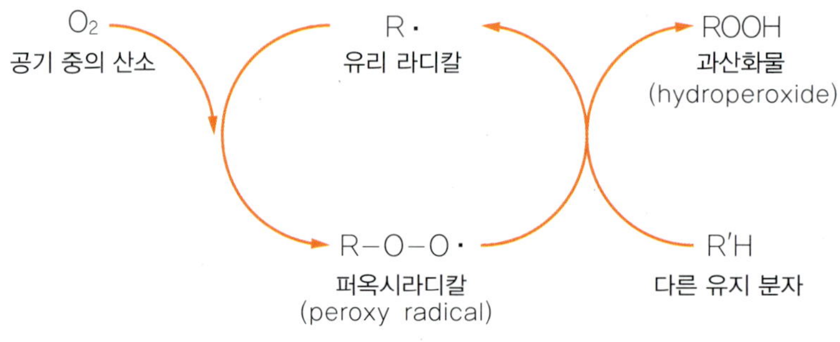

[그림 4-20] 과산화물의 형성과정

③ 종결반응 단계

전파연쇄반응 중 활성이 큰 라디칼들은 서로 중합하여 고분자의 중합체를 생성하며, 중간 산화생성물인 과산화물은 분해된 후 여러 반응을 거쳐 알코올, 케톤, 알데하이드, 카복실산 등을 생성한다. 즉, 전파단계에서 생성된 여러 라디칼과 중간

산화물이 결합하여 이합체(dimer), 삼합체(trimer) 등의 중합체(polymer)를 생성하며, 이들은 고분자 물질의 형성으로 색이 검게 변하고 점성이 증가하게 된다. 고분자 중합체는 라디칼이 아니므로 반응성이 상실되어 연쇄반응이 종결되고, 자동산화의 후반기에 들어서면 축적된 과산화물의 함량과 요오드가가 감소하는 반면, 이취, 점도, 산가 등이 증가한다[그림 4-21].

- **과산화물의 분해**: 과산화물은 불안정하므로 열, 빛, 금속, pH 등 영향으로 분해되어 새로운 유리 라디칼 형성으로 산화가 더 진행된다. 이때 생성되는 알데하이드, 케톤 등이 불쾌한 냄새와 맛을 내게 되며, 중합에 의해 점도가 크게 증가된다. 자동산화의 최종 생성물인 카보닐화합물은 비교적 휘발성이 큰 물질로 유지에 좋지 않은 냄새와 맛을 부여하여 산패의 직접적인 원인이 된다.

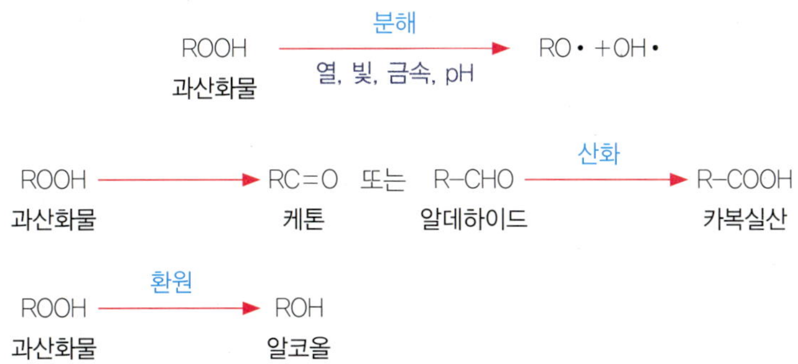

[그림 4-21] 자동산화 후반기에 일어나는 유지 과산화물의 변화

3 유지의 자동산화에 영향을 미치는 요인

① 지방산의 종류

유지의 자동산화속도는 유지를 구성하는 이중결합의 수에 크게 영향을 받는다. 이중결합이 많으면 활성화되는 메틸렌기의 수가 증가하므로 자동산화속도는 빨라진다. 이중결합을 가지는 불포화지방산은 포화지방산보다 훨씬 산화되기 쉬우며 이중결합의 수가 많아질수록 산화속도도 증가한다. 또한, 불포화지방산 중에서는 시스형이 트랜스형보다 산화되기 쉽다.

② 광선

광선은 파장이 짧은 파장일수록 산화작용이 강하다. 유지에 자외선을 조사하면 지방산에 직접 흡수되어 유리 라디칼 생성이 촉진되어 유도기간을 단축하고 과산화물의 분해를 촉진하여 유지의 산화가 빨라진다. 각종 광선의 산화촉진 작용을 효과적으로 차단하기 위해서는 식용유지나 지질식품의 포장용기는 반투명성 재질을 사용해야 한다.

③ 금속

금속은 유리 라디칼과 연쇄반응 시 촉매작용을 하므로 미량의 금속으로도 산패가 촉진된다. 구리(Cu), 철(Fe), 니켈(Ni), 코발트(Co), 주석(Sn), 망간(Mn) 등과 같은 금속 또는 금속이온은 자동산화 중 생성된 과산화물의 분해 및 유리 라디칼 형성을 촉진하여 자동산화 과정에서 연쇄반응을 촉진한다. 또한, 금속 또는 금속이온은 산소의 흡수속도, 과산화물의 형성속도, 카보닐화합물의 생성속도를 증가시킴으로써 유지산패의 발생시간, 즉 유도기간을 빠르게 한다. 일반적으로 사용하는 금속 중 구리의 촉진 정도가 가장 크다.

④ 온도

유지의 가열 온도가 높아질수록 자동산화 연쇄반응과 과산화물의 분해가 촉진되므로 유지의 산화속도는 빨라지게 된다. 온도가 높을수록 산화 반응속도가 증가하는데, 10℃ 증가함에 따라 산화속도는 2~3배 증가한다. 그러나 100℃ 이상의 고온에서는 산소가 이중결합에 직접 결합하므로 과산화물의 생성이 어려운 반면, 분해는 쉽게 되어 잘 축적되지 않는다. 식품의 경우 0℃ 이하에서 저장하는 것이 0℃ 이상에서 저장한 것보다 산화가 빨리 일어나는데, 이는 온도가 떨어질수록 유지 속의 수분이 동결되어 산패를 촉진하기 때문이다.

⑤ 수분

수분은 유지를 가수분해시켜 유리 지방산을 생성하므로 자동산화를 촉진한다. 식품의 수분함량이 단분자층 형성 수분함량보다 많을 경우 유지의 산화는 억제되며, 그보다 적을 때는 유지성분의 산화가 촉진된다. 단분자층의 수분은 산화로부터 식품을 보호할 수 있는 최소의 필요량이며 최대 허용량이다. 산화속도는 수분활성도가 증가할수록 증가하는 것이 원칙이나, 수분함량이 아주 적은 건조식품에서의 자동산화는 매우 빨리 일어난다.

⑥ 산소의 농도

산소는 자동산화의 필수 요인으로서 산소가 충분하면 산화속도는 산소 농도와 무관하나 산소 농도가 아주 낮으면 산화속도는 산소 농도에 비례한다. 산소 농도가 속도에 미치는 영향은 온도, 표면적 등에 의해서도 영향을 받는다.

⑦ 생화학적 물질

헤모글로빈(hemoglobin), 마이오글로빈(myoglobin), 사이토크롬(cytochrome) 등에 함유되어 있는 색소의 Fe^{2+}이 산화되어 Fe^{3+}로 된 화합물을 헤마틴화합물이라고 한다. 이들은 과산화물의 분해를 촉진시키므로 유지 중에 화합물이 있으면 산화는 촉진된다. 특히, 육류를 냉동 저장하는 동안에 유지의 산패를 촉진시키는 요인이 되며, 라이폭시데이스(lipoxidase)는 불포화지방산의 자동산화를 촉매한다.

(2) 효소에 의한 산패

효소에 의한 산패는 주로 콩류, 곡류 등의 식물에 광범위하게 분포되어 있는 라이폭시데이스(lipoxidase)나 라이포하이드로퍼옥시데이스(lipohydroperoxidase)와 같은 산화효소에 의하여 지방산의 산화가 촉진되어 유지가 산패되는 현상을 말한다. 라이폭시제네이스는 불포화지방산이 산화되어 과산화물이 되는 반응을 촉매하며, 라이포하이드로퍼옥시데이스는 과산화물 등의 분해를 촉매하는 효소이다. 그중 라이폭시제네이스는 반드시 시스, 시스 1,4-펜타다이엔 결합을 지닌 지방산에만 작용하므로 리놀레산, 리놀렌산, 아라키돈산은 파괴하나, 올레산은 파괴하지 않는다. 이 효소에 의해 생성된 라디칼은 비타민 및 단백질 성분을 파괴하는 한편, 식품에 이취를 생성하여 품질을 저하시키므로 산화방지제를 가하거나 가열처리를 하여 이 효소를 불활성화시켜야 한다.

(3) 가열에 의한 산패

조리나 가공할 때 유지를 고온가열하는 경우가 많다. 튀김을 할 때 유지는 140~200℃의 높은 온도에서 가열되는데, 유지의 가열에 의한 산패는 산소 존재하에 유지를 고온처리할 때 일어나는 산화과정이다. 이 산패는 가열반응과 산화반응이 동시에 일어나므로 매우 빠르게 진행되며, 자동산화 외에도 많은 반응과 복잡한 변화가 일어난다. 가열에 의한 산패가 진행될수록 유지의 불포화도는 감소하고, 유리지방산, 거품 형성, 색과 점도, 극성 물질 함량과 고분자물질의 함량은 증가한다. 한편, 과산화물과 휘발성 물질의 함량은 처음에는 증가하나, 가열에 의한 산패가 계속 진행될 경우는 감소하는 경향을 보인다[그림 4-22].

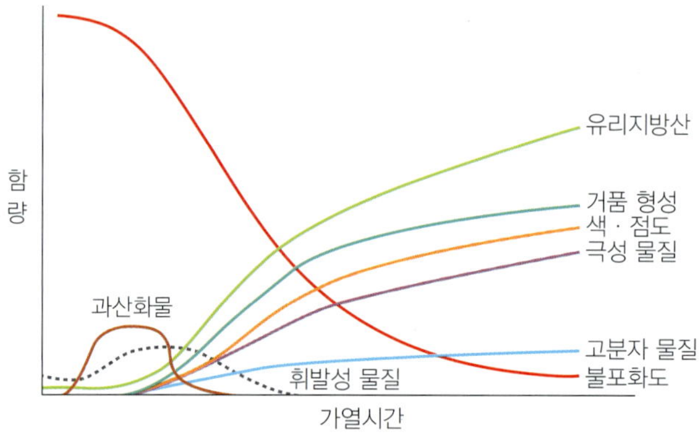

[그림 4-22] 가열시간에 따른 유지의 물리적 · 화학적 특성 변화

1 가열중합

유지를 가열하면 이중결합의 부분에서 중합반응이 일어나며, 이중결합이 많아서 불포화도가 높은 기름이나 여러 번 사용한 튀김용 기름일수록 중합반응이 일어나기 쉽다. 유지의 가열에 의해 중합이 일어나면 비중과 점성이 커지면서 색은 흑색으로 변하고 향미와 소화율이 나빠진다.

2 가열분해

수분의 존재 없이 유지를 가열하면 트라이아실글라이세롤(TG)은 다이아실글라이세롤(DG), 모노아실글라이세롤(MG), 글라이세롤의 순서로 단계적으로 분해되며, 유리 지방산을 생성한다. 이러한 분해는 탄소 수가 적은 저급지방산이나 불포화도가 높은 유지일수록 잘 일어난다. 유지를 가열하면 150℃에서 연기가 발생되고 유리 지방산과 글라이세롤로 분해되며, 유리 지방산으로부터 알데하이드, 케톤, 저급지방산 등의 휘발성 화합물이 생성된다. 유지를 고온으로 가열할 때 생기는 자극성 냄새는 이 분해산물들에 기인한다. 유지의 가열로 인해 형성된 유리 지방산은 튀김유의 발연점을 급격히 저하시켜 품질저하를 일으키는데, 그 원인은 글라이세롤이 가열 분해되어 생성된 아크롤레인의 증가 때문이다.

(4) 변향에 의한 산패

일부 유지에서 나타나는 변향에 의한 산패는 산패가 충분히 진행되지 않아도 풀냄새, 콩 비린내와 같은 이취가 발생되는 현상이다. 대표적인 예로서 콩 비린내가 나는 대두유를 정제하여 그 특유한 냄새를 제거하였는데도 실온에 저장하는 동안에 다시 콩 비린내가 나는 일이 있다. 이러한 현상을 냄새의 복귀 또는 변향(flavor reversion)이라고 한다. 변향 발생 메카니즘은아직 밝혀지지 않았으나 $C_{18:2}$와 $C_{18:3}$이 많은 유지에서 주로 일어나고 있다. 변향을 거치면서 발생하는 비린내 주성분은 2-펜틸퓨란(pentyl furan)으로 알려져 있다. 변향은 열, 광선(325~400 nm), 금속, 산소 등에 의해 촉진되므로, 유지를 비금속 용기에 넣어 암냉소에 저장하면 변향을 어느 정도 방지할 수 있다.

(5) 항산화제

항산화제(antioxidants)는 유지식품의 산화를 방지하여 산화속도를 감소시키고 산패가 발생되기 시작하는 시간인 유도기간을 연장하는 물질을 말하며, 천연에 존재하는 천연항산화제와 합성한 합성항산화제가 있다. 식물성 기름이 동물성 지방에 비해 불포화도가 높지만 천연항산화제가 들어 있어 산화안정성이 더 좋으며, 정제하지 않은 식물성 기름이 정제한 기름보다 산화안정성이 더 좋은 것은 정제하는 과정에서 천연항산화제가 제거되기 때문이다. 항산화제는 주로 식품에 이용하므로 유지식품과 혼합이 잘 되어야 하며, 무색, 무취이며, 체내 축적 없이 배설되어야 하고, 식품성분과 반응하지 않아야 한다.

1 항산화제의 작용 메커니즘

항산화제는 유지산패 초기반응단계의 유리 라디칼 또는 전파단계의 퍼옥시라디칼에 수소 유리 라디칼(H·)을 제공함으로써 라디칼의 농도를 감소시키는 동시에 산소와 반응하지 못하게 하고 과산화물의 생성속도를 억제하여 연쇄반응의 진행을 차단시킨다. 상승제(synergist)가 존재하는 경우 항산화제로부터 생성된 라디칼 A·은 상승제로부터 H·을 받아 항산화제 기능이 회복된다. 상승제가 존재하지 않는 경우에 항산화제는 활성이 낮은 라디칼인 A·이 된 후 ROO· 또는 A·과 반응하여 이합체를 형성하여 안정한 화합물이 된다. 작용 메커니즘은 다음과 같다.

RH → R· + H·

R· + AH → RH + A·

ROO· + AH → ROOH + A·

– 상승제가 존재할 경우: A· + BH → AH + B·

– 상승제가 존재하지 않을 경우: A· + ROO· → ROOA (안정)

A· + A· → AA (안정)

> A· : 항산화제로부터 생성된 라디칼
> B· : 상승제로부터 생성된 라디칼
> H· : 수소유리라디칼

2 항산화제의 종류

항산화제는 일반적으로 천연항산화제와 합성항산화제로 구분된다.

① 천연항산화제

- 세사몰(sesamol)은 참기름에 존재하는 항산화 성분으로 산화안정성이 우수한데, 실제 참기름 자체에는 세사몰이 미량 존재하나 식품가공 중 열분해에 의한 참기름의 구성성분인 세사몰린(sesamolin)이 세사몰로 변형되어 높은 항산화성을 나타낸다.

- **고시폴**(gossypol)은 목화씨 중에 강한 항산화능을 가진 항산화제이나, 독성이 강하므로 면실유 정제 시 반드시 제거해야 한다. 고시폴을 제거하기 위해 Fe^{2+} 이온과 칼슘을 이용한다. 이는 Fe^{2+} 이온과 결합하여 불용성 복합체를 생성하고, 이 복합체가 칼슘 존재 시 쉽게 침전되는 성질을 이용한 것이다.
- **레시틴**(lecithin)은 난황, 콩기름, 간, 뇌, 대두 등에 많은 인지질로, 특히 콩기름 속의 인지질 중에 레시틴이 약 20%, 난황에는 약 30%가 들어 있다. 레시틴은 다른 항산화제에 비해 항산화력이 약하고 유화력이 강하여 식품공업에서는 항산화제보다 유화제로 더 널리 사용된다.
- **토코페롤류**(tocopherol)는 식물, 특히 씨앗류에 존재하는 항산화제로서 대부분의 식물성 기름, 돼지고기 지방과 같은 동물성 지방, 어유 등에 널리 존재하며 심혈관계질환 및 다양한 피부질환의 치료 등에 중요한 역할을 한다. 토코페롤은 대표적으로 $\alpha, \beta, \gamma, \delta$ 등으로 나누어지고, 항산화성 크기는 $\delta > \gamma > \beta > \alpha$ 순이나 비타민 E 활성은 α-토코페롤이 가장 우수하다.

② 합성항산화제

합성항산화제는 페놀(phenol)계, 아민계, 유황계가 있지만 아민계와 유황계는 독성으로 식품에 사용할 수 없고, 사용량을 규제하고 있다. 식품에 비정상적인 맛, 냄새, 색을 주지 않고 극소량으로 효과적인 것이 좋은 합성항산화제이다. 페놀계 합성항산화제로서는 BHA(butylated hydroxy anisole), BHT(butylated hydroxy toluene), PG(propyl gallate), EP(ethyl protocatechuate), NDGA(nordihydroguaiaretic acid), TBHQ(tert-butylhydroquinone) 등이 있으며, 식품에는 BHA, BHT가 널리 사용되고 있다.

- **BHA**는 강력한 항산화제로서 주로 2-BHA, 3-BHA가 사용된다. 구리, 철 등의 이온 존재 시 항산화력이 약해지므로 PG와 산성 상승제(구연산, 비타민 C 등)를 함께 사용하면 좋다. 보통 0.1% 정도 첨가하며 껌, 식용유지, 유지제품 등에 사용된다.

- BHT는 BHA보다 저렴하므로 널리 사용되며, BHA와 같이 불용성이고 유지에 잘 녹으며 첨가된 제품에 냄새나 맛을 주지 않고 휘발성이 강하며 식용유지, 쇼트닝, 어류 염장품, 버터 등에 사용된다.
- PG는 BHA, BHT와 함께 사용되는 경우가 많으나, 단점은 기름보다 물에 잘 녹고, 수분의 존재하에 철이온이 있으면 청색 또는 녹색으로 착색된다.
- EP는 페놀계 항산화제로서 버터나 일반 유지 등에 사용되고, 사용 허용량은 0.05% 정도이다.
- NDGA는 미국 남서부 사막지대에서 추출된 성분으로 페놀계 항상화제였으나 지금은 독성 때문에 사용이 금지되었다.
- TBHQ는 백색의 결정상 고체로 유지에는 잘 녹으나 물에는 소량 용해된다. BHA와 BHT보다 항산화성이 높고, 유지에 색이나 냄새를 주지 않아 감자칩 제조 시 사용하면 제품의 산화안정성이 높아진다.

③ 상승제

상승제 자체는 항산화 능력이 없는 물질이지만 항산화제와 함께 사용하면 항산화제의 항산화 효과를 크게 증가시키는 물질이다. 대표적인 상승제는 시트르산(citric acid), 아스코브산(ascorbic acid), 주석산(tartaric acid), 인산(phosphoric acid), 피트산(phytic acid), 글라이신(glycine), 알라닌(alanine) 등이 있다. 상승제는 식품 중의 금속이온과 킬레이트(chelate) 결합을 하여 금속의 촉매작용을 차단시켜 항산화력을 증가시키는 역할도 한다.

(6) 유지의 산패도 측정방법

유지의 산패도 측정에는 관능검사, 산소의 흡수속도, 과산화물의 생성량, 카보닐 화합물의 생성량 등을 측정하는 방법이 있다.

1 과산화물가(Peroxide value)

유지가 산패되면 과산화물이 생성되므로 이것의 양을 측정하여 유지의 산패 정도와 유도기간 등을 판정한다. 비교적 재현성이 높고 정확하여 많이 사용되나, 과산화물 함량이 최고치에 달하고 나면 분해되어 감소하므로 산패가 지나치게 많이 진행된 경우에는 오히려 과산화물가가 저하되기도 한다. 과산화물은 유지의 산패 반응 초기에 생성되는 주요 화합물이며 유지가 산패됨에 따라 점차 높아져 최고점에 도달한 후 과산화물의 분해에 의해 감소한다. 따라서 과산화물가는 유지의 산패 초기에 유용한 지표로 사용된다. 일반적으로 동물성 지방은 20~40 meq/kg으로, 식물성 기름은 60~100 meq/kg에 도달하는 시간을 유도기간으로 간주한다.

2 TBA가(Thiobarbituric acid value)

TBA가는 유지 1kg 중에 함유된 말론알데하이드(malonaldehyde)의 몰 수로 표시한 것이다. 유지의 산패과정에서 생성된 말론알데하이드는 2-싸이오바비투르산(2-thiobarbituric acid)과 붉은색의 복합체를 형성하는데, 이 복합체를 파장 530 nm에서 흡광도를 측정하여 정량한다. 유지의 산패를 평가하는 데 가장 널리 사용하는 방법 중의 하나이다. TBA가는 당류 등 알데하이드기를 가지고 있는 물질에 의해서도 붉은색을 나타내는 경우가 많아 재현성이 낮은 경우가 많다.

3 카보닐가(Carbonyl value)

유지가 산패되면 과산화물을 거쳐 최종단계에서 카보닐화합물을 생성하는데, 이것의 양을 측정해 산패 정도를 판정하는 방법이다. 카보닐가는 과산화물가처럼 유지의 산패과정이 지속되는 동안 최고값에 도달하였다가 다시 감소되지 않고 계속 증가한다.

4 랜시매트(Rancimat)법

랜시매트는 특수제작된 용기에 소량의 유지를 넣고 공기(산소)를 넣어 가열처리하면서 반응시키는 구조를 가지고 있다. 유지의 산패가 진행될수록 유지 속에서 휘발성 이취 성분이 발생되어 증류수에 포집되면, 전기전도도가 증가하게 되고, 이 증가 정도를 전극으로 측정하여 유지의 산패 유도기간을 측정하게 된다[그림 4-23].

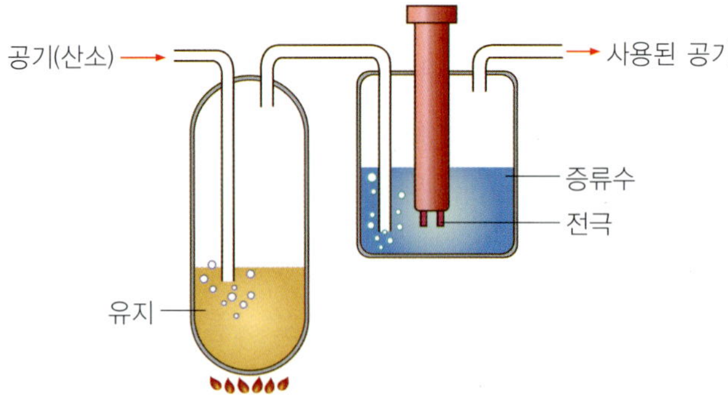

[그림 4-23] 랜시매트의 장치

5 AOM법(활성산소법, Active oxygen method)

AOM법은 유지의 산패를 촉진시켜 단시간에 유도기간을 측정하는 방법이다. 유지 속에 산소를 계속 넣으면서 상온 혹은 가온 조건에서 저장하게 되면 유지의 산패가 매우 빠르게 진행되는데, 12~48시간 내에 유지의 유도기간을 측정하여 유지의 산패에 대한 안정성을 평가한다.

6 오븐(Oven)법

오븐법은 시료를 65℃에 저장하면서 유지의 산패를 가속화시킨 후 일정 시간마다 관능검사와 과산화물가 등을 통해 유지의 산패를 확인하는 방법이다. 관능검사는 개인차가 있으므로 유지의 산패 정도를 객관화시키기 어려운 점이 있으므로 과산화물가, TBA가 등과 병행하여 관찰한다.

6. 유지의 가공

1) 정제(Purification)

원료에서 채취한 원유에는 유리 지방산, 인지질, 탄수화물, 섬유질, 색소, 유지 산화분해물 등 불순물이 많이 함유되어 이취나 좋지 않는 색을 띠고 저장성을 떨어뜨리므로 정제과정을 갖는다.

1 탈검(Degumming)

탈검은 유지와 비중이 다른 수분, 레시틴, 탄수화물, 단백질 등의 검질을 분리시킨 후 제거하는 공정이다. 2~3% 물이나 묽은 인산 용액을 약 50℃에서 트리아실글라이세롤과 혼합하여 교반하면 인지질은 물과의 친화성 때문에 수화되며 이를 원심분리하여 제거한 후 유지에 75~80℃ 온수를 1~2% 첨가하여 믹서로 수화시키면 검질이 응고되어 제거된다.

2 탈산(Deacidification)

탈산은 원유에 함유된 유리 지방산을 제거하기 위하여 수산화소듐 용액을 첨가하여 유리 지방산을 중화시키고 소듐염을 만들어 원심분리하고 더운물로 세척하여 제거하는 과정으로, 인지질이나 색소도 함께 제거된다.

3 탈색(Bleaching)

유지의 착색에 관여하는 카로티노이드, 클로로필(chlorophyll), 고시폴 등을 탈색처리로 제거하면 무색에 가까운 유지를 제조할 수 있다. 유지에 활성백토나 활성탄 등의 흡착제를 착색 정도에 따라 0.5~3.0% 정도 첨가한 다음 80℃에서 30~60분간 교반하여 색소성분을 흡착시킨 후 여과기 등을 사용하여 흡착제를 유지로부터 분리한다. 이와 같은 탈색과정 중에 인지질이나 비누성분, 산화생성물도 흡착되어 제거된다.

4 탈취(Deodorization)

유지의 산화생성물인 알데하이드, 케톤, 저급지방산, 저급알코올 등은 유지에 좋지 않은 냄새를 발생시킨다. 이러한 저급화합물은 진공 수증기 증류법으로 탈취처리하여 제거한다. 3~6mmHg의 낮은 기압에서 유지에 200~250℃의 과열 수증기를 넣은 후 냄새성분을 휘발·증류시킨다.

5 동유처리(Winterization)

동유처리는 유지를 차게 하여 녹는점이 높은 아실글라이세롤 또는 왁스를 결정으로 석출시켜 제거하는 공정이다. 샐러드유와 같이 냉장고에 보관하는 유지의 정제에 필수적인 처리로서 원유를 탈취 전에 0~6℃에서 18시간 정도 방치하여 생성된 고체지방을 원심분리하여 제거한다. 동유처리한 식물성 기름은 냉장고에서도 맑게 유지된다.

2) 경화(Hydrogenation)

유지 중의 불포화지방산의 이중결합에 니켈과 납 등의 촉매를 사용하여 수소를 첨가하는 반응을 유지의 경화 또는 수소화라 한다. 수소를 첨가하면 불포화지방산은 녹는점이 높은 포화지방산이 되며, 액체기름은 고체지방으로 변한다. 마가린, 쇼트닝 제조에 이용되며, 유지의 산화안정성을 증가시킨다. 경화과정을 거치면 불포화지방산이 포화지방산으로 변하는 것 외에 이중결합의 위치가 변화하거나 자연상태의 시스형에서 더욱 안정한 트랜스형으로 이성질화되어 오히려 포화지방산보다 건강에 더 해로울 수 있다.

일반적으로 온도와 촉매 농도가 높아지면 트랜스지방산 함량이 증가하고, 수소압력과 교반속도가 높아지면 트랜스지방산 함량이 낮아진다. 니켈이 촉매로 가장 많이 이용되고 구리, 구리와 크롬혼합물, 백금도 사용된다.

3) 에스테르 교환반응(Transesterification)

유지류에 금속염이나 라이페이스를 반응시키면 글라이세롤에서 지방산이 분리되어 지방산을 서로 교환하여 새로운 중성지방을 형성하게 되는데 이를 에스테르 교환반응이라 한다. 이 외에 아세트산을 첨가시켜 지방을 대체하는 아세틸화를 이용하기도 한다. 이 반응은 융점을 높이고 다양한 지방산을 함유하게 되어 다양한 융점을 가지므로, 퍼짐성이 좋고 안정적이며 부드러운 질감인 마가린이나 쇼트닝을 만드는 데 이용되고 있다.

4) 동질이상현상(Polymorphism)

유지는 결정구조에 따라 몇 개의 녹는점을 가질 수 있는데 이를 동질이상현상이라 한다〈표 4-9〉. 동일 화합물이 2개 이상의 결정형을 갖는 현상을 말하며 중성지질뿐 아니라 지방산 분자에서도 발견된다. 같은 지질이라도 α형 결정은 그 크기가 작고 부스러지기 쉽고 약 5μm의 투명한 판상이며, β형은 결정이 크고 거칠며 직경이 25~50μm이다. β'형은 길이 1μm 이내의 가는 바늘형이어서 결정구조가 미세하여 부드러운 질감을 준다. 이들 결정의 안정성은 대체로 α형 < β'형 < β형의 순으로 높아진다[그림 4-24]. 유지 중에서 안정한 β형의 결정을 나타내는 유지는 대두유, 코코넛유, 버터, 라아드 등이다. 유지를 구성하는 중성지질 분자가 같아도 결정형에 따라 녹는점이 달라지기 때문에 유지의 녹는점은 순수한 화합물과는 달리 명확하지 않다. 예를 들면, 초콜릿은 주요 구성성분인 카카오버터의 열처리 방법에 따라 결정구조가 달라진다. 일반적으로 시중에 판매되는 초콜릿의 경우 높은 녹는점을 갖는 결정구조이지만, 유통과정에서 초콜릿이 녹았다가 굳으면 이 결정구조가 깨지게 되어 블루밍(blooming) 현상이 일어난다.

또한, 동질이상현상은 유지 제품의 이용 및 물성 측면에서도 매우 중요하다. 예를 들어, 쇼트닝 제조 시에는 가소성과 크리밍성 등을 증진시키기 위하여 β'-결정형을 갖도록 하는 것이 바람직하다.

〈표 4-9〉 단순지질의 동질이상 결정구조에 따른 녹는점(℃)

단순지질	γ형(무정형)	α형	β′형	β형
트라이카프린 (tricaprin)	−15	18	−	31.5
트라이라우린 (trilaurin)	15	35	−	46.4
트라이미리스틴 (trimyristin)	33	46.5	54.5	57
트라이팔미틴 (tripalmitin)	45	56	63.5	65.5
트라이스테아린 (tristearin)	54.5	65	62.5	72
트라이올레인 (triolein)	−32	−12	−	4.9
트라이리놀레인 (trilinolein)	−43～−47	−27～−29	−	−10.5

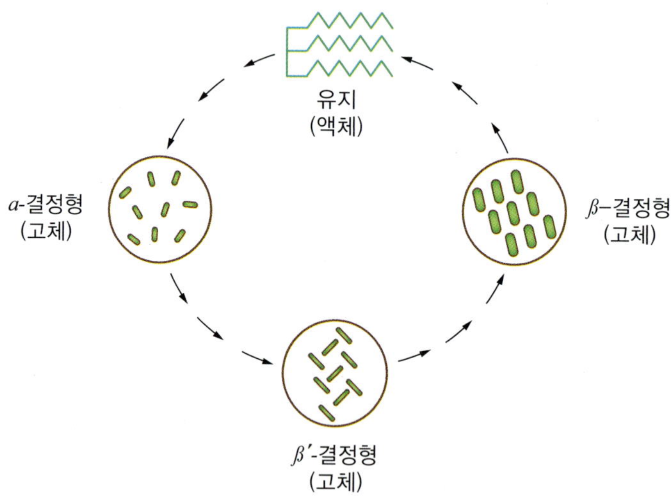

[그림 4-24] 유지의 동질이상현상과 결정구조

단백질

05

FOOD CHEMISTRY

단백질(protein)은 아미노산(amino acid)으로 구성된 고분자 질소화합물로 생명체의 구조물질이며, 생명 현상의 기능을 담당한다. 단백질은 산 또는 효소에 의해 구성단위인 아미노산으로 분해되며 분해된 아미노산은 다시 단백질로 합성된다. 단백질의 원소 조성은 탄소 51~55%, 산소 20~23.5%, 질소 15.5~18.5%, 수소 6.8~7.9%, 황 0.4~2.5%로 되어 있으며, 종류에 따라 인, 철, 요오드, 구리 등 무기성분을 함유한다. 질소는 단백질뿐만 아니라 핵산, 퓨린(purine) 및 피리미딘(pyrimidine) 염기, 아마이드(amide) 화합물, 요소(urea), 크레아틴(creatine) 등에도 포함되어 있어 전체 질소량에 질소계수를 곱하여 얻은 단백질량을 조단백질(crude protein)이라 한다. 대부분 식품단백질에는 평균 16%의 질소가 함유되고 있어 16분의 100인 6.25를 질소계수(nitrogen coefficient)로 한다. 식품단백질의 양은 단백질을 분해하여 생기는 전체 질소량에 일반적인 단백질 질소계수 6.25를 곱하면 산출할 수 있다.

1. 아미노산

1) 아미노산의 구조

아미노산은 단백질 구성의 기본단위로서 공통적인 구조의 특징을 가지고 있다. 단백질을 구성하는 아미노산은 각각 1개의 아미노기(amino group), 카복실기(carboxyl group), 수소원자, 곁사슬(side chain)인 R기로 구성되어 있다[그림 5-1]. 따라서, 아미노산은 분자 내에서 염기성의 아미노기($-NH_2$)와 산성의 카복실기($-COOH$)를 동시에 가진 양쪽성 물질(양쪽성 전해질, ampholyte)의 구조를 가지고 있다. 아미노산은 아미노기에 결합한 탄소의 위치에 따라 α-(C2), β-(C3), γ-(C4)아미노산 등으로 구분하는데 단백질을 구성하는 천연 아미노산은 모두 α-아미노산이다.

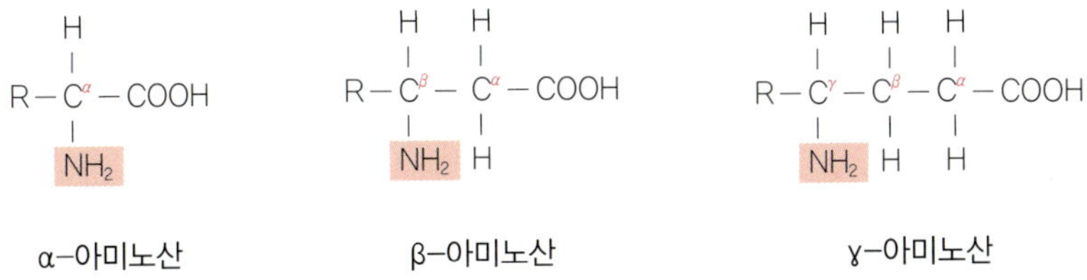

아미노산은 곁사슬이 수소(–H)인 글라이신을 제외하고는 아미노기와 카복실기가 결합한 탄소원자가 부제탄소이기 때문에 L–형과 D–형의 2개의 입체이성질체가 존재한다. [그림 5–1]과 같이 입체적인 사면체의 상단에 카복실기를 배치하고 하단에 곁사슬(–R)을 배치한 구조에서 아미노기(–NH_2)가 오른쪽에 있는 것을 D–형, 왼쪽에 있는 것을 L–형이라고 한다. 식품의 단백질을 구성하는 아미노산은 모두 *a*–L–아미노산이므로 일반적으로 L–, D–의 기호를 붙이지 않는 경우가 많다.

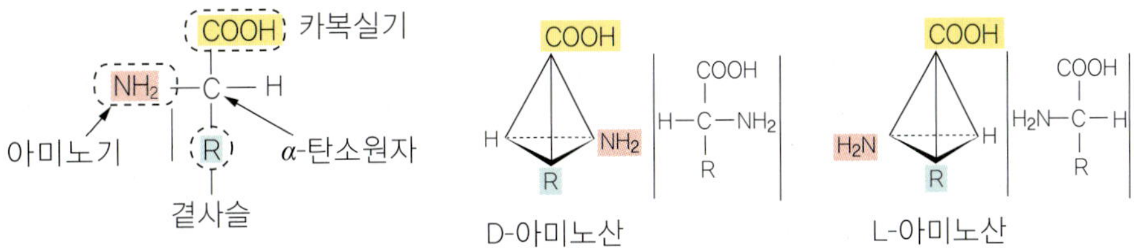

[그림 5–1] 아미노산의 구조

2) 아미노산의 종류와 분류

단백질을 구성하는 아미노산의 종류는 곁사슬인 R기가 20종류이므로 모두 20종류이다. 아미노산은 일반적으로 분자 내 카복실기와 아미노기의 수에 따라 중성, 산성 및 염기성 아미노산으로 분류한다. 중성 아미노산은 분자 내에서 1개의 아미노기와 1개의 카복실기, 산성 아미노산은 1개의 아미노기와 2개의 카복실기, 염기성 아미노산은 2개의 아미노기와 1개의 카복실기를 가진 아미노산이다. 그리고 R기의 구조에서 벤젠고리를 가진 방향족 아미노산, 황원자를 가진 황 아미노산, 이미노기(=NH)를 가진 고리형 아미노산의 이미노산(imino acid) 등으로 분류한다 〈표 5-1〉.

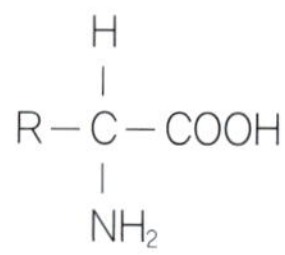

중성아미노산

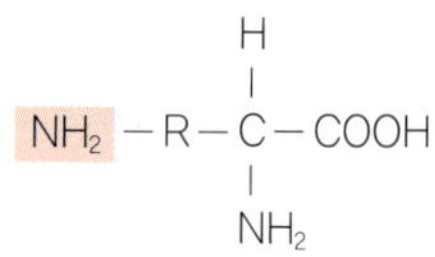

염기성아미노산

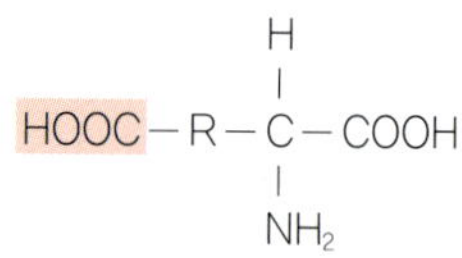

산성아미노산

또한, 아미노산은 R기의 극성 여부 등에 따라 크게 극성(친수성) 아미노산과 비극성(소수성) 아미노산으로도 분류할 수 있다. 극성 아미노산은 앞서 분류한 산성 아미노산, 염기성 아미노산이 있는데 산성 아미노산은 pH 7에서 순전하가 음(−) 전하인 아미노산이고, 염기성 아미노산은 순전하가 양(+)전하인 아미노산이다. 이 외에 R기의 구조에서 하이드록시기(−OH), 설프하이드릴기(−SH), 아마이드기(−CO−NH_2)를 가진 아미노산 등이 있으며 수소(−H)를 가져 부제탄소가 없는 글라이신도 극성 아미노산이다.

〈표 5-1〉 아미노산의 종류와 구조

분류	명칭	약호	구조식	등전점	기타
중성 아미노산	글라이신 (glycine)	Gly, G	$H-CH-COOH$ (CH에 NH_2)	5.97	극성(−H) 부제탄소 없음
	알라닌 (alanine)	Ala, A	$CH_3-CH-COOH$ (CH에 NH_2)	6.00	비극성
	발린 (valine)	Val, V	$(CH_3)_2CH-CH-COOH$ (CH에 NH_2)	5.96	비극성 필수아미노산

분류	명칭	약호	구조식	등전점	기타
중성 아미노산	루신 (leucine)	Leu, L	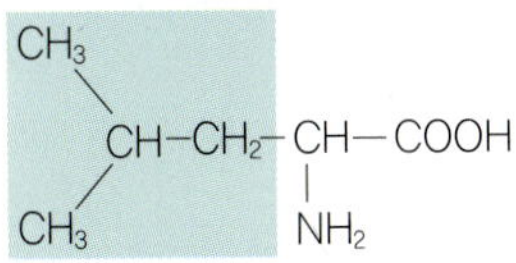	5.98	비극성 필수아미노산
	아이소루신 (isoleucine)	Ile, I	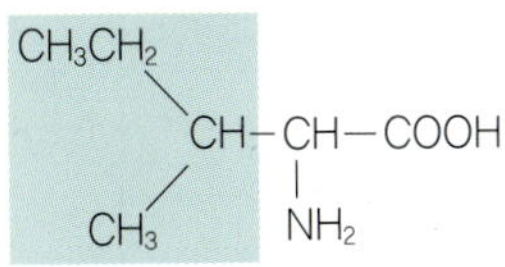	5.94	비극성 필수아미노산
	세린 (serine)	Ser, S	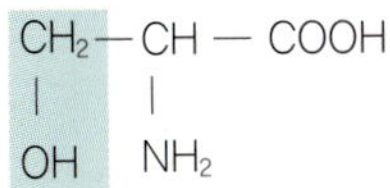	5.70	극성(–OH)
	트레오닌 (threonine)	Thr, T	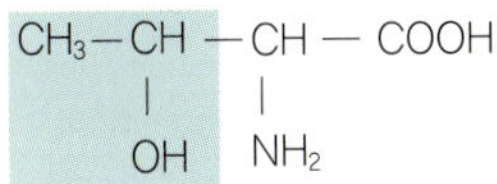	5.64	극성(–OH) 필수아미노산
	아스파라긴 (asparagine)	Asn, N	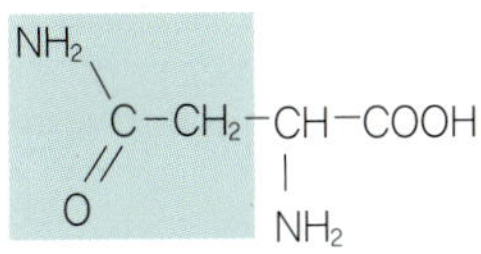	5.41	극성(–CO–NH_2)
	글루타민 (glutamine)	Gln, Q	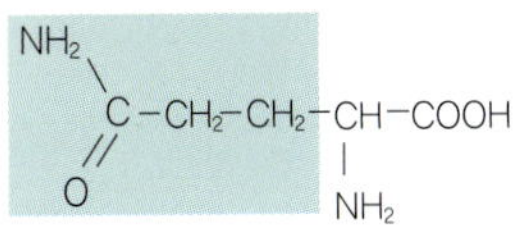	5.65	극성(–CO–NH_2)
산성 아미노산	아스파트산 (aspartic acid)	Asp, D	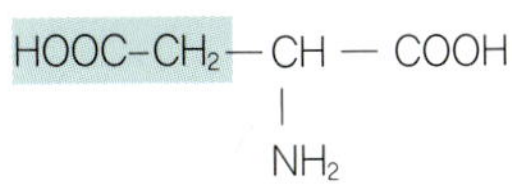	2.77	극성
	글루탐산 (glutamic acid)	Glu, E	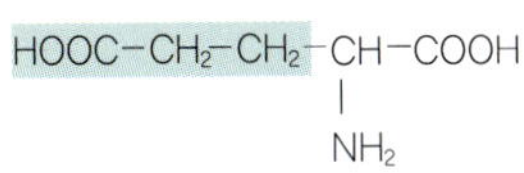	3.22	극성
염기성 아미노산	라이신 (lysine)	Lys, K	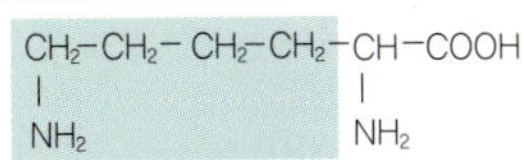	9.74	극성 필수아미노산
	아르기닌 (arginine)	Arg, R	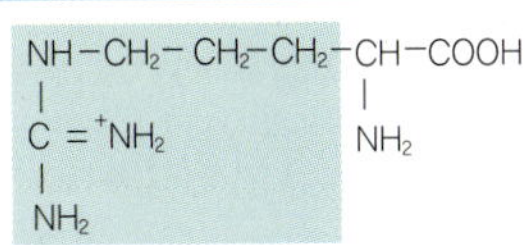	10.76	극성 필수아미노산(유아)

분류	명칭	약호	구조식	등전점	기타
염기성 아미노산	히스티딘 (histidine)	His, H	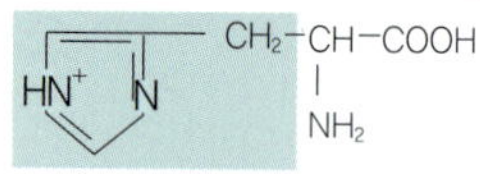	7.47	극성 필수아미노산(유아)
방향족 아미노산	페닐알라닌 (phenylalanine)	Phe, F	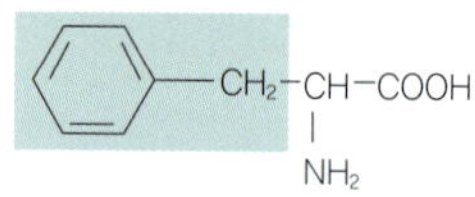	5.48	비극성 필수아미노산
	타이로신 (tyrosine)	Tyr, Y	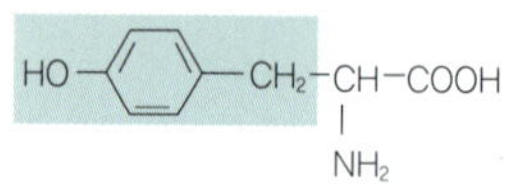	5.66	극성(–OH)
	트립토판 (tryptophan)	Trp, W	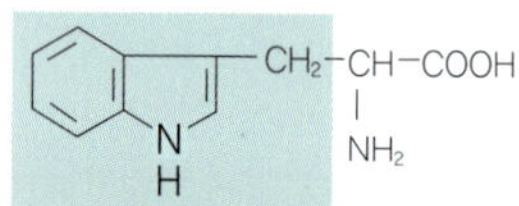	5.89	비극성 필수아미노산
황 아미노산	시스테인 (cysteine)	Cys, C	$HS-CH_2-CH(NH_2)-COOH$	5.07	극성(–SH)
	메싸이오닌 (methionine)	Met, M	$CH_3-S-CH_2-CH_2-CH(NH_2)-COOH$	5.74	비극성 필수아미노산
고리형 아미노산	프롤린 (proline)	Pro, P	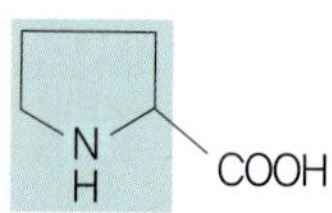	6.30	비극성 이미노산

3) 필수아미노산과 특수 아미노산

(1) 필수아미노산

필수아미노산(essential amino acid)은 체내에서 합성할 수 없어 반드시 외부나 음식물로 섭취해야 하는 아미노산이다. 성인에게는 발린(valine), 루신(leucine), 아이소루신(isoleucine), 트레오닌(threonine), 메싸이오닌(methionine), 라이신(lysine), 페닐알라닌(phenylalanine), 트립토판(tryptophan) 등 8개의 아미노산이 필요하다. 또한, 아르기닌(arginine)과 히스티딘(histidine)은 성인에게는 필요없으나, 성장·발육기의 어린이와 회복기의 환자에게는 필수적인 아미노산이며, 준필수아미노산이라고도 한다〈표 5-2〉.

〈표 5-2〉 사람에게 필요한 아미노산의 종류

비필수아미노산		필수아미노산	
Glu	Ala	Ile	Thr
Gln	Gly	Leu	Trp
Pro	Ser	Lys	Val
Asp	Tyr	Met	Arg*
Asn	Cys	Phe	His*

* 유아 및 회복기 환자

(2) 특수 아미노산

아미노산은 기존의 20여 개 외에 특수 아미노산이 있다[그림 5-2]. 4-하이드록시프롤린(4-hydroxyproline)과 5-하이드록시라이신(5-hydroxylysine)은 결합조직 단백질인 콜라젠(collagen)의, 6-N-메틸라이신(6-N-methyllysine)은 근육 단백질인 마이오신(myosin)의, 카복실글루탐산(carboxyglutamate)은 혈액응고 단백질인 프로트롬빈(prothrombin)의 구성성분이다. 또한, 데스모신(desmosine)은 섬유단백질인 엘라스틴(elastin) 내의 4개의 라이신 잔기 구조를 가지고 있으며, 오르니틴(ornithine), 시트룰린(citrulline)은 요소회로(urea cycle) 내의 대사 아미노산이다.

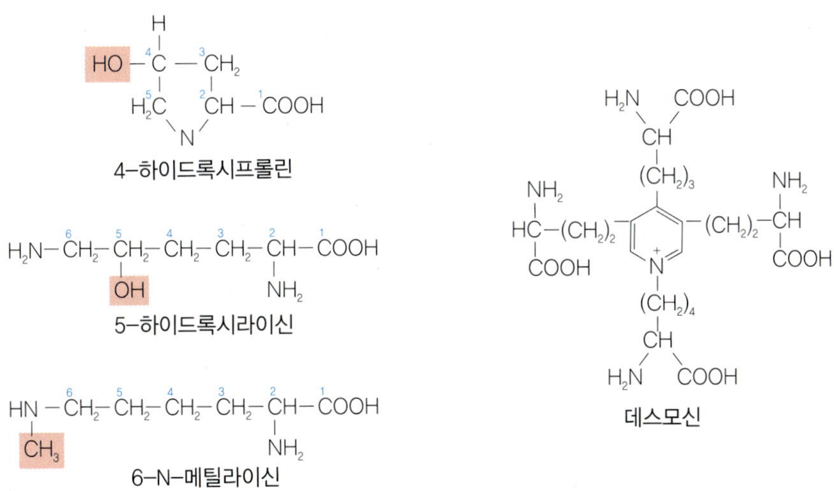

[그림 5-2] 특수 아미노산의 구조

4) 주요 아미노산

(1) 글라이신(Gly, G)

글라이신은 아미노산 중에서 가장 간단한 구조로 동물성 단백질에 많으며, 특히 면사의 단백질, 젤라틴(gelatin) 등에 많이 들어 있다. 무색의 결정이며 단맛을 가진다. 물에는 잘 용해되나 알코올, 에테르에는 녹지 않는다. 포유동물의 체내에서 합성되며 체내 유독물질과 결합한다.

(2) 알라닌(Ala, A)

대부분의 단백질에 들어 있으며 최초로 합성된 아미노산이다. 면사의 단백질, 엘라스틴, 젤라틴 등에 많이 들어 있다. 무색 주상의 단맛을 가진 결정이며 물에 잘 용해된다. 천연의 알라닌은 광학적으로 활성이 있으며 우선성이다.

(3) 세린(Ser, S)

세린은 면사의 단백질인 세리신에서 분리되었으며 프로타민(protamine), 헤모글로빈 등의 단백질에도 많이 들어 있다. 주상 또는 육각형상의 단맛을 가진 결정이며 물에 잘 용해된다.

(4) 발린(Val, V)

대부분의 단백질에 들어 있는 필수아미노산이다. 대마종자의 단백질인 에데스틴(edestin)에 대단히 많이 들어 있으며, 젤라틴, 달걀의 바이텔린(vitellin) 등에도 많이 들어 있다. 콩나물에는 유리상태로 들어 있으며 펩신과 트립신에 의한 단백질의 소화물질에서 많이 볼 수 있다. 천연의 발린은 우선성이며 백색의 광택이 있는 엽상의 결정이다. 노발린(norvaline)은 발린의 이성질체이며 글로빈(globin), 카제인(casein)을 가수분해할 때 발견된다.

(5) 루신(Leu, L)

루신은 대부분의 단백질에 들어 있는 필수아미노산이며 물에 잘 분해되지 않아 분리하기가 쉽다. 판상의 광택이 있는 백색 결정이며 단맛이 있다. 유리상태의 루신의 수용액은 좌선성이나, 산 및 알칼리의 용액은 우선성이다.

(6) 아이소루신(Ile, I)

아이소루신은 루신의 이성질체이며 대부분의 단백질에 들어 있는 필수아미노산이다. 엽상 또는 주상의 광택이 있는 결정이며 물에 잘 용해되고 쓴맛이 대단하며 광학적으로 우선성이다.

(7) 트레오닌(Thr, T)

트레오닌은 세린과 같은 부류에 속하는 필수아미노산이며 일반적으로 동물성 단백질에 많이 분포되어 있다.

(8) 아스파트산(Asp, D)

아스파트산(aspartic acid)은 대부분의 단백질에 들어 있으며, 특히 발아된 종자에서 아마이드인 아스파라진(asparagine)의 형태로 발견된다. 아스파라진을 산 또는 알칼리로 분해하면 다시 아스파트산으로 되며 주상의 강한 신맛을 가진 결정이다.

(9) 글루탐산(Glu, E)

글루탐산은 모든 단백질에 다 들어 있지만, 특히 식물성 단백질에 많이 들어 있다. 밀가루의 글루텐(gluten)에서 가장 쉽게 분리되며 카제인의 가수분해로는 30%, 글리아딘(gliadin)에서는 43%의 글루탐산이 생성된다. 사방팔면체 또는 사면체의 신맛이 있는 결정이며, 이것의 소듐염은 조미료로 널리 사용된다. 또한, 발아된 종자에서 아마이드인 글루타민(glutamine)의 형태로 발견된다.

(10) 아르기닌(Arg, R)

아르기닌은 프로타민, 히스톤(histone)을 구성하는 아미노산이며, 이들의 가수분해에 의하여 생성되는 주상의 결정이다. 물에는 용해되나 알코올에는 용해되지 않으며 발아된 종자 또는 다른 단백질에도 들어 있다. 생체 내 요소회로의 구성 중간체이다.

(11) 라이신(Lys, K)

라이신은 모든 단백질에 들어 있으며, 특히 발아된 콩, 감자 등에 들어 있고 카제인, 비텔린 등의 가수분해로 생성되는 필수아미노산이다. 강알칼리성을 띠며 공기 중의 이산화탄소를 흡수하여 탄산염이 된다. 이것의 염산염은 주상의 결정이며 물, 메탄올에는 용해되나 에탄올에는 잘 용해되지 않는다.

(12) 시스테인(Cys, C)과 시스틴(cystine)

시스테인(cysteine) 2분자가 결합된 것이며 일반적으로 모발, 손톱 등의 분해로 얻는다. 시스틴이 체내에서 환원되면 2분자의 시스테인이 되고, 다시 산화되면 시스틴(cystine)으로 되는 산화환원을 촉진시키는 역할을 한다. 시스테인은 시스틴을 염산과 아연 등으로 환원하면 얻게 되는 백색의 수용성 결정이며 좌선성이다. 싸이올기 반응에 의하여 시스테인의 암모니아 용액에 소듐나이트로프루사이드(sodium nitro-prusside) 용액을 가하면 붉은색이 된다.

(13) 메싸이오닌(Met, M)

카제인을 가수분해해서 발견된 필수아미노산이며 카제인, 오브알부민(ovalbumin), 에데스틴 등에 많이 들어 있는 유황아미노산이다. 메싸이오닌은 시스틴의 합성 전구체이자 생합성에서 메틸기의 공급원으로 사용되며, 간 기능을 항진시키고 해독작용을 한다.

(14) 페닐알라닌(Phe, F)

페닐알라닌은 모든 단백질에 들어 있으며, 특히 발아된 종자 중에 유리상태로 존재하는 필수아미노산이다. 엽상 또는 주상의 형태로 약간 쓴맛을 가진 결정이며 찬물에는 잘 용해되지 않는다.

(15) 타이로신(Tyr, Y)

많은 단백질의 가수분해 생성물에 들어 있으며 주로 카제인을 분해하거나 면사를 염산으로 분해하여 얻는다. 타이로신은 페닐알라닌의 산화물이고 생리적으로 중요한 아미노산으로 동물성 단백질에는 3% 정도 들어 있다. 산, 알칼리, 더운물에는 용해되나, 찬물에는 용해되지 않은 침상결정이다. 타이로신은 갑상샘 호르몬인 타이록신(tyroxine)의 모체이다.

(16) 트립토판(Trp, W)

트립토판은 인돌핵을 가진 아미노산으로 난황, 카제인 등과 같은 동물성 단백질에 많으며 모발과 피부 생성에 관여하는 필수아미노산이다. 판상의 결정이며 찬물에는 용해되지 않으나 더운물에는 용해된다.

(17) 히스티딘(His, H)

히스티딘은 많은 단백질에 들어 있으며, 특히 헤모글로빈에 11% 정도 들어 있다. 이것은 이미다졸(imidazole)핵을 가지며 생식세포에 많이 분포한다. 물에 잘 용해되는 염기성 아미노산이며 체내에서 탈탄산되면 유독한 히스타민이 생성된다.

(18) 프롤린(Pro, P)

프롤린은 모든 단백질에 들어 있으며 하이드록시프롤린과 함께 젤라틴, 프롤라민(prolamin) 등에 많이 들어 있다. 알코올에 용해되는 아미노산이며 에테르(ether)에는 용해되지 않는다.

5) 아미노산의 성질

(1) 용해성

아미노산은 물 등 극성 용매, 묽은 산 및 염기에 녹고 아세톤, 에테르 등 비극성 용매와 알코올 등에는 거의 녹지 않으며 융점이 200℃ 이상이다.

(2) 광학적 성질

부제 탄소를 가진 아미노산은 광학적 활성을 가지기 때문에 편광면을 오른쪽 또는 왼쪽으로 회전시키는 2종류의 광학적 이성질체가 존재한다. 오른쪽 방향으로 회전시키는 광학적 이성질체는 +(d), 왼쪽 방향으로 회전시키는 광학적 이성질체는 −(l)로 표시하고 각각 시계방향과 시계 반대방향으로 회전한다.

(3) 양쪽성 전해질 및 등전점

아미노산은 수용액에서 이온화되는데, 한 분자 중에 염기성(양전하)과 산성(음전하)을 동시에 가진 양쪽성 전해질로 산성 용액에서는 염기(양이온)로, 염기성 용액에서는 산(음이온)으로 작용한다. 아미노산은 아미노기와 카복실기를 가지며 중성 용액(pH 7)에서 이 2개의 작용기는 이온화된다. 이처럼 분자 자체 내에서 서로 다른 반대 전하를 띠는 것을 쌍극성 이온이라 한다[그림 5-3]. 이 쌍극성 이온의 묽은 수용액 pH는 이들의 산성과 염기성의 세기로 정해지며, $pH = \frac{pK_{a1} + pK_{a2}}{2}$로 표시된다. 이러한 pH에서는 쌍극성 이온이 동일하게 존재하며 순전하(net charge)가 없어 전기적으로 중성이고 전기장 내에서 움직이지 않는다. 이때의 pH를 등전점이라 한다. 등전점(isoelectric point: pI)이란 전기적으로 중성이며, 전기장 안에서 이동하지 않는 pH 또는 양전하 화학종과 음전하 화학종의 수가 같은 pH를 말한다.

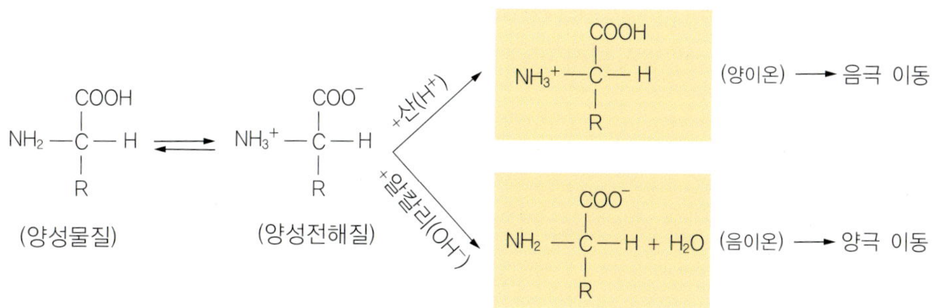

[그림 5-3] 양성전해질로서의 아미노산

(4) 자외선 흡수성

아미노산 중 방향족 아미노산인 타이로신, 트립토판, 페닐알라닌의 최대 흡수파장은 각각 275 nm, 278 nm, 260 nm이다. 대부분 단백질은 방향족 아미노산을 함유하므로, 자외선을 최대 흡수하는 방향족 아미노산을 이용하여 280 nm에서 측정하면 수용액 중 단백질의 양을 구할 수 있다.

(5) 맛

일반적으로 단백질은 아무 맛이 없으나 아미노산은 각각 특유한 맛을 가지고 있어 식품의 맛과 밀접한 관계를 갖고 있다. 글루탐산(glutamic acid)은 감칠맛을 내므로 소듐글루탐산(monosodium glutamate: MSG)으로써 조미료로 널리 사용되고 있다. 글라이신, 알라닌, 발린, 세린, 라이신 등은 단맛, 루신과 아이소루신, 페닐알라닌, 트립토판 등은 쓴맛, 아스파트산은 신맛을 낸다.

6) 아미노산의 반응

(1) 탈탄산 반응

아미노산은 수산화바륨[$Ba(OH)_2$]과 함께 가열하거나 장내 부패 세균의 탈탄산 효소(decarboxylase) 작용으로 아미노산에서 카복실기를 제거시켜 아민(amine)을 생성한다. 히스티딘과 라이신의 카복실기가 제거되면 각각 히스타민(histamine)과 카다베린(cadaverine)이 생성되어 알레르기를 유발하거나 부패독을 생성한다.

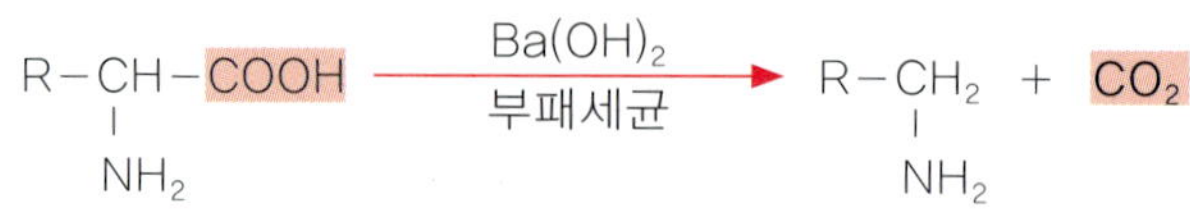

(2) 탈아미노 반응

아미노산의 아미노기는 아질산(HNO_2)과 반응하면 질소가스를 발생하여 아미노산, 펩타이드, 단백질 등의 아미노기 측정에 이용된다.

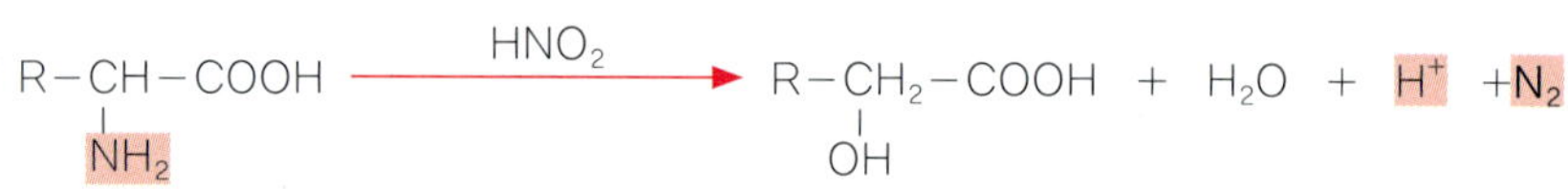

(3) 알데하이드와의 반응

아미노산은 산성과 염기성을 모두 가진 양쪽성 물질로 아미노산의 α-아미노기와 알데하이드가 반응하면 알켄이민(alkene imine) 화합물을 형성하여 아미노기의 염기성이 소실된다.

(4) 닌하이드린 반응

닌하이드린(ninhydrin) 반응은 대표적인 α-아미노산의 검출 및 정량에 이용되는데, 닌하이드린은 아미노산의 아미노기에 완만한 산화제로 작용하여 닌하이드린 2분자와 아미노산의 질소 분자와 결합하여 보라색 색소(purple pigment)를 생성한다[그림 5-4].

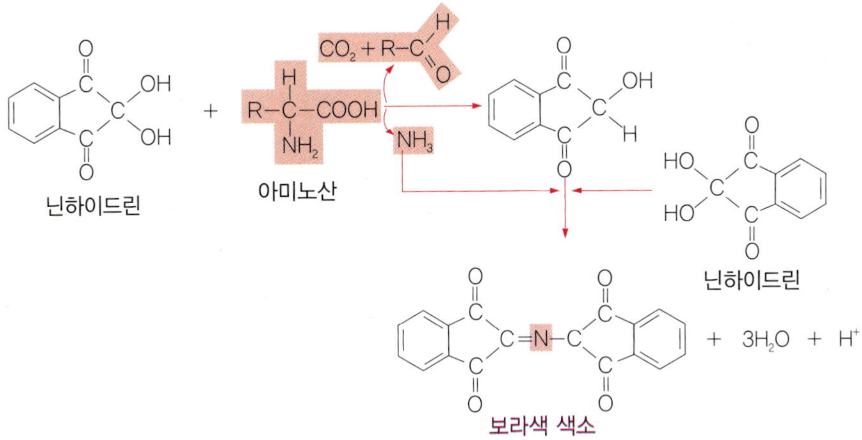

[그림 5-4] 닌하이드린 반응

(5) 생어 반응: FDNB 반응

생어(Sanger) 반응은 N-말단 아미노산 확인반응으로 생어가 사용한 1-플루오로-2,4-다이나이트로벤젠(1-fluoro-2,4-dinitrobenzene: FDNB)은 전하를 띠지 않은 아미노산의 유리아미노기와 반응하여 황색의 2,4-다이나이트로페닐(2,4-dinitrophenyl: DNP) 유도체를 형성시킨다[그림 5-5]. DNP-아미노산 유도체를 통해 N-말단 아미노산을 알 수 있다.

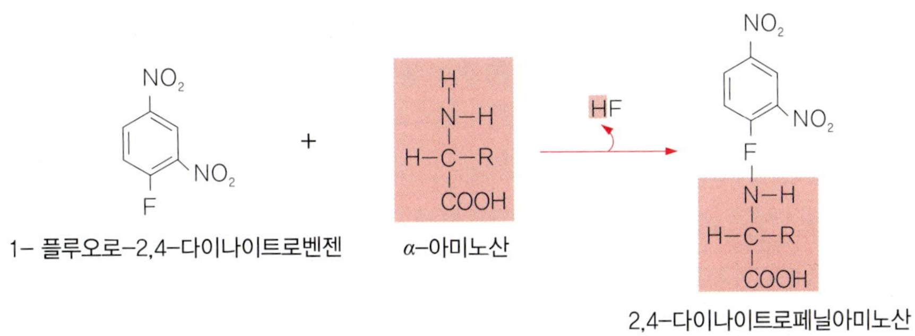

[그림 5-5] 생어 반응

2. 단백질의 분류

단백질은 매우 큰 분자로 모든 단백질은 각기 정해진 아미노산 조성, 배열, 폴리펩타이드 사슬의 길이를 가진다. 단백질은 특징적인 아미노산 조성을 가지며 기능이 다른 단백질은 구성아미노산의 수가 다른데, 20개의 아미노산은 단백질 안에 동량으로 존재하지 않고, 각 단백질은 아미노산 단위를 서로 다른 비율로 함유한다. 단백질은 조성에 따라 단순단백질(simple protein), 복합단백질(complex protein), 유도단백질(derived protein)로 나눌 수 있으며, 형상에 따라 구상 단백질, 섬유상 단백질로 구분된다〈표 5-3〉.

〈표 5-3〉 단백질의 분류

<table>
<tr><td rowspan="6">단백질</td><td rowspan="3">구성성분</td><td>단순단백질</td><td>아미노산만으로 구성</td></tr>
<tr><td>복합단백질</td><td>단순단백질 + 비단백질성분
– 인단백질
– 핵단백질
– 당단백질
– 지단백질</td></tr>
<tr><td>유도단백질</td><td>구조가 변경된 단백질
기타 단백질 유도체들</td></tr>
<tr><td>출처</td><td colspan="2">동물성 단백질(육류, 어류, 우유, 난류)
식물성 단백질(곡류, 두류)</td></tr>
<tr><td>용해성</td><td colspan="2">알부민, 글로불린, 글루테린, 프롤라민</td></tr>
<tr><td>기능</td><td colspan="2">효소단백질, 호르몬단백질, 혈장단백질 등</td></tr>
</table>

1) 조성에 의한 분류

단순단백질은 아미노산만으로 구성된 단백질이며, 복합단백질은 단순단백질(아미노산)과 보결 분자(비아미노산 부분)로 이루어진 단백질이고, 유도단백질은 성질이 변화된 단백질이다.

(1) 단순단백질(Simple protein)

1 알부민

알부민(albumin)은 생물의 세포 및 체액 중에 들어 있으며 물, 약염 용액에 용해되고 가열하면 응고된다. 유황의 함유량이 2% 정도로 비교적 많으며 산으로 가수분해하면 모노아미노산이 된다.

- 종류: serum albumin(혈청), ovalbumin(난백), lactalbumin(우유), leucosin(밀)

2 글로불린

글로불린(globulin)은 생물의 세포 및 체액 중에 들어 있고 물에는 녹지 않으나, 중성염 용액 및 약알칼리 용액에 용해되며 가열하면 응고된다.

- 종류: serum globulin(혈청), ovoglolbulin(난백), fibrinogen(혈청), myosin(근육), glycinin(콩), phaseolin(팥)

3 글루텔린

글루텔린(glutelin)은 식물의 종자에 많이 들어 있다. 물, 중성 용매에는 녹지 않으나, 약산과 알칼리 용액에는 용해되며 가열하면 응고되고, 글루타민이 많이 들어 있다.

- 종류: glutenin(밀), oryzenin(쌀)

4 프롤라민

프롤라민(prolamin)은 물, 무수알코올에는 녹지 않으나 70~80% 알코올에는 용해된다.

- 종류: gliadin(밀), zein(옥수수), hordein(보리)

5 알부미노이드

알부미노이드(albuminoid, scleoporprotein)는 동물의 형체를 보존하고 피부, 모발 등으로 몸의 표면을 보호하는 불활성 단백질이다. 모든 중성 용매, 약산·알칼리 · 염 용액에 불용성이고 경질이어서 동물체를 잘 보호할 수 있다.

- 종류: keratin(털, 모발, 손톱, 발톱, 뿔, 말굽), elastin(혈맥, 난막, 새털), collagen (뼈, 손톱, 발톱, 말굽, 생선비늘), gelatin(뼈, 연골, 결합조직), fibroin(명주실)

6 히스톤

히스톤은 동물에만 존재하며 적혈구와 백혈구의 세포핵 주성분으로 물과 약산에 녹으나, 암모니아 용액에 침전되고, 가열하면 약산에 녹는 응고물로 변한다. 히스톤의 가수분해로 생성되는 아미노산은 주로 염기성 아미노산이 많이 들어 있다.

- 종류: hemoglobin(혈액), histone(흉선)

7 프로타민

프로타민은 동물의 생식세포에 존재하며 물과 약산에 잘 용해되지만 가열하여도 응고되지 않는다. 가수분해 시 주로 염기성 아미노산인 아르기닌이 생긴다.

- 종류: sturine(상어 정액), scombrine(고등어 정액), kulpain(고래 정액)

(2) 복합단백질(Complex protein)

복합단백질은 아미노산으로 구성된 단순 단백질에 인산, 지질, 핵산, 당질, 색소 및 금속 등의 비단백성 물질이 결합한 단백질로 생체의 세포 내에 함유되어 생리적으로 중요한 활성을 가진다.

복합단백질은 지단백질, 당단백질, 인단백질, 핵단백질, 색소단백질 및 금속단백질 등으로 분류한다〈표 5-4〉.

1 지단백질

분자 중에 지질을 함유한 단백질이며 주로 혈액, 난황, 우유, 혈청 등에서 발견된다.

- 종류: β-lipoprotein(혈액), thromboplastin(혈액)

2 당단백질

단순단백질과 당 또는 그 유도체와 결합되며 주로 동물의 점액성이나 분비액 중에 들어 있고 산소와 황의 함량은 많으나 탄소와 질소의 함량은 적다.

- 종류: immunoglobulin G(Ig G, 혈액), mucin(타액)

3 인단백질

단백질과 인산 화합물이 결합한 분자이다.

- 종류: casein(우유), vitellin(난황)

4 핵단백질

프로타민 또는 히스톤에 핵산이 결합한 단백질이며 세포핵의 가장 중요한 성분이다. 이 단백질을 가수분해하면 다시 단순단백질과 핵산으로 분해된다. 핵산에는 RNA와 DNA가 있는데, RNA 단백질은 주로 세포질에 존재하고 DNA 단백질은 세포핵에 존재한다. 핵단백질은 주로 흉선, 심장, 췌장, 비장, 정액에 많이 들어 있으며 식물에는 배아와 종자에 들어 있다.

5 색소단백질

단백질이 색소와 결합하여 주로 착색되어 있다.

- 종류: hemoglobin(Fe, 혈액), hemocyanin(Cu, 연체동물의 혈액)

6 금속단백질

단백질이 금속과 결합한 형태이다.

- 종류: ferritin(Fe, 간), alchol dehydrogenase(Zn, 간)

〈표 5-4〉 복합단백질의 종류

구분		보결 분자	예
지단백질		지방질	혈액의 β-리포단백질
당단백질		당질	혈액의 γ-글로불린
인단백질		인산기	우유의 카제인
색소단백질	헴단백질	헴(철 포르피린)	헤모글로빈
	플라빈단백질	플라빈뉴클레오타이드	숙신산탈수소효소
금속단백질		철 아연	페리틴 알코올탈수소효소

(3) 유도단백질(Derived protein)

유도단백질은 천연의 단백질이 산, 염기, 효소작용, 가열 등에 의하여 성질이 변화된 단백질로 1, 2차로 구분한다〈표 5-5〉.

1 1차 유도단백질

1차 유도단백질은 변성에 의해 유도된 단백질로 콜라젠을 가열하여 생성된 젤라틴 등이 있다.

2 2차 유도단백질

2차 유도단백질은 가수분해에 의해 유도된 단백질로, 단백질을 가수분해하여 생성된 프로테오스(proteose)와 펩톤(peptone) 등이 있다.

〈표 5-5〉 유도단백질의 분류

제 1차 유도 단백질	젤라틴 (gelatin)	• 콜라겐(피부, 힘줄, 뼈, 연골)을 물로 장시간 끓일 때 뜨거운 물에는 녹고 찬물에는 녹지 않은 겔 상태의 단백질 • 친수성 콜로이드를 형성
	프로틴 (protean)	• 수용성 단백질이 열, 효소, 묽은 산, 가열 등의 작용으로 불용성으로 유도된 단백질 • 대부분 가공식품들의 단백질
	메타프로테인 (metaprotein)	• 산이나 알칼리의 작용으로 다소 그 구조가 변성된 것 • 열에 의해 응고되지 않고 묽은 산, 알칼리 용액에는 녹음 • 산성 알부민(acid albumin), 알칼리성 알부민(alkaline albumin)
	응고단백질 (coagulated protein)	• 천연단백질이 열, 자외선, 기계적인 교반, 알코올, 유기용매나 기타 화학적인 작용 등으로 변성하여 응고된 것 • 물, 염용액, 묽은 산, 묽은 알칼리 용액에 녹지 않음 • 요리한 달걀의 알부민
제 2차 유도 단백질	프로테오스 (proteose)	• 단백질이 펩신등의 효소에 의하여 부분적으로 가수분해된 것 • 열에 의하여 응고되지 않음
	펩톤 (peptone)	• 프로테오스보다 가수분해가 더 진행된 것 • 열에 의하여 응고되지 않고 콜로이드성이 소실됨
	펩타이드 (peptide)	• 펩톤보다 더 분해된 것으로 말단 2~3개의 아미노산이 펩타이드 결합을 한 것 • 물에 녹고 열에 응고되지 않음

2) 형상에 의한 분류

(1) 구상 단백질

구상 단백질은 나선형의 폴리펩타이드 사슬이 α-헬릭스(α-helix) 구조로 구성된 효소, 알부민, 헤모글로빈 등의 생리활성 단백질로서, 기능 단백질이다[그림 5-6(a)].

(2) 섬유상 단백질

섬유상 단백질은 긴 섬유상의 폴리펩타이드 사슬이 β-시트(β-sheet) 구조로 구성된 콜라젠, 케라틴 등이며 신체구조 보호 단백질이다[그림 5-6(b)].

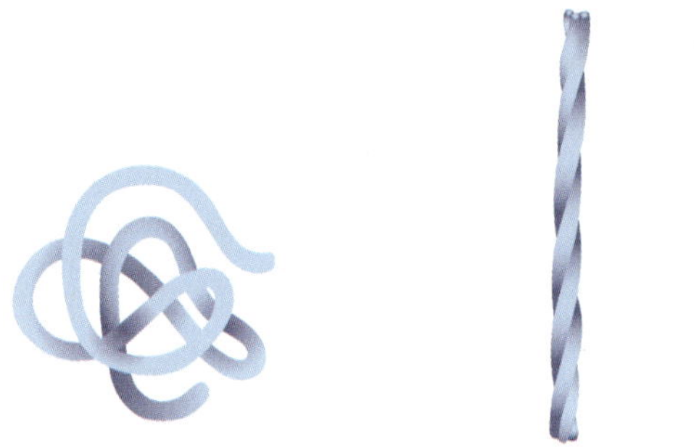

(a) 구상 단백질 (b) 섬유상 단백질

[그림 5-6] 구상 및 섬유상 단백질

3) 필수아미노산(출처)에 의한 분류

단백질을 필수아미노산 포함 여부에 따라 완전 단백질과 불완전 단백질, 출처에 따라 동물성 단백질과 식물성 단백질로 구분한다.

(1) 완전 단백질(동물성 단백질)

완전 단백질은 필수아미노산을 모두 포함한 육류, 어류, 우유, 달걀 등 동물성 단백질이다.

(2) 불완전 단백질(식물성 단백질)

불완전 단백질은 한 가지 이상의 필수아미노산이 결여된 단백질로 곡류, 두류 등이 식물성 단백질이다. 불완전 단백질의 필수아미노산은 서로 보완할 수 있는 식물성 단백질끼리 또는 식물성 단백질과 동물성 단백질의 혼합으로 보충할 수 있다.

3. 단백질의 구조

1) 펩타이드 결합(Peptide bond)

펩타이드 결합은 한 분자의 아미노산 카복실기와 다른 한 분자의 아미노산 아미노기에서 물이 빠져나가면서 생성되는 치환 아마이드 결합(amide bond)이며 폴리펩타이드 사슬에서 아미노산 간의 결합이다[그림 5-7].

다이펩타이드(dipeptide), 트리펩타이드(tripeptide), 테트라펩타이드(tetrapeptide)는 각각 2, 3, 4개의 아미노산 잔기로 구성된 1, 2, 3개의 펩타이드 결합을 가진 아미노산 결합체이다. 올리고펩타이드(oligopeptide)와 폴리펩타이드(polypeptide)는 각각 10개 이하, 10개 이상의 아미노산 결합체이며, 특히 분자량이 10,000 이상인 폴리펩타이드를 단백질이라 한다.

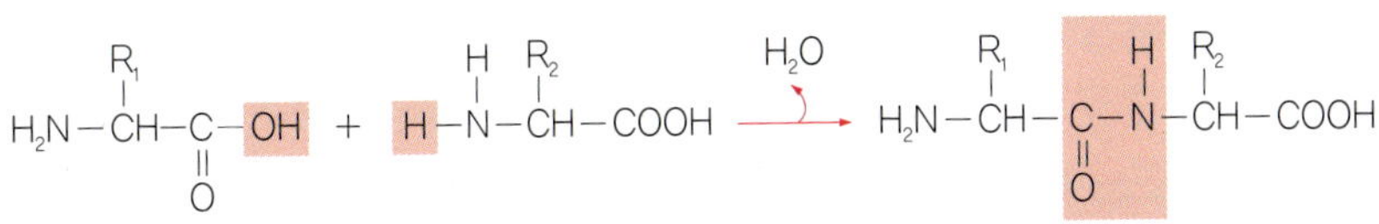

[그림 5-7] 펩타이드 결합

2) 단백질의 구조

단백질의 구조는 1, 2, 3, 4차 구조로 각각 나눌 수 있다. 단백질의 1차 구조(primary structure)는 아미노산 배열 순서(공유결합), 단백질의 2차 구조(secondary structure)는 연속하여 인접되어 있는 아미노산 잔기의 공간적 배치(수소결합), 단백질의 3차 구조(tertiary structure)는 아미노산 잔기 사이의 공간적 관계(모든 결합), 단백질의 4차 구조(qurternary structure)는 서브유니트(subunit, 배위체) 간의 공간적인 관계를 나타낸다.

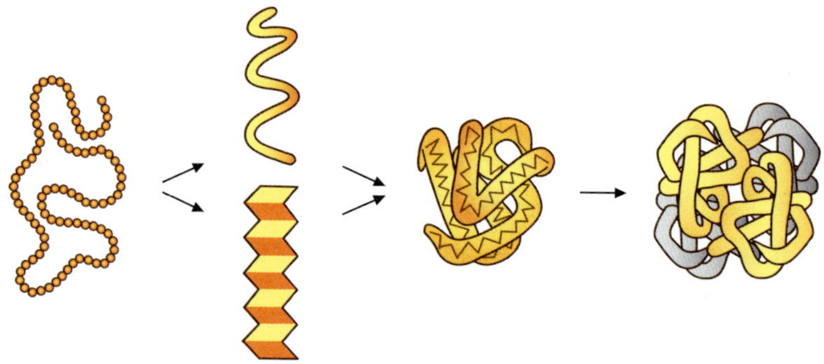

(1) 1차 구조(Primary structure)

단백질의 1차 구조는 아미노산의 종류와 배열순서(sequence)를 말한다. 단백질의 1차 구조인 아미노산 배열을 결정하는 방법은 생어(1953)가 제안하였다. 생어는 이 방법으로 인슐린의 51개 아미노산 배열 순서를 결정하였다.

(2) 2차 구조(Secondary structure)

단백질의 2차 구조는 3차원 구조의 주기 인자(regular element)로 α-헬릭스, β-시트, 트리플 헬릭스(triple helix) 등 변형된 규칙 구조가 있다〈표 5-6〉. α-헬릭스와 β-시트와 같은 2차 구조는 구성아미노산의 조성과 배열에 의해서 자동적으로 결정된다.

〈표 5-6〉 단백질의 2차 구조의 종류와 특성

구조	특성	예
α-헬릭스 (α-helix)	사슬 내 수소결합 (intrachain H-bond)	α-케라틴 (α-keratin)
β-시트 (β-sheet)	사슬 간 수소결합 (interchain H-bond)	피브로인 (fibroin)
트리플 헬릭스 (triple helix)	삼중 수소결합 (triple H-bond)	콜라겐 (collagen)

1 α-헬릭스

α-헬릭스(α-helix)는 1930년대 초 영국의 아스트베리(Astbury)가 발견한 것으로 모발이나 양모의 섬유 단백질인 α-케라틴에 X선을 비추어 장축을 따라 0.54 nm씩 반복되는 주기성 단위의 나선상 구조이다. 섬유상 단백질의 α-헬릭스는 오른손잡이 헬릭스(right-handed helix)로 단백질의 C-말단에서 N-말단 쪽으로 시계방향으로 꼬여 있다. 아미노산 잔기 n과 n+1의 펩타이드 결합의 CO-기와 아미노산 잔기 n+4와 n+5의 펩타이드 결합의 NH-기 간 수소결합(사슬 내 수소결합, intrachain H-bond) 구조이다[그림 5-8].

구상 단백질이 물에 잘 녹는 이유는 소수성 아미노산의 R기가 안쪽, 친수성 또는 극성 아미노산의 R기가 바깥쪽 표면에 위치하기 때문이다.

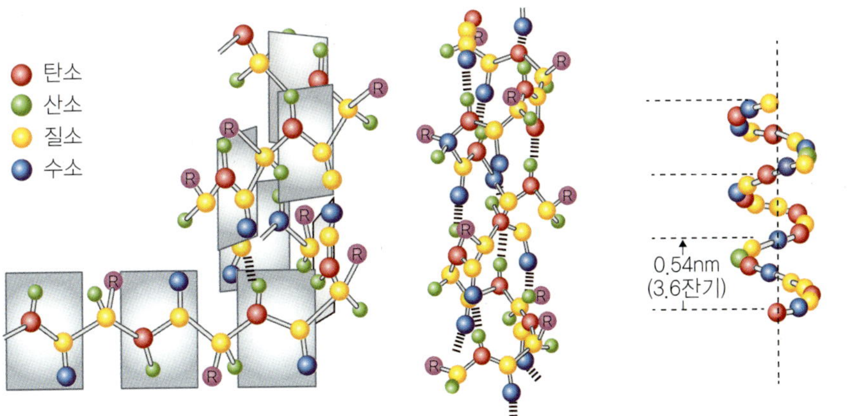

(a) 사슬의 나선구조 (b) 사슬 내 수소결합 (c) α-나선구조의 주기

[그림 5-8] α-헬릭스의 구조

2 β-시트

명주나 거미줄의 단백질인 피브로인(fibroin)은 코일(coil)형의 α-헬릭스 구조가 아닌 지그재그(zigzag)형의 병풍구조인 β-시트(β-sheet) 구조를 가진다. β-시트는 단백질의 폴리펩타이드 사슬이 평형(parallel)과 역평형(antiparallel) 방향에서 형성된 수소결합의 구조이다[그림 5-9]. β-시트는 사슬 내 수소결합인 α-헬릭스와는 달

리 인접한 폴리펩타이드 사슬의 모든 펩타이드결합이 사슬 간 수소결합(interchain H-bond)이며, 구성아미노산의 R기는 지그재그 구조로부터 밖으로 돌출되어 있다.

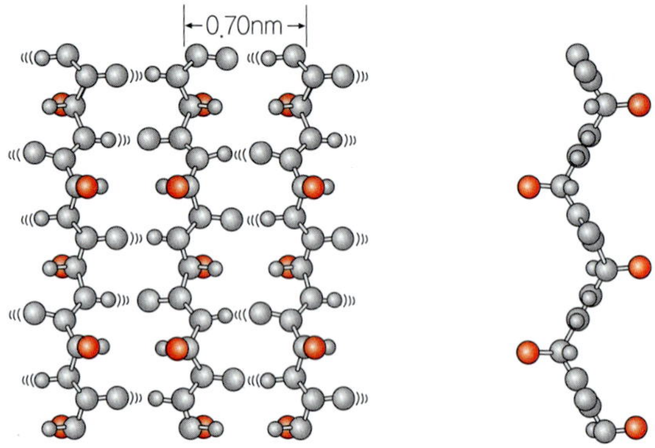

(a) 병풍구조와 사슬 간 수소결합　　(b) β–시트의 주기

[그림 5-9] β-시트의 구조

3 트리플 헬릭스

트리플 헬릭스(triple helix)의 대표적 예로 콜라젠이 있다. 콜라젠의 구조는 3개의 왼손잡이 나선구조(left-handed helix)가 서로 길게 수소결합으로 연결되어 오른쪽으로 꼬여 슈퍼헬릭스(superhelix)를 이룬 구조로, 결체나 결합조직에 관여한다. 각 폴리펩타이드 사슬은 주로 (Gly-X-Pro)n이나 (Gly-X-hydroxy Pro)n으로 되어 있다. 글라이신은 세 번째의 헬릭스가 꼬일 때 만나는 곳의 공간에 그 크기가 적합하도록 세 번째의 아미노산 잔기에 주기적으로 나타난다.

(3) 3차 구조

단백질의 3차 구조는 3차원의 폴딩(접힘, folding)구조이다. 마이오글로빈의 경우 근육에서 산소를 운반하는 단백질이며 분자량은 16,700이고, 아미노산 잔기가 153개인 1개의 폴리펩타이드 사슬이다[그림 5-10]. 단백질의 3차 구조를 안정화시키는 힘은 수소결합, 정전기적 인력(electrostatic forces), 쌍극자 간의 인력(반데르발스 힘, Van der Waals forces), 소수성기 간의 상호작용(hydrophobic forces), S-S 결합 등이다[그림 5-11]. 이 중에서 특히 비극성 R기 사이의 소수성 상호작용이 3차 구조의 안정에 큰 역할을 한다. 단백질의 접힘구조는 약한 비공유결합의 구조(weak non-covalent structure)로 이들 결합의 수가 많이 있어야 구조를 유지할 수 있다.

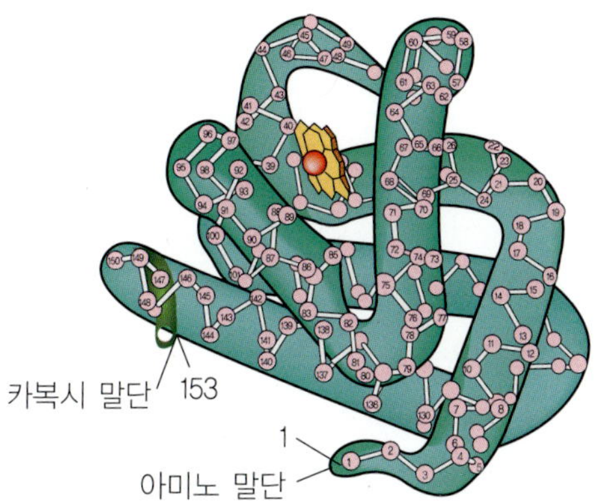

[그림 5-10] 마이오글로빈의 구조

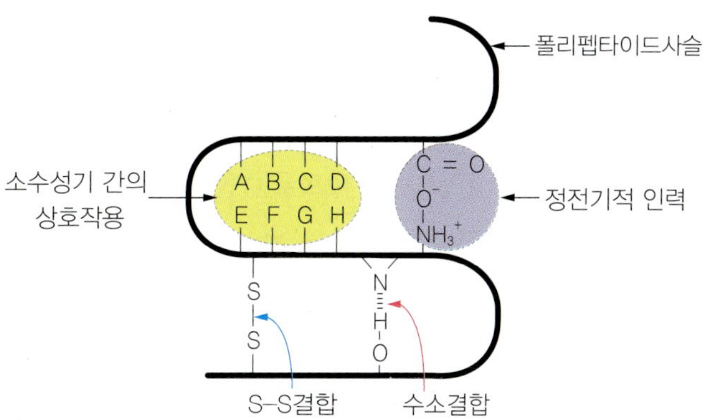

[그림 5-11] 단백질의 3차 구조를 유지시키는 인자

1 수소결합

수소결합은 H와 전기 음성도가 큰 원자(electronegative atom, O, N) 간의 인력으로 α-헬릭스와 β-시트 구조를 이루는 결합이다.

2 정전기적 인력

정전기적 인력은 반대 전하 그룹 간의 인력(attractive forces, salt bridge)으로 수소결합보다 강하다. 정전기적 인력은 유전상수(dielectric constant: D)에 반비례하므로 아세톤이나 에탄올을 가하면 인력이 작아져 단백질이 침전된다.

3 쌍극자 간의 인력

쌍극자 간의 인력은 분자나 원자 그룹 간의 상호 접촉으로 발생한 힘으로 수소결합보다 약하다.

4 소수성기 간의 상호작용

소수성기 간의 상호작용은 소수성기 간의 상호작용으로 생성되는 힘이다.

(4) 4차 구조

단백질의 4차 구조는 서브유니트 간의 공간적인 배열(arrangement)로 올리고머릭 단백질(oligomeric protein)의 형태 안에 서브유니트 사슬이 서로 적합하게 수용된 상태이다. 4차 구조의 헤모글로빈은 분자량이 64,500이고 각각 2개의 α(141 아미노산 잔기)와 β(146 아미노산 잔기) 사슬로 된 테트라머(tetramer)의 산소 운반 단백질이다[그림 5-12]. 마이오글로빈과 헤모글로빈의 산소결합곡선은 서로 다른데, 마이오글로빈은 쌍곡선형인 반면, 헤모글로빈은 S자형의 시그모이드(sigmoid) 곡선이다. 산소의 협동적 상호작용(cooperative interaction)이 산소 운반체로서의 헤모글로빈의 효율을 높인다. 마이오글로빈은 산소에 대해 헤모글로빈보다 높은 친화성을 가졌으며, 헤모글로빈은 매우 낮은 산소 분압에서도 약간의 산소만을 방출하므로 폐에서 조직으로 산소를 운반하기에 적합하다.

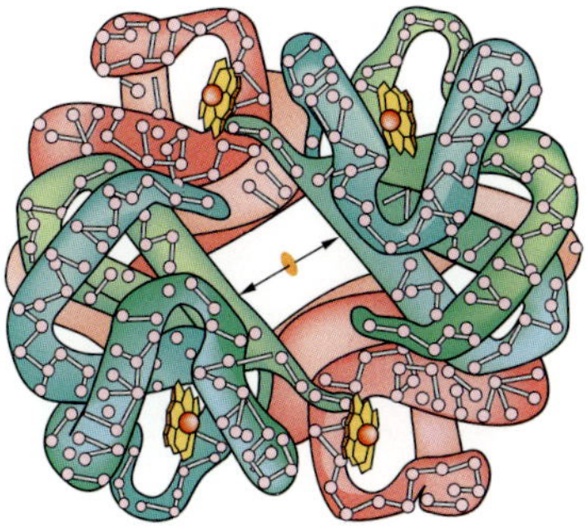

(a) 옥시헤모글로빈

(b) 데옥시헤모글로빈

[그림 5-12] 옥시헤모글로빈(oxyhemoglobin)과 데옥시헤모글로빈(deoxymyoglobin)

4. 단백질의 성질

1) 분자량

단백질은 대부분 분자량이 수만에서 수백만에 이르는 고분자 화합물로 셀로판 등의 반투막을 통과하지 못하며 투석(dialysis)을 통해 단백질 용액에서 염, 유기용매 등과 같은 저분자 물질을 제거하여 단백질을 정제할 수 있다.

2) 용해성

단백질은 물에 녹으면 분자 내에 아미노기, 카복실기, 하이드록실기 등의 친수성기를 가지고 있어 이들 친수성기가 물 분자와 수소결합하는 수화현상에 의해 용해되어 교질용액을 형성한다. 단백질은 대부분 묽은 중성염류에는 잘 녹는데 이런 현상을 염용(salting-in)이라고 한다. 이 효과는 중성염의 해리이온이 단백질의 작용기와 작용하여 단백질 분자 사이의 인력을 감소시켜 물 분자에 의한 수화가 증가되기 때문이다. 그러나 중성염류의 농도가 증가하면 염과 단백질이 물 분자에 대하여 서로 경쟁하기 때문에 오히려 수화를 감소시켜 용해도가 감소하는 염석(salting-out)이 일어난다.

3) 침전성

단백질은 아미노산처럼 음이온(산성)과 양이온(염기성)을 모두 갖고 있는 양성(양쪽성) 전해질로 수은, 카드뮴, 납 등 중금속류, TCA(tricholoacetic acid), 피크르산(picric acid), 설포살리실산(sulfosalicylic acid), 탄닌산(tannic acid) 등 유기침전제, 알코올, 아세톤 등 유기용매에 의해 불용성의 염을 형성하여 침전한다.

4) 응고성

단백질은 가열, 산, 염기, 염류, 효소 등에 의해 응고된다. 대부분의 단백질은 60~70℃에 가열하면 응고가 일어나며, 이때 묽은 염산이나 초산을 가하면 응고가 촉진된다.

우유단백질인 카제인은 산 처리로 침전되고 응유효소인 레닌에 의해 응고되는 성질을 활용하여 치즈 제조에 이용한다. 대두단백질인 글라이시닌(glycinin)은 칼슘이온 또는 마그네슘이온에 응고되는 성질을 활용하여 두부 제조에 이용한다.

5) 등전점

단백질은 아미노산으로 구성되어 있어 아미노산처럼 분자 내에 양이온과 음이온을 동시에 가진 양쪽성 전해질로 산성 용액 중에는 양전하로, 염기성 용액 중에는 음전하로 작용한다. 어떤 특정 pH에서 양전하와 음전하 수가 같을 때, 단백질의 순전하가 0이 되어 전기적으로 중성일 때의 pH를 등전점이라 한다. 등전점은 전기장 안에서 이동하지 않는 pH로 단백질은 등전점에서 움직이지 않기 때문에 용해도가 최소화되어 쉽게 침전된다.

〈표 5-7〉 여러 단백질의 등전점

단백질의 종류	등전점	단백질의 종류	등전점	단백질의 종류	등전점
펩신 (pepsin)	< 1.0	β-락토글로불린 (β-lactoglobulin)	5.2	카이모트립시노젠 (chymotrypsinogen)	9.5
오브알부민 (ovalbumin)	4.6	γ-글로불린 (γ-globulin)	6.6	사이토크롬 c (cytochrome c)	10.7
혈청알부민 (serum albumin)	4.9	헤모글로빈 (hemoglobin)	6.8	라이소자임 (lysozyme)	11.0
유레아가수분해효소 (urease)	5.0	마이오글로빈 (myoglobin)	7.0	–	–

단백질은 구성아미노산 중에 각각 산성과 염기성이 많으면, 산성과 염기성의 등전점을 갖는다. 대부분 식품단백질의 등전점은 pH 4~6 범위에 있다〈표 5-7〉.

6) 정색반응

단백질은 구성아미노산의 종류와 성질에 따라 여러 가지 정색반응을 생성한다.

(1) 뷰렛 반응(Biuret reaction)

뷰렛 반응은 펩타이드 결합이 2개 이상 있는 단백질 또는 단백질 분해물에서 나타나는 반응으로 분자량이 크면 청자색을, 작으면 적자색을 띤다.

(2) 닌하이드린 반응(Ninhydrin reaction)

α-아미노산, 펩타이드, 단백질을 산성 또는 중성에서 100℃ 이상에 가열하면서 닌하이드린과 반응시키면 황색 또는 청자색을 띠는 정색반응을 일으킨다. 그러나 β-, γ-아미노산은 이 반응이 일어나지 않는다.

(3) 밀론 반응(Millon reaction)

밀론 반응은 페놀성 하이드록실기를 지닌 방향족 화합물에서 공통적으로 일어나는 반응으로 타이로신은 적색 반응을 나타낸다.

(4) 잔토프로테인 반응(Xanthoprotein reaction)

잔토프로테인 반응은 방향족 아미노산은 진한 질산에 의해 나이트로화하면서 황색으로 정색반응을 일으킨다. 이 나이트로 화합물은 염기 용액에서 황색의 알칼리 금속염을 이룬다. 이 반응은 처음에 질산을 가하면 백색의 침전이 형성되고, 가열하면 침전이 용해되면서 황색으로 변하며, 알칼리화하면 오렌지색으로 변한다.

(5) 홉킨스-콜 반응(Hopkins-Cole reaction)

홉킨스-콜 반응은 단백질 용액에 글라이옥살산(glyoxalic acid) 또는 무수 아세트산을 가한 뒤, 진한 황산을 가하면 경계면에 적자색의 고리가 생긴다. 트립토판의 인돌기(indole group)가 존재할 경우에만 일어나는 반응이다.

(6) 파울리 반응(Pauly reaction)

파울리 반응은 단백질 용액에 다이아조벤젠설폰산(diazobenzene sulfonic acid) 용액을 가한 뒤 알칼리성으로 하면 등황색 또는 적색이 된다. 타이로신과 히스티딘의 벤젠핵이 시약과 반응하여 아조(azo)계 색소를 형성하기 때문이다.

(7) 나이트로프루사이드 반응(Nitroprusside reaction)

나이트로프루사이드 반응은 시스테인의 싸이올기가 과량의 암모니아 존재 아래 소듐나이트로프루사이드과 반응하여 붉은색을 나타낸다.

(8) 사카구치 반응(Sakaguchi reaction)

사카구치 반응은 아르기닌의 구아니딜기(guanidyl group)가 α-나프톨(α-naphtol)과 반응한 생성물이 브롬(Br)과 같은 산화제에 의해 산화되어 적색이 된다.

5. 단백질의 변성

동식물의 천연 식품단백질은 수소결합, 이온결합, 소수성 결합 등 주로 비공유결합을 통해 입체 구조가 유지되어 고유한 형태와 성질을 가진다. 이러한 천연 단백질이 물리적·화학적 작용으로 분자 내 구조의 변형이 일어나는 현상을 변성(denaturation)이라 한다. 단백질의 변성은 변성 요인(denaturing agent)에 의해 공간에서 형태의 변화, 즉 1차 구조를 제외한 2~4차 구조의 변화로 인해 생물학적 활성을 잃고 단백질의 고유 특성이 변화하는 것이다[그림 5-13].

단백질을 변성시키는 요인에는 가열, 동결, 건조 등의 물리적 요인과 pH(산, 알칼리), 염류(금속이온), 유기용매, 효소 등의 화학적 요인이 있다.

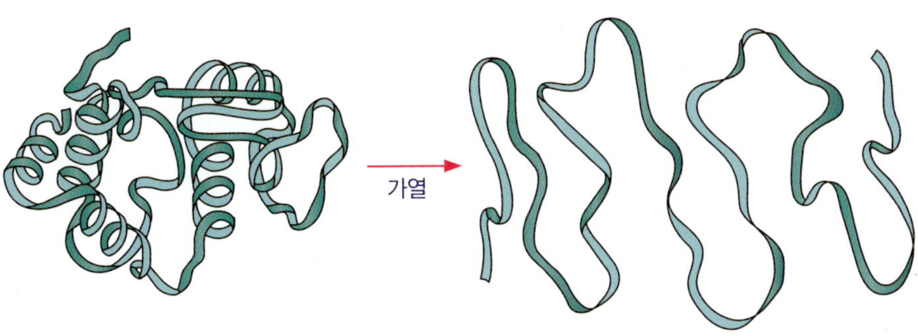

[그림 5-13] 단백질의 변성

1) 변성 단백질의 성질

(1) 생물학적 특성의 상실

단백질이 변성되면 원래의 입체 구조가 풀리면서 본래 가지고 있던 효소활성, 면역성 등 고유의 생물학적 특성을 상실하게 된다.

(2) 용해도의 감소

단백질이 물에 녹으면 친수성기는 물과 가까운 외부에, 소수성기는 물과 멀리 떨어진 내부에 위치하지만, 변성이 되면 구조가 풀리면서 소수성기도 표면에 노출되어 단백질의 친수성이 감소하여 용해도가 감소한다.

(3) 반응성의 증가

단백질이 변성되면 내부에 있던 작용기(아미노기, 카복실기, 하이드록실기, 싸이올기)가 표면에 나타나 유리아미노기와 카복실기가 증가하여 반응성이 증가한다.

(4) 소화 용이

단백질이 가열에 의해 변성되면 폴리펩타이드 사슬이 풀어지면서 소화효소가 쉽게 작용할 수 있어 소화가 잘된다. 그러나 지나치게 가열하면 오히려 새로운 결합과 촘촘한 구조를 형성하게 되어 소화효소 작용이 어려워진다. 반숙달걀이 완숙달걀보다 소화가 잘되는 것도 이러한 이유이다.

(5) 청색 이동 및 점도 증가

단백질이 변성되면 풀린 구조 때문에 내부에 있던 아미노산 잔기가 표면에 노출되면서 자외선 흡광도가 단파장 쪽으로 이동하여 증가하는 변성청색이동(denatured blue shift)이 일어나고, 분자 부피도 커져서 점도가 증가한다.

2) 물리적 요인에 의한 변성

(1) 열에 의한 변성

대부분 단백질은 가열변성에 의해 응고(coagulation) 또는 겔화(gelation)된다. 응고는 가용성 단백질이 열에 의해 응고되어 불용성 단백질이 되는 현상이다. 예를 들어, 달걀을 가열하면 달걀알부민(오브알부민)이 응고되어 삶은 달걀이 된다. 반면, 겔화는 불용성 단백질이 가열에 의해 수용성 단백질이 되는 현상으로, 불용성 단백질인 콜라겐을 장시간 가열하면 변성되어 수용성 단백질인 젤라틴으로 액화된다.

단백질의 열변성에 영향을 주는 요인으로는 온도, 수분, 염류(전해질), pH(등전점), 당 등이 있다. 단백질의 열변성 온도는 주로 60~70℃이며 온도가 높을수록 열변성이 잘 일어나는데, 알부민은 온도가 10℃가 높아지면 열변성 속도는 20배 빨라진다. 수분은 열변성을 촉진하는데, 수분이 많으면 낮은 온도에서 열변성이 일어나며 수분이 적으면 높은 온도에서 열변성이 일어난다. 전해질도 열변성을 촉진하는데 단백질에 염화물, 황산염, 인산염 등을 가하면 변성온도는 낮아지고 변성속도가 빨라진다. 두부 제조 시 글라이시닌은 가열만으로 응고되지 않으나, 염화마그네슘($MgCl_2$)이나 황산칼슘($CaSO_4$)을 가하면 70℃에서 응고된다. 단백질은 등전점에서 가장 쉽게 응고되는데, 대부분 식품단백질의 등전점이 산성(pH 4~6)이므로 낮은 온도에서 산을 가하면 응고가 잘된다. 예를 들면, 생선조림을 만들 때 식초를 소량 더하면 살이 빨리 단단해진다. 당은 열응고를 방해한다. 당을 더하고 가열하면 응고온도가 높아지며 당의 양이 많을수록 응고온도는 증가하는데, 당이 응고단백질을 용해시키는 단백질의 해교작용(peptization) 때문이다.

(2) 동결(냉동)에 의한 변성

일반적으로 식품 중의 수분이 동결되면 조직이 파손되고 가치가 저하되지만, 동결은 단백질식품의 유효한 저장방법의 하나로 육류나 어육 단백질은 동결 후 수분을 잃고 불용성이 된다. 동결변성은 동결 시 식품 중의 수분이 얼음결정으로 되면서, 수분에 있던 염류 등이 농축되어 염석효과에 의해 변성되거나 탈수된 단백질이 분자 사이에 쉽게 결합을 형성하면서 응집되어 변성된다. 동결변성은 어육에서는 −1~−5°C, 육류에서는 −1.5~−3°C에서 가장 잘 일어나는데 이처럼 변성이 최대가 되는 온도 범위를 최대빙결정대라고 한다.

동결된 단백질식품을 해동할 때 수용성 및 풍미(flavor)성분이 유출되는 드립(drip)이 발생하므로 동결 시 얼음결정과 변성시간을 최소화하기 위하여 최대빙결정대를 되도록 빨리 통과할 수 있는 −20°C 이하의 급속동결이 효과적이다.

(3) 건조에 의한 변성

육류나 어육을 건조시키면(예: 북어포, 황태포) 육섬유를 형성하는 직쇄상의 폴리펩타이드 사슬 사이의 수분이 제거되고 인접한 폴리펩타이드 사슬이 쉽게 결합을 형성하여 견고한 구조가 되는 변성이 일어난다. 특히, 진공동결건조식품은 수분을 흡수시키면 원래대로 복원되는 성질이 커 저장성이 향상된다. 이는 급속한 동결과 낮은 압력하에 동결건조시키면 단백질 분자가 공간적으로 일정한 구조를 유지하면서 물 분자는 급격히 제거되어 단백질 분자 사이의 이동과 응집이 일어나지 않기 때문이다.

3) 화학적 요인에 의한 변성

(1) pH에 의한 변성

단백질은 양이온과 음이온을 동시에 가진 양쪽성 전해질로 단백질 용액에 산이나 알칼리를 가하여 등전점에 도달하게 되면 침전 또는 응고가 일어나 변성된다. 우유에 젖산균을 가하면 젖산이 생성되고, 낮아진 pH가 카제인의 등전점(pH 4.6)에 도달하게 되면 변성되어 침전된다. 이러한 젖산에 의한 카제인 응고를 이용하여 요구르트나 치즈를 제조한다.

(2) 염류에 의한 변성

단백질 용액에 소량의 염류를 가하면 단백질 분자 사이의 인력을 약화시켜 용해가 잘되는 염용이 일어난다. 그러나 다량의 염류를 가하면 염류의 해리이온이 단백질의 전하를 중화시켜 단백질 분자 사이의 반발력이 감소되기 때문에 단백질이 서로 응집, 침전되는 염석이 일어난다. 이처럼 황산칼슘, 염화마그네슘 등의 염류에 의한 응고를 이용하여 두부를 제조한다.

(3) 유기용매에 의한 변성

단백질 용액에 알코올이나 아세톤 등과 같은 유기용매를 가하면 단백질은 변성되어 침전하고, 등전점 부근에서 가장 잘 일어난다. 이는 친수성이 큰 알코올이나 아세톤 등이 탈수작용으로 단백질 분자의 수화를 감소시키기 때문이다. 알코올은 우유 신선도의 판정에 이용하는데, 우유가 변질되면 산이 증가하여 등전점 부근의 pH로 떨어져 알코올 첨가 시 침전반응이 일어나기 때문이다.

(4) 효소에 의한 변성

단백질은 효소작용으로 변성된다. 송아지의 위에 존재하며 우유를 응고시키는 응유효소인 레닌(rennin)으로 우유단백질인 카제인을 변성시켜 치즈를 제조한다 [그림 5-14].

카제인은 우유단백질의 약 80%를 차지하며 구상의 카제인 마이셀 구조로, 불용성인 α-카제인과 β-카제인은 마이셀 내부에 존재하고 수용성인 카파(κ)-카제인은 마이셀 표면에 존재하며 마이셀 구조를 안정화시킨다. 레닌은 κ-카제인에 작용하여 파라(p)-κ-카제인과 글라이코마크로펩타이드(glycomacropeptide: GMP)로 분해시킨다. 친수성이 큰 GMP가 카제인에서 유리되면서 불안정한 카제인 마이셀이 우유에 함유되어 있던 칼슘이온과 결합하여 응고가 일어난다. 이때 생성된 응고물인 응유(커드, curd)를 이용하여 치즈를 제조한다.

κ-casein(수용성) $\xrightarrow{\text{rennin(rennet)}}$ p-casein(수용성) + glycomacropeptide(GMP)

p-casein(수용성) $\xrightarrow{Ca^{2+}}$ cheese(불용성)

[그림 5-14] 레닌에 의한 카제인의 변성

6. 식품단백질

식품단백질은 출처에 따라 식물성 단백질과 동물성 단백질로 분류하며 식물성 단백질은 곡류 및 두류 단백질 등으로, 동물성 단백질은 육류, 어육, 달걀 및 우유 단백질 등으로 다시 세분한다.

1) 식물성 단백질

(1) 곡류 단백질

1 쌀단백질

쌀은 현미에 7~11%, 백미에 6~10%의 단백질을 함유하고 있는데, 쌀의 단백질은 글루텔린 66.1~78.0%, 글로불린 9.6~10.8%, 알부민 3.8~8.8%, 프롤라민 2.6~3.3%로 구성되어 있다. 이 중 가장 많이 함유된 단백질은 글루텔린의 오리제닌(oryzenin)이다. 대부분 곡류 단백질은 프롤라민인 반면, 쌀의 단백질은 글루텔린으로 라이신과 트립토판 함량이 부족하다.

2 밀단백질

밀과 밀가루는 각각 10~18%, 8~16%의 단백질을 함유하고 있는데 밀가루의 주요 단백질은 글루텔린의 글루테닌(glutenin)과 프롤라민의 글리아딘으로 전체 단백질의 50% 이상을 차지한다[그림 5-15]. 알코올에 녹지 않고 밀가루 반죽에 탄성을 주는 글루테닌과 알코올에 녹으며 연성을 주는 글리아딘의 혼합물을 글루텐이라 한다. 글루텐의 양에 따라 각각 강력분(13% 이상), 중력분(10~13%), 박력분(10% 이하)으로 구분하여 빵, 케이크, 국수, 과자류 등 제품의 특성에 따라 사용된다. 글루텐단백질은 라이신, 메싸이오닌, 트립토판의 함량이 적다.

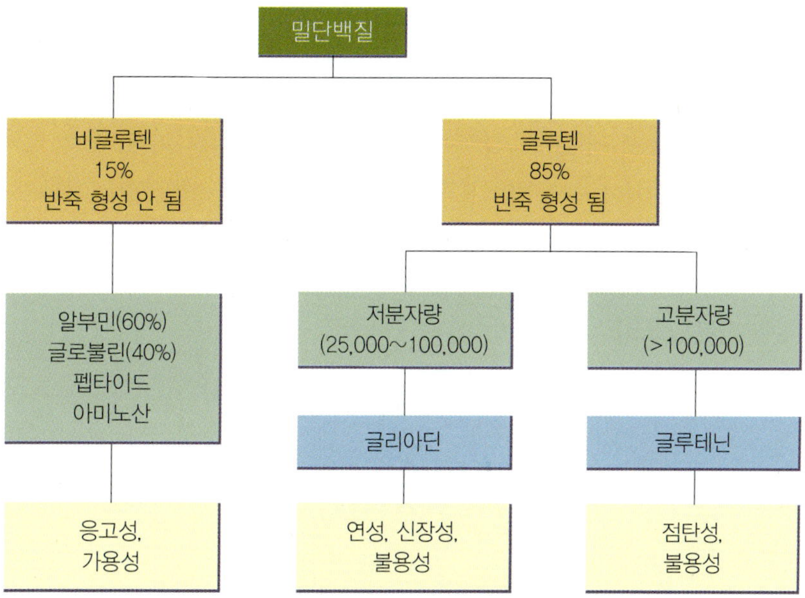

[그림 5-15] 밀단백질의 구분

(2) 두류 단백질

1 대두단백질

대두에는 35~40%의 단백질을 함유하고 있어 식물성 식품으로는 단백질 함량이 매우 높다. 대두의 주요 단백질은 글로불린의 글라이시닌으로 메싸이오닌과 트립토판을 제외한 모든 필수아미노산의 좋은 급원이며, 특히 라이신 함량이 높아 곡류단백질 강화에 적합하다. 단백질 분해효소인 트립신의 작용을 억제하는 트립신 저해물질(trypsin inhibitor)이 대두에 들어 있어 적당히 가열처리로 불활성화시키면 단백질의 소화·흡수 및 영양가를 높일 수 있다.

2) 동물성 단백질

(1) 육류 단백질

육류 단백질은 근육단백질로서, 크게 구상의 근장단백질, 섬유상의 근원섬유단백질, 결합조직단백질로 구분하며 각각 30%, 60%, 10%를 차지한다.

1 근장단백질

근장단백질은 근원섬유 내에 용해되어 있는 수용성 단백질이며, 주요 단백질인 알부민의 마이오젠(myogen), 마이오글로빈, 헤모글로빈 등 색소 단백질과 효소 등이 있다.

2 근원섬유단백질

근원섬유단백질은 전체 단백질의 약 60%를 차지하며, 주요 단백질로는 마이오신, 액틴, 트로포마이오신 등이 있다. 마이오신은 근원섬유 중 굵은 필라멘트에 존재하고 액틴과 트로포마이오신은 가는 필라멘트에 존재하여 근육의 수축·이완에 관여한다.

액틴은 구상 액틴인 G-액틴과 섬유상 액틴인 F-액틴의 2가지 형태가 있으며 이들은 가역적으로 변화한다. F-액틴과 마이오신의 복합체인 액토마이오신은 ATP를 ADP로 분해하는 ATP가수분해효소(ATPase)의 작용을 통해 근육 수축작용 및 육제품의 보수성과 결착성에 관여한다.

3 결합조직단백질

결합조직은 근속과 근속을 연결하여 장기를 유지하고 뼈와 뼈를 접속하는 인대 역할을 하는데 결합조직단백질은 고기의 질긴 정도와 밀접한 관계가 있다.

결합조직단백질의 주요 단백질은 알부미노이드의 콜라겐, 엘라스틴 등이며 이 중 콜라겐이 가장 많다. 콜라겐은 사슬 간 교차결합이 거의 없고 평평하게 배열되어 있어 신축성이 없다. 불용성인 콜라겐을 수용액에서 가열하면 가용성 단백질인 젤라틴으로 변하여 소화가 가능하다. 엘라스틴은 고무와 같은 탄력성이 있는 망상 구조로 구성아미노산이 극성보다 비극성 아미노산의 함량이 높아 산, 알칼리, 단백질 분해효소 및 보통의 조리 온도에서 잘 분해되지 않는다.

(2) 어육 단백질

어육 단백질은 육류 단백질처럼 근장단백질, 근원섬유단백질 및 결합조직단백질로 구분하며 각각 25%, 70%, 3% 정도를 차지한다. 근장단백질은 마이오젠, 마이오알부민 등이 있고, 근원섬유단백질은 액틴, 마이오신, 액토마이오신 및 트로포마이오신 등이 있으며, 결합조직단백질은 콜라젠, 엘라스틴 등이 있다.

어육의 액토마이오신은 불안정하여 가공 · 저장하는 동안 쉽게 변하며, 동결 저장 시 용해도가 감소되어 어육이 질겨진다.

(3) 달걀 단백질

달걀 단백질은 난백과 난황단백질로 구분하며 필수아미노산 함량이 높고 특히 메싸이오닌, 시스테인 등 황아미노산 함량이 높은 우수단백질 식품이다.

1 난백단백질

난백은 10~11%의 단백질을 함유하며, 건조 시에는 83%에 달한다. 주요 난백단백질은 오브알부민, 콘알부민(conalbumin), 오보뮤코이드(ovomucoid) 등으로 각각 54%, 13%, 11% 정도를 차지한다〈표 5-8〉.

2 난황단백질

난황은 33%의 단백질을 함유하고 있고, 난황단백질에는 지단백질이자 인단백질인 리포바이텔린(lipovitellin), 리포바이텔리닌(lipovitellenin)과 포스비틴(phosvitin), 리베틴(livetin) 등이 있다. 난황단백질의 21%를 차지하는 지단백질인 리포바이텔린과 리포바이텔리닌은 각각 75%의 레시틴과 36~41%의 지질을 함유하고 있어 유화작용과 지질 저장작용을 한다.

〈표 5-8〉 난백의 주요 단백질

주요 난백단백질	함량	특성
오브알부민 (ovalbumin)	54%	• 난백의 주요 단백질임 • 인단백질이며 열에 의해 쉽게 응고됨
콘알부민 (conalbumin)	12~13%	• 당단백질이며 열에 의해 불안정함 • 철, 구리, 아연, 알루미늄 등의 금속이온과 결합 시 열 안정성 증가함
오보뮤코이드 (ovomucoid)	11%	• 당단백질이며 열에 의한 응고성 없음 • 크립신 저해제로 작용함
오보글로불린 (ovoglobulin)	8.0~8.9%	• 기포성이 커서 우수한 포립제로 이용함
라이소자임 (lysozyme)	3.3~3.5%	• 특정 세균에 대한 용균작용이 있음
오보뮤신 (ovomuchin)	1.5~2.9%	• 교질상으로 분산되어 있고 점성 있음 • 라이소자임과 상호작용으로 농후난백 유지 • 난백 수양화의 원인임
아비딘 (avidin)	0.05%	• 바이오딘과 결합하여 흡수 방해함
플라보단백질 (flavoprotein)	0.8%	• 오보뮤신과 유사한 당단백질임 • 리보플라빈과 특이적으로 결합 시 자외선에 안정함

(4) 우유단백질

우유는 약 3%의 단백질을 함유하며 수분을 제외한 고형물에서는 단백질 함량이 25~30%인 우수한 단백질식품이다. 우유단백질은 주성분인 카제인과 유청단백질로 구분하며 각각 80%, 20%를 차지한다.

1 카제인

카제인은 인단백질로 α-, β-, γ-카제인으로 분류하며 각각 75%, 22%, 3%를 차지한다. 특히, α-카제인 중 칼슘으로 침전되는 것을 제외한 나머지를 κ-카제인이라 한다. κ-카제인은 카제인 마이셀 구조를 안정화시키는 작용을 하며 응유효소인 레닌에 의해 분해되어 파라-카제인을 생성한다. 이 수용성의 파라-카제인이 칼슘과 결합하면 불용성의 카제인칼슘염을 형성하고, 침전 · 응고되어 치즈를 생성한다.

2 유청단백질

유청단백질은 우유의 pH를 카제인의 등전점인 4.6으로 조절하였을 때 침전되지 않는 수용성 단백질로 주요 단백질로는 락토글로불린, 락트알부민, 면역글로불린 등이 있으며 전체 우유단백질 중 각각 8.5%, 5.0%, 1.7%를 차지한다.

비타민

1. 비타민 명칭의 유래
2. 비타민의 분류 및 특성

06

FOOD CHEMISTRY

1. 비타민 명칭의 유래

비타민(vitamin)은 바이탈(vital: 활력이 넘치는, 생명 유지에 필수적인)과 아민이 결합된 용어로부터 시작되었다. 생명체가 필요로 하는 화합물을 합성(만듦)할 수 없거나, 합성하더라도 충분한 양이 되지 않을 경우를 비타민이라 부르며, 음식(식이)을 통하여 섭취해야 한다. 예를 들어, 아스코브산(비타민 C의 한 형태)은 인간에게는 비타민이지만 다른 대부분의 동물에는 그렇지 않으며, 비타민 D는 자외선이 피부 세포에서 합성을 촉진하므로 피부가 햇빛에 적절히 노출되지 않은 사람들에게만 필수적인 물질이 되는 것이다.

비타민의 존재를 과학적으로 규명한 것은 20세기 초반이다. 영국의 생화학자 홉킨스(Hopkins, 1861~1947)는 1906년에 영양소에는 에너지를 낼 수 있는 탄수화물, 단백질, 지방과 에너지를 내지 못하는 무기염류, 물 외에도 어떠한 보조 영양소가 있다고 하였다. 풍크(Funk, 1884~1967)는 1912년에 각기병을 예방하는 현미에 질소화합물인 아민(아미노기)이 들어 있음을 확인하고 바이탈아민(vital amine), 즉 비타아민(vitamine)이라 명명하게 된다. 그 후 비타아민이라고 사용하다가 '아민'이 들어 있지 않는 비타민이 알려지면서 vitamine에서 'e'자를 빼고 오늘날의 비타민으로 사용하게 된다.

2. 비타민의 분류 및 특성

생리활성 반응에서 활성화 에너지(activation energy)를 낮추어서 반응이 쉽게 일어나게 하는 촉매역할을 하는 효소가 있다. 효소가 완전한 역할을 수행하기 위한, 즉 (완전)효소(holoenzyme)는 단순단백질로 구성된 주효소(apoenzyme)에 보결분자단으로 조효소(coenzyme)나 보결족을 필요로 한다. 비타민의 역할은 조효소의 역할을 하며 대표적인 예로서 비타민 B군, NAD, FAD(플라빈 아데닌 다이뉴클레오타이드, flavin adenine dinucleotide), 아세틸 CoA 등을 들 수 있다. 보결족으로는 철, 마그네슘, 망간, 칼슘, 몰리브데넘(molybdenum: Mo) 등의 금속이온이 역할을 담당하고 있다.

비타민은 크게 2가지로 분류할 수 있다. 물에 녹을 수 있는 수용성과 물에는 잘 녹지 않으나 유기용매나 기름에 잘 녹는 지용성이 있다. 즉, 수용성과 지용성 비타민으로 구분하며, 각각에 대한 요약과 설명은 〈표 6-1〉과 같다.

〈표 6-1〉 수용성 비타민과 지용성 비타민의 특성

특성	수용성 비타민	지용성 비타민
용해성	물에 용해됨(수용성)	물에는 용해되기 어려우나, 유기용매나 지방에 용해됨(지용성)
종류	비타민 B군, C	비타민 A, D, E, K
매일 필요성	매일 필요량만큼 요구됨	매일 공급은 불필요함
체내 흡수성	흡수가 쉽고 빠름	흡수가 어려움
저장성	필요량 이상은 배설됨 예외) 비타민 B_{12}	간, 지방조직에 저장됨 예외) 비타민 A, E
독성	심하지 않음	저장량 과량 시 독성 유발 가능함 (비타민 A, D 심함)
전구체	없음	있음
조리 시 손실	수용성으로 조리에 사용하는 물에 의해 손실됨	조리에 사용하는 물로 손실되기 어려우나, 기름에는 녹아 손실될 수 있음

또한, 각 비타민의 종류, 화학적 이름, 구조식, 생리작용은 〈표 6-2〉에 나타내었다. 표에서 기록된 구조식을 살펴보면 각 비타민이 수용성, 지용성이 됨을 쉽게 이해할 수 있을 것이다.

〈표 6-2〉 비타민의 화학적 이름과 구조식, 생리작용, 성질

종류	화학적 이름	구조식	생리작용	성질
B_1	티아민 (thiamine)	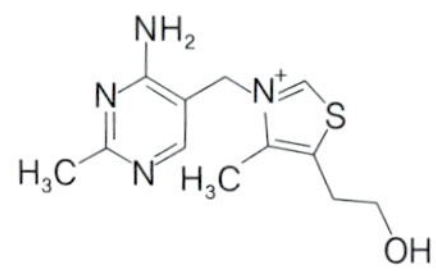	• 당질 대사 • 각기병(근육약화, 식욕부진, 심장약화 등) • TPP(thiamine pyrophosphate)	• 산에 안정 • 알칼리에서 분해
B_2	리보플라빈 (riboflavin)	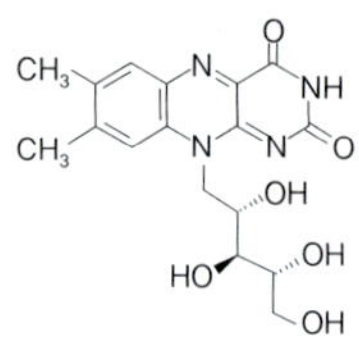	• 에너지 대사, 산화-환원 • FAD • 결핍증상: 구각염, 피부염	• 열에 안정 • 빛에 분해
B_3	니코틴산, 나이아신 (niacin)	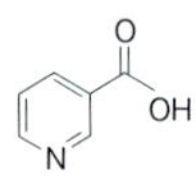	• 당질, 지질 에너지 대사, 산화-환원 • FAD • 결핍증상: 펠라그라(피부염, 치매, 설사)	• 안전
B_5	판토텐산 (pantothenic acid)	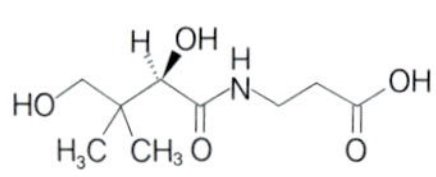	• 당질, 지질 대사 • CoA의 생화학적 역할 • 아실 그룹 운반체	• 산, 알칼리에 불안정
B_6	피리독신 (pyridoxine)	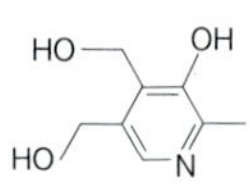	• 단백질 대사 • 적혈구 생성 • PLP(pyridoxal phosphate) • 아미노기 전달, 탈탄산화, 라세미화 반응에 관여 • 결핍증상: 피로, 구순구각염, 설염, 구내염	• 열에 안정 • 빛에 분해
B_7	바이오틴 (biotin)	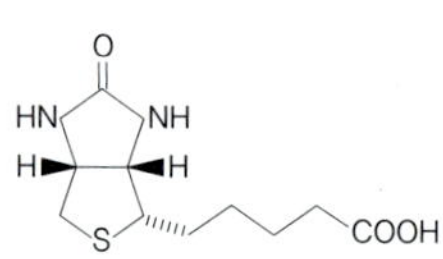	• 지방산, 단백질, 핵산의 합성 • 당질의 대사 • 카복실화 및 카복실 그룹 운반 • 결핍증상: 근육통, 무기력, 거식증, 우울증	• 알칼리, 산화제에 불안정
B_9	엽산 (folic acid)	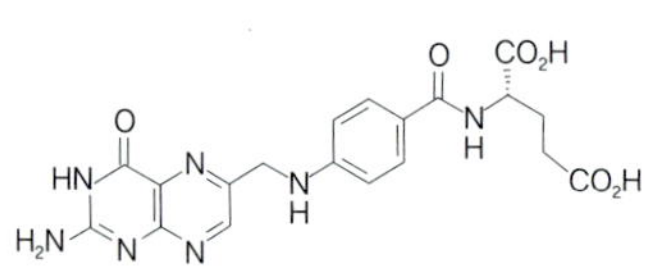	• 항빈혈 작용 • 핵산, 아미노산 합성 • 적혈구 성숙 • THF(테트라하이드로폴레이트) • 1탄소 화합물 운반 • 결핍증상: 거대적아구성 빈혈, 설사, 피로, 우울증	• 산성에 불안정

종류	화학적 이름	구조식	생리작용	성질
B_{12}	코발아민 (cobalamine)	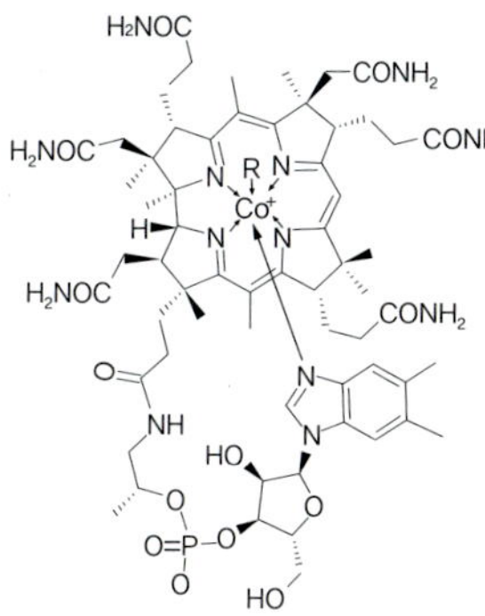 R=5'-deoxyadenosyl, Cl, OH, CN	• 핵산, 단백질 대사 • 적혈구 성숙에 관여 • 분자내 재배열, 메틸화 • 결핍증상: 거대적아구성 빈혈(적혈구 세포 거대화), 피로, 호흡곤란, 사지마비	• 열에 비교적 안정 • 산, 알칼리에 불안정
C	아스코브산 (ascorbic acid)	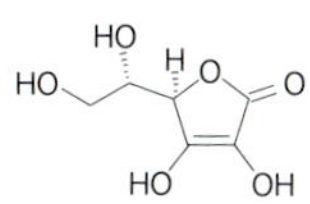	• 콜라젠 합성 • 항산화제 • 철 흡수 촉진 • 결핍증상: 괴혈병	• 공기에 산화 • 열, 알칼리, 미량 금속에 불안정
A	레티놀 (retinol)	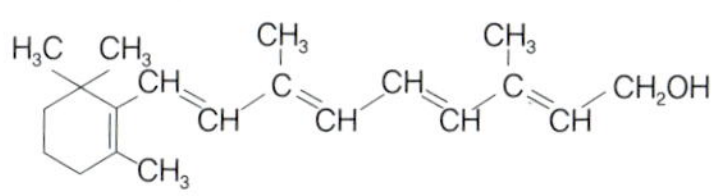	• 눈 건강, 상피세포 보호	• 산소, 빛, 금속에 불안정
D	칼시페롤 (calciferol)	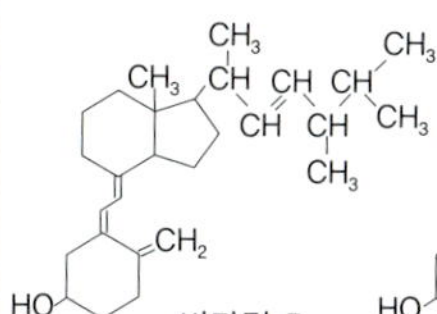 비타민 D_2 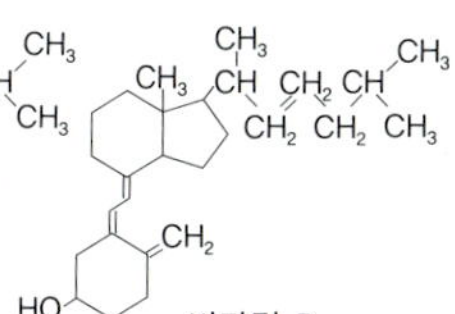 비타민 D_3	• 뼈 성장과 석회화, 칼슘 흡수 증진에 관여	• 열, 빛, 산소에 안정 • 산, 알칼리에 불안정
E	토코페롤 (tocopherol)	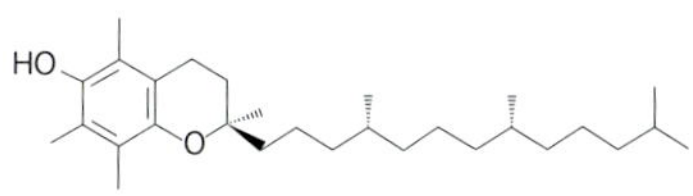	• 항산화 기능	• 열, 산에 안정 • 알칼리, 빛에 불안정
K	메나디온 (menadione)	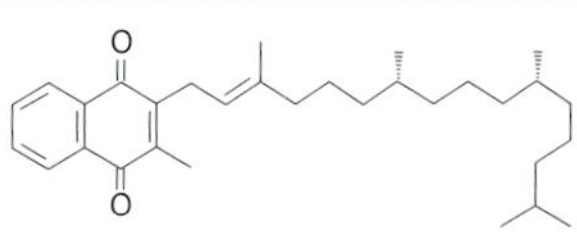	• 혈액 응고	• 열, 산에 안정 • 빛, 알칼리, 산화제에 불안정
F	필수지방산		• 산화환원 반응에 관여	• 산화환원 반응에 관여

1) 수용성 비타민

수용성 비타민은 물에 쉽게 용해되며 과잉 공급 시 체외로 소변을 통해 배출될 수 있는 비타민 B_1, 비타민 B_2, 나이아신(niacin), 판토텐산(pantothenic acid), 피리독신(pyridoxine), 바이오틴(biotin), 엽산(folic acid), 비타민 B_{12}의 비타민 B군과 비타민 C(아스코브산)가 있다.

(1) 비타민 B_1

비타민 B_1(티아민, thiamine)은 이름인 thio에서 나타난 바와 같이 황을 포함하며, 당질 대사와 밀접한 관계가 있다. 정확하게는 피루브산(pyruvic acid)의 탈탄산 반응에 관여하는 티아민 피로인산(thiamine pyrophosphate: TPP)의 구성성분으로 역할을 한다[그림 6-1]. 티아민 피로인산의 구조식은 [그림 6-2]와 같다.

사람에 있어 비타민 B_1 결핍증은 각기병(beriberi)으로 알려져 있으며, 영양흡수가 좋지 못하거나 알코올 중독자에게 발병되기 쉽다. 동물에서는 신경염, 피부 및 수족마비와 부종으로 나타난다.

$$CH_3-\overset{\overset{\displaystyle O}{\|}}{C}-COOH + NAD^+ + CoASH \xrightarrow[\text{리포산, FAD}]{Mg^{2+},\ TPP} CH_3-\overset{\overset{\displaystyle O}{\|}}{C}-SCoA + NADH + H^+ + CO_2$$

[그림 6-1] 피루브산 탈탄산 반응

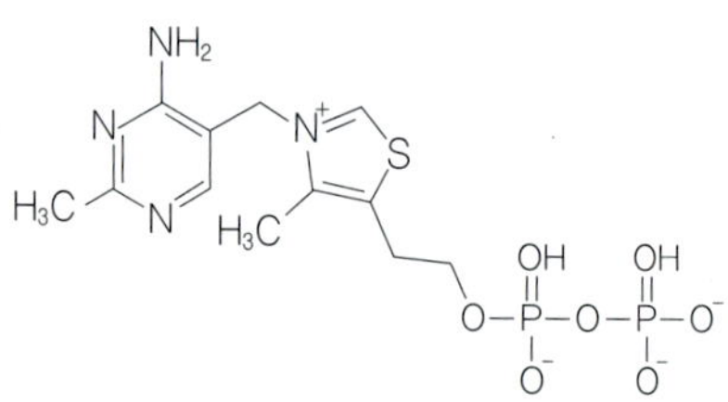

[그림 6-2] 티아민 피로인산의 구조

빛에 대하여는 안정한 편이나 형광물질이 공존하면 쉽게 광분해된다. 산성에서는 안정한 편이나 알칼리성에 쉽게 분해된다. 19~29세의 2020년 한국인 영양소 섭취기준의 1일 권장섭취량은 남녀 각각 1.2mg, 1.1mg이다. 비타민 B_1은 동식물성 식품에 널리 분포되어 있으나 일반적으로 동물성 식품보다는 식물성 식품에 많다. 함유식품은 종자, 배아, 쌀겨, 두류, 효모, 돈육 등이다.

(2) 비타민 B_2

비타민 B_2(리보플라빈, riboflavin)는 인산 에스터로서 조효소인 FMN(플라빈모노뉴클레오타이드, flavin mononucleotide), FAD의 구성성분이며, 이들은 세포 내의 산화환원 반응에 관여하고 있다. 비타민 B_2가 결핍되면 성장 정지, 식욕 부진, 구각염, 설염, 안질 등의 피부장애를 일으킨다. 지방을 많이 섭취할 때 장내 세균에 의한 비타민 B_2 합성이 방해를 받을 수 있으므로 비타민 B_2 소요량이 늘어날 수 있다. 산과 열에 안정한 편이나, 알칼리와 빛에 약하고 가시광선과 자외선에 의해 리비톨 부분이 파괴되어 효력을 상실한다. 19~29세의 2020년 한국인 영양소 섭취기준의 1일 권장섭취량은 남녀 각각 1.5mg, 1.2mg이다. 비타민 B_2는 동식물성 식품에 널리 분포되어 있다. 함유식품으로는 간, 어류, 효모, 우유, 달걀, 채소 등이 있다.

(3) 나이아신

나이아신은 근육이나 적혈구에서 탈수소효소의 조효소인 NAD 또는 NADP(니코틴아마이드 아데닌 다이뉴클레오타이드 인산, nicotinamide adenine dinucleotide phosphate)의 형태로 산화환원 반응에 관여한다.

이 비타민의 결핍은 옥수수를 주식으로 하는 지역에서 나타나는 펠라그라(pellagra)병과 관련이 있다. 이 병의 증상은 손발, 목, 얼굴 등과 같이 햇볕을 쬐는 피부에 생기는 홍반 및 신경장애와 위장장애가 주요 증세이다. 옥수수에는 나이아신 함량이 적은데, 이는 옥수수의 제인(zein) 단백질 속에는 나이아신으로 전환될 수 있는 필수아미노산인 트립토판 함량이 적기 때문이다. 나이아신은 장내 세균에 의해 합성되나, 그 양만으로는 부족한 편이므로 음식을 통해 섭취하여야 한다. 산미를 가진 백색의 결정으로 물이나 알코올에 잘 녹는다. 산, 알칼리, 열, 빛, 산화제 등에 안정한 편이며 조리에 의해서 파괴되지 않는다. 19~29세의 2020년 한국인 영양소 섭취기준의 1일 권장섭취량은 남녀 각각 16mg, 14mg이다. 일반 식품에 널리 분포되어 있으며, 효모, 간, 육류, 땅콩, 곡류 등에 들어 있다.

(4) 판토텐산

판토텐산은 흡습성이 있는 미황색의 유상물질로서 물, 초산, 에테르에 녹으며 보통의 조리, 건조, 산화에는 안정하나, 산과 알칼리에서는 β-알라닌(β-alanine)과 판토산(pantoic acid)으로 가수분해되어 효력을 잃는다.

판토텐산은 조효소 A의 구성성분이다. 조효소 A는 생체 내의 중요한 조효소로 당질 · 지질 대사에 관여한다. 장내 세균에 의해 합성되고 식품에 널리 분포되어 있어 결핍증은 잘 일어나지 않는 것으로 알려져 있다. 19~29세의 2020년 한국인 영양소 섭취기준의 1일 충분섭취량은 남녀 모두 5mg이다. 함유식품으로는 버섯, 간, 땅콩, 달걀, 효모, 우유 등이 있다.

(5) 비타민 B_6

천연에 존재하는 비타민 B_6는 피리독신, 피리독살(pyridoxal), 피리독사민(pyridoxamine)의 3가지 종류가 있으며 인체 내에서 상호 전환 기능을 하여 동일한 활성을 가지는 것으로 알려져 있다. 인산염이 아미노산 대사에 관여하는 조효소로 작용하며, 가열에도 안정하다. 또한, 중성, 알칼리성에서는 빛을 받으면 분해된다. 일반 식품에 널리 분포되어 있고 장내 세균에 의해 합성되므로 결핍증은 잘 일어나지 않는 것으로 알려져 있다. 19~29세의 2020년 한국인 영양소 섭취기준의 1일 권장섭취량은 남녀 각각 1.5mg, 1.4mg이다. 함유식품으로는 효모, 쌀겨, 곡류, 소맥배아, 간, 돈육 등이 있다.

(6) 바이오틴

바이오틴은 항피부염 인자로 알려져 있으며, 황을 함유하고 있다. 요소, 싸이오펜(thiophene), 발레르산(valeric acid)이 결합된 화합물이다. 온수와 묽은 알칼리 용액에 녹는다. 보통의 물과 묽은 산에는 잘 녹지 않는다. 강산과 강알칼리에서 가열하면 분해된다. 난백의 당단백질인 아비딘(avidin)과 결합하여 불활성화되어 흡수·이용되지 못하나 난백을 가열하면 아비딘이 변성되어 바이오틴이 분리되므로 흡수·이용할 수 있다. 장내 세균에 의해 합성되어 결핍증은 잘 일어나지 않는 것으로 알려져 있다. 19~29세의 2020년 한국인 영양소 섭취기준의 1일 충분섭취량은 남녀 모두 30μg이다. 함유식품으로는 난황, 우유, 간, 두류 등에 들어 있다.

(7) 엽산

엽산은 프테리딘(pteridine), 파라-아미노벤조산(*p*-aminobenzoic acid), 글루탐산의 결합으로 이루어져 있다[그림 6-3].

황색 결정으로 물에 약간 녹으며, 식품의 조리·가공·저장 과정에서 상당량 손실되고 약알칼리성에서 열에는 안정하나 빛에 의해 분해된다. 장내 세균에 의해 합성되므로 결핍증은 잘 일어나지 않는다고 알려져 있다. 19~29세의 2020년 한국인 영양소 섭취기준의 1일 권장섭취량은 남녀 모두 400μg이다.

일반 동식물성 식품에 널리 분포되어 있으며, 함유식품으로는 채소류, 콩, 간 등에 들어 있다.

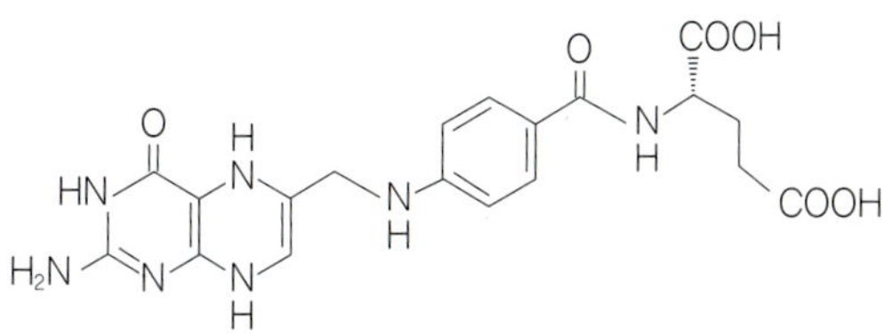

[그림 6-3] 엽산의 구조

(8) 비타민 B_{12}

비타민 B_{12}는 분자 중에 코발트를 함유하고 있어 코발아민(cobalamine)이라고 부른다. [그림 6-4] 구조식에서 R 부분의 치환기에 따라 CN기가 결합된 것을 시아노코발아민(cyanocobalamine), OH기가 결합된 것을 하이드록시코발아민(hydroxycobalamine), Cl기가 결합된 것을 클로로코발아민(chlorocobalamine), SO_4기가 결합된 것을 술포코발아민(sulfocobalamine)으로 부른다.

암적색으로 물에는 약간 녹으며, 열에는 안정한 편이나 광선과 산, 알칼리에서는 서서히 파괴된다. 식품 중에서 대부분 단백질과 결합되어 있다. 장내 세균에 의해 합성되므로 결핍증은 잘 일어나지 않는 것으로 알려져 있다. 19~29세의 2020년 한국인 영양소 섭취기준의 1일 권장섭취량은 남녀 모두 2.4μg이다. 동물성 식품에 주로 함유되어 있으며 소와 돼지의 간, 육류, 유제품, 난류 등에 들어 있다.

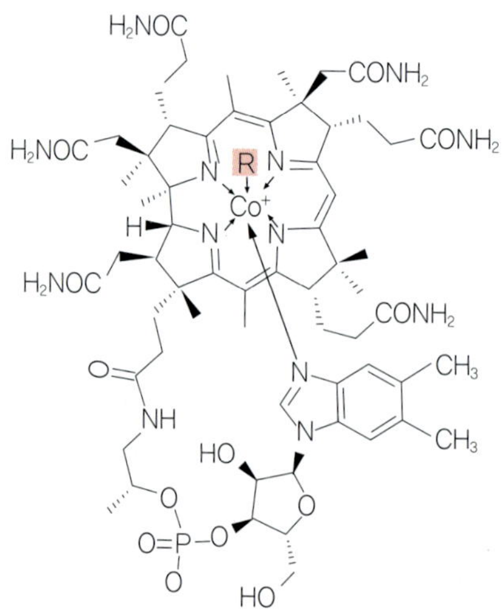

R = 5'-deoxyadenosyl, Cl, OH, CN

[그림 6-4] 비타민 B_{12}의 구조

(9) 비타민 C

비타민 C는 식품 중에서 환원형과 산화형으로 존재한다. L-아스코브산(환원형)이 산화되면 데하이드로아스코브산(dehydroascorbic acid, 산화형)이 되고 산화가 더욱 진행되면 2,3-다이케토-L-글루콘산(2,3-diketo-L-gluconic acid)을 거쳐 옥살산(oxalic acid)과 L-트레온산(L-threonic acid)으로 분해된다[그림 6-5]. 물에 잘 녹고 강한 환원력을 가지고 있다. 산화는 공기 중 산소 및 아스코브산 산화효소(ascorbic acid oxidase)에 의해 일어나고, 온도, 빛, 알칼리, 금속이온 등이 산화를 촉진시킨다. 아스코브산 산화효소는 오이, 당근, 양배추, 호박에 많으며, 무와 파에는 적은 편이다.

체내의 산화환원 반응과 페닐알라닌, 타이로신, 트립토판 대사에 관여하며 혈액의 응고를 촉진한다. 19~29세의 2020년 한국인 영양소 섭취기준의 1일 권장섭취량은 남녀 모두 100mg이다.

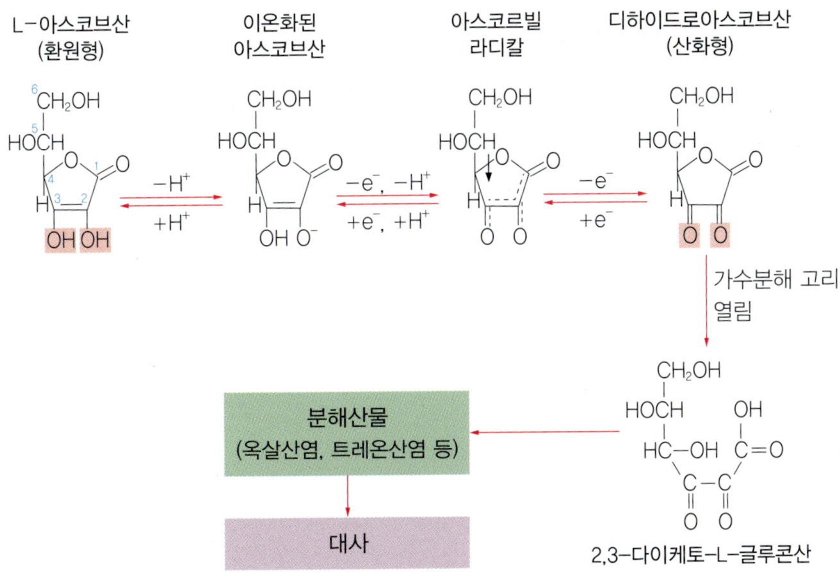

[그림 6-5] 비타민 C의 반응

비타민 C는 신선한 채소, 과일에 많으며 감귤류, 토마토, 딸기, 양배추, 고추 등에 풍부하다. 우유, 육류, 달걀 등 동물성 식품과 곡류, 두류에는 거의 없다. 그러나 껍질째 먹는 콩에는 많이 존재하고 콩이 발아할 때는 비타민 C가 많이 생성된다.

이 외에 비타민 B_4라 명명하는 카니틴이 있으며, 비타민 L(안트라닐산, anthranil acid)과 비타민 P(바이오플라보노이드, bioflavonoids)가 있다. 비타민 L은 쥐의 유즙분비에 관여하는 것으로 알려진 물질이나 사람에 대한 생리작용은 아직 불명확한 상태이다. 그리고 비타민 P는 감귤류 색소인 플라본류를 총칭하는 화합물이다. 메밀에 함유된 루틴 외에 헤스페리딘, 시트룰린, 퀘르세틴(quercetin) 등이 있다. 결합조직인 콜라젠을 만드는 비타민 C의 기능을 보강하여 모세혈관을 튼튼하게 하며 순환을 촉진하고 항균작용을 한다고 알려져 있다. 귤, 레몬, 오렌지, 포도, 살구, 체리, 메밀 등에 포함되어 있다.

수용성 비타민의 종류와 화학적 이름, 결핍 증세, 과잉 섭취 시 부작용, 함유식품은 다음과 같다〈표 6-3〉.

〈표 6-3〉 수용성 비타민의 종류와 특성

종류	화학적 이름	결핍 증세	과잉 섭취 시 부작용	함유식품
B_1	티아민 (thiamine)	각기병, 식욕 부진, 피로, 권태 등	많이 섭취하면 졸음이 쏟아지거나 근육이 완화됨	종자, 배아, 쌀겨, 두류, 효모, 돈육 등
B_2	리보플라빈 (riboflavin)	리보플라빈결핍증, 구순구각염, 안질, 설염 등		간, 어류, 효모, 우유, 달걀, 채소 등
B_3	나이아신 (niacin)	펠라그라, 니코틴산결핍증후군, 체중 감소 등	나이아신을 많이 섭취하면 간 손상	효모, 간, 육류, 땅콩, 곡류 등
B_5	판토텐산 (pantothenic acid)	성장 정지, 체중 감소 등	설사, 메스꺼움, 가슴앓이 등	버섯, 간, 땅콩, 달걀, 효모, 우유 등

종류	화학적 이름	결핍 증세	과잉 섭취 시 부작용	함유식품
B_6	피리독신 (pyridoxine)	피부병, 저혈소성 빈혈 등	자기수용감각 손상, 신경 손상(하루 100mg 이상 섭취 시)	효모, 쌀겨, 곡류, 소맥 배아, 간, 돈육 등
B_7	바이오틴 (biotin)	피부염, 성장 정지 등		난황, 우유, 간, 두류 등
B_9	엽산 (folic acid)	거대적아구성 빈혈, 설사, 위장염, 설염, 구내염 등	비타민 B_{12} 결핍, 말라리아 치료 방해	채소류, 콩, 간 등
B_{12}	코발아민 (cobalamine)	악성 빈혈 등	여드름과 같은 발진(원인이 완전히 밝혀지지 않음)	소, 돼지 간, 육류, 유제품, 난류 등
C	아스코브산 (ascorbic acid)	괴혈병, 피하출혈, 체중 감소 등	설사, 복통, 결석 등	감귤류, 토마토, 딸기, 양배추, 고추 등

2) 지용성 비타민

(1) 비타민 A

비타민 A(레티놀, retinol)는 정상적인 성장, 발달, 생식, 상피세포의 분화, 세포분열, 유전자 조절, 면역반응 등에 역할을 한다. 기본 분자인 레티놀과 시각 색소로 작용하는 레티날(retinal), 세포분화를 조절하는 세포 내 신호전달물질인 레티노산(retinoic acid) 등의 레티노이드 형태로 존재한다. 동물계에는 비타민 A_1(retinol)과 비타민 A_2(3-dehydroretinol) 형태이며, 식물계에는 비타민의 전구체인 카로틴(carotene) 형태로 존재한다. 대표적으로 β-카로틴(β-carotene)이 있다. 물에는 녹지 않지만, 지방이나 유기용매에 잘 녹는다. 담황색 침상결정으로 알칼리에 비교적 안정하나, 산성에서는 쉽게 파괴될 수 있다. 공기 및 열에 의해서 산화된다. 2018년 국민건강영양조사에서 대부분의 연령대에서 평균필요량에도 미치지 못하는 섭취량을 보이고 있다. 19~29세의 2020년 한국인 영양소 섭취기준의 1일 권장섭취량은 남녀 각각 800μg, 650μg RAE(레티놀 활성당량, retinol activity equivalents)

이다.

동물성 식품에는 비타민 A의 형태로 포유류, 해산물, 담수어의 간과 안구에 들어 있으며, 식물성 식품인 당근, 시금치, 무 등에 카로틴 함량이 높다. 카로틴은 흡수율이 나빠 10~30% 정도 흡수되지만, 지방과 함께 섭취하면 흡수율이 50% 이상이 된다. 또한, β-카로틴의 효력은 비타민 A의 3분의 1이므로 비타민 A를 β-카로틴의 형태로 섭취할 때는 비타민 A 섭취량의 3배를 필요로 한다.

(2) 비타민 D

비타민 D(칼시페롤, calciferol)는 칼슘 대사를 조절하여 체내 칼슘 농도의 항상성과 뼈의 건강에 깊은 관련이 있다. 또한, 세포의 증식 및 분화, 면역기능 등에도 관여하는 것으로 알려져 있다. 석회화(calcification)와 관련이 있어 칼시페롤이라고 명명되었다. 스테로이드핵을 가진 프로비타민 D가 자외선을 받아서 D_2, D_3 등이 생성된다. 19~29세의 2020년 한국인 영양소 섭취기준의 1일 충분섭취량은 남녀 모두 10μg이고 상한섭취량은 남녀 모두 100μg이다. 간유 중에 많이 들어 있고, 어육, 우유, 난황, 버터에도 상당량 있다. 효모, 버섯, 곰팡이 등에는 프로비타민 D_2인 에르고스테롤이 들어 있다.

(3) 비타민 E

비타민 E(토코페롤)는 출산과 관계가 있어 항불임성 비타민이라고 부른다. 물에는 녹지 않지만 지방이나 유기용매에 잘 녹는다. 미황색 물질로 산과 열에는 비교적 안정하나, 자외선이나 산화에 약하다. 항산화작용이 있어 비타민 A, 카로틴, 유지의 산화를 억제한다. 19~29세의 2020년 한국인 영양소 섭취기준의 1일 충분섭취량은 남녀 모두 12μg이고 상한섭취량은 남녀 모두 540μg이다. 동식물성 식품에 널리 분포되어 있으며, 식물성 기름과 쌀겨 기름, 녹황색 채소에 많이 포함되어 있다.

(4) 비타민 K

비타민 K(메나디온, menadione)는 혈액응고와 관련이 있어 혈액응고성 비타민이라고 불린다. 결핍되면 피부에 출혈 증상이 나타나며 혈액응고가 잘되지 못한다. 19~29세의 2020년 한국인 영양소 섭취기준의 1일 충분섭취량은 남녀 각각 75㎍, 65㎍이다. 시금치, 양배추, 당근잎 등 녹황색 채소에 많으며, 토마토, 콩, 해조류, 달걀, 간 등에도 상당량 들어 있다. 곰팡이나 효모의 증식 방지를 위한 식품 방부제로도 이용될 수 있다.

그 밖에 비타민 F라고 부르는 필수지방산으로 리놀레산, 리놀렌산, 아라키돈산이 있다.

지용성 비타민의 종류와 화학적 이름, 결핍 증세, 과잉 섭취 시 부작용, 함유식품은 다음과 같다〈표 6-4〉.

〈표 6-4〉 지용성 비타민의 종류와 특성

종류	화학적 이름	결핍 증세	과잉 섭취 시 부작용	함유식품
A	레티놀 (retinol)	야맹증, 안구건조증, 피부각질화, 성장 부진 등	태아기형, 두통, 피로 등	포유류, 해산물, 담수어의 간, 안구와 식물성 식품의 카로틴 함량은 당근, 시금치, 무 등
D	칼시페롤 (calciferol)	구루병, 골다공증, 골연화증 등	신장결석, 신부전 등	간유, 어육, 우유, 난황, 버터, 효모, 버섯 등
E	토코페롤 (tocopherol)	빈혈, 불임증 등	출혈, 설사, 두통 등	식물성 기름, 쌀겨 기름, 녹황색 채소, 우유, 마가린, 쇼트닝 등
K	메나디온 (menadione)	출혈 등	와파린 복용 환자의 경우 혈액 응고 증가 등	녹황색 채소, 토마토, 콩, 해조류, 달걀, 간 등
F	필수지방산	피부염, 성장 정지 등		식물성 기름 등

무기질

1. 무기질의 특성 및 분류
2. 산성 식품과 알칼리성 식품
3. 식품 중의 무기질

07

FOOD CHEMISTRY

1. 무기질의 특성 및 분류

인체가 필요로 하는 탄수화물, 단백질, 지질, 비타민, 무기질, 물을 6대 영양소라고 말한다. 이 중에서 탄수화물, 단백질, 지질, 비타민은 탄소를 포함하는 유기물질이다. 나머지로는 무기물질(무기질)과 물이 있다.

무기질은 칼슘, 마그네슘, 인과 같이 뼈와 치아의 구성성분을 이루고 있으며, 소듐이온(Na^+), 포타슘이온(K^+), 탄산이온(CO_3^{2-}), 인산이온(PO_4^{3-})은 혈액의 pH를 일정하게 유지하는 완충작용 및 삼투압을 조절하는 역할을 할 뿐만 아니라 철, 마그네슘, 망간, 칼슘, 몰리브데넘 등 무기질 이온은 효소반응을 일으키는 보결족, 즉 방아쇠 역할을 수행한다. 비타민에서 언급한 바와 같이 주효소에 보결분자단으로 조효소나 보결족이 필요한 경우에, 마치 권총에 탄약을 넣고서 방아쇠를 당길 때와 비교한다면 권총이 주효소이며, 탄약이 조효소이고, 방아쇠는 보결족으로 비유할 수 있겠다.

무기질은 인체 내의 존재량에 따라 다량 원소와 미량 원소로 구분할 수 있다. 다량 원소는 1일 필요량이 100 mg 이상 혹은 체중의 0.005% 이상 존재하는 무기질로서 칼슘, 인, 포타슘(potassium: K), 황, 소듐(sodium: Na), 염소(chlorine: Cl), 마그네슘 등이다. 미량 원소는 1일 필요량이 100 mg 이하 혹은 체중의 0.005% 이하로, 철, 아연(zinc: Zn), 망간, 세레늄(selenium: Se), 구리, 요오드, 크롬(chromium: Cr), 불소(fluorine: F), 코발트, 몰리브데넘 등이다. 이 모두는 인체에 꼭 필요한 무기질이다. 그리고 인체에 요구되는 무기질은 아니지만 식품이나 주변의 환경으로부터 몸으로 흡수되어 들어올 수 있는 위해한 물질에는 카드뮴(cadmium: Cd), 수은(hydrargyrum: Hg), 납(plumbum: Pb), 비소(arsenic: As) 등이 있다.

2. 산성 식품과 알칼리성 식품

1) 산과 알칼리

아레니우스(Arrhenius)의 정의에 따르면 "물에 녹아 수소이온을 생성하는 물질을 산, 수산화이온(OH^-)을 생성하는 물질을 알칼리"라고 하였다. 그러나 용매가 물이 아닌 경우와 수산화이온이 관여하지 않는 경우에는 이 정의를 적용할 수 없다. 그리하여 브뢴스테드(Brønsted)와 루이스(Lewis)의 정의로 확장되었다. 브뢴스테드 정의에 따르면 "수소이온(프로톤)을 생성하는 물질은 산이며, 받는 물질은 알칼리"이다. 루이스의 정의는 "알칼리란 1개 또는 그 이상의 고립 전자쌍을 가지고 있는 물질이며, 산이란 알칼리의 고립 전자쌍에 배위결합을 할 수 있는 물질"이라고 정의하였다.

산성, 중성, 알칼리성의 정의는 pH($-\log[H^+]$) 값으로 구분한다. pH는 순수한 증류수의 이온화 $H_2O \rightleftarrows H^+ + OH^-$, $K_w = 1.0 \times 10^{-14}$ 값으로 구한다. pH 7을 중성으로 하고 낮은 영역은 산성이며, 높은 영역은 알칼리성으로 구분한다.

2) 산성과 알칼리성 식품

우리가 입속에서 느끼는 신맛을 시다 또는 산미가 있다고 이야기할 때 산성을 띤다고 말한다. 이것은 식품 속에 있는 무기 또는 유기산에 의한 것이다. 중성인 pH 7보다 낮은 영역의 pH 값으로 나타난다.

산성 식품, 알칼리성 식품이란 함유물질이 산화된 후의 액성으로 판단된다. 〈표 7-1〉에서와 같이 비금속원소 무기질을 포함하는 유기산의 경우에 유기산의 주성분인 탄산, 수소, 산소가 산화되면 이산화탄소와 물이 되어 산성을 띤다. 금속원소 무기질의 산화물은 물에 녹아 알칼리성을 띤다.

〈표 7-1〉 산 생성 원소와 알칼리 생성 원소

생성 원소	생성 이온	특성	함유식품
산성	비금속원소(황, 인, 염소, 요오드 등) 산화물은 물에 녹아 산성 물질인 황산, 인산, 염산 등을 생성함	식품 중에 산성을 만들 수 있는 비금속원소의 무기질을 다량 함유	육류 · 어류 · 달걀 · 조개류 등 동물성 단백질, 곡류, 옥수수 등
알칼리성	금속원소(소듐, 포타슘, 칼슘, 마그네슘 등)의 산화물은 물에 녹아 알칼리성 물질을 생성함	식품 중에 알칼리성을 띨 수 있는 금속원소의 무기질을 다량 함유	해조류, 채소류, 과일류, 두류, 감자 등

즉, 식품성분 중에 비금속원소(황, 인, 염소, 요오드 등)를 금속원소보다 많이 함유한 식품은 산성 식품에 가까우며, 일반적으로 육류 · 어류 · 달걀 · 조개류 등 동물성 단백질, 곡류, 옥수수 등이며, 마늘과 파는 황을 포함하고 있는 화합물인 알리인(alliin)으로 존재하며 알리인 분해효소(알리네이스, alliinase)에 의해 알리신(allicin)으로 변환된다.

식품성분 중에 금속원소(소듐, 포타슘, 칼슘, 마그네슘 등)를 비금속원소보다 많이 함유한 식품이 알칼리성 식품이다. 해조류, 채소류, 과일류, 두류, 감자 등을 예로 들 수 있다.

3) 식품의 산도와 알칼리도

식품 100g을 연소하여 생성한 회분의 수용액을 중화하는 데 필요한 0.1N NaOH의 mL수 또는 0.1 N HCl의 mL수로 나타낸다. 회분 실험은 시료를 자재 도가니에 취하여 전기로에서 150~250℃로 연기가 없어질 때까지 태운 다음에 300~400℃로 가열하고서 최후에 550~600℃로 1~2시간 회화한다. 회화 후에 얻어진 회분을 증류수에 녹여서 시료용액을 만들고 나서 산-알칼리 적정으로 산도(acidity), 알칼리도(alkalinity)를 구한다.

3. 식품 중의 무기질

1) 칼슘

칼슘은 성인 체내에 900~1,320g 정도 존재하며, 골격 및 치아 형성에 약 99%가 쓰이고 나머지는 체액, 근육, 조직에 존재하며, 혈액응고, 신경전달, 근육수축 및 이완, 호르몬 분비와 조직막의 안정 등에 중요한 역할을 하고 있다. 소장에서 흡수되며, 신장에서 재흡수된다. 흡수를 돕는 인자로는 비타민 D, 단백질, 유당, 비타민 C, 산도이며, 칼슘 부족에 의한 골다공증을 예방하기 위해서 비타민 D 등이 필요하다. 흡수 방해인자로는 비타민 D 부족, 칼슘-인의 불균형, 피틴산, 수산[옥살산, $(COOH)_2$], 섬유소 등이 있다. 또한, 인의 흡수가 늘어나면 칼슘 흡수가 줄어들며, 칼슘:인 비율이 1:1일 때가 좋다고 알려져 있다.

결핍증으로는 성장 지연, 골격 약화, 치아의 기형화, 구루병(어린이), 골다공증(어른), 경련(tetany)이 있다. 2018년 국민건강영양조사에서 대부분의 연령대에서 평균필요량에도 미치지 못하는 섭취량을 보이고 있다. 19~29세의 2020년 한국인 영양소 섭취기준의 1일 권장섭취량은 남녀 각각 800mg, 700mg이다. 주요 공급원으로는 우유, 치즈, 난황, 생선뼈, 푸른 잎채소, 전곡 등이다.

2) 인

인은 세포막과 세포벽을 구성하는 성분이며, 뼈와 치아 등을 구성한다. 또한, 세포의 에너지 대사(효소, ATP 형성), 체액의 산-알칼리 균형 조절, 세포막의 구성, 생체신호 전달 등의 기능에 중요한 역할을 하는 무기질이다.

소장에서 흡수되며, 무기인이 쉽게 흡수되는 데 비해 유기인은 흡수되기 전에 가수분해되어야 하므로 생체이용률이 다소 떨어진다. 흡수를 돕는 인자로는 칼슘:인의 비율, 유당, 비타민 D 등이며, 비타민 D 부족, 칼슘-인의 불균형, 칼슘, 철, 망간, 알루미늄의 과잉 섭취 등은 흡수 방해인자로 작용한다. 결핍 시 골격 약화,

뼈의 통증, 근육 약화, 식욕 부진, 전신무력감이 나타난다. 19~29세의 2020년 한국인 영양소 섭취기준의 1일 권장섭취량은 남녀 모두 700 mg이다. 주요 공급원으로는 우유 및 유제품, 육류, 전곡, 난황, 콩류, 견과류 등이다.

3) 포타슘(칼륨)

포타슘은 체내에 245g 정도가 있으며, 약 98%가 세포내액에서 양이온으로 존재한다. 소듐이온과 함께 정상적인 삼투압을 유지시킴으로써 수분평형을 유지시켜 세포액을 보전하는 기능을 한다. 또한, 소듐, 수소이온과 함께 세포 내외의 농도, 전위, 전압차를 일으킬 수 있는 산-알칼리 조절인자로 작용하며, 근육 특히 심장근육을 이완시킨다. 혈당이 글라이코젠으로 저장되는 과정과 근육단백질과 세포단백질 내에 질소가 저장되는 과정에서도 필요한 것으로 알려져 있다.

소장에서 흡수되고, 신장에서 배설된다. 결핍증으로는 심장박동항진, 근육약화 및 마비, 구토 및 설사, 복수, 과민성 등이 나타난다. 식사를 통한 충분한 포타슘의 섭취는 혈압을 낮추며 뇌졸중과 심근경색을 예방한다. 이때 포타슘 섭취량은 소듐과 포타슘의 비율이 1에 가까운 수준이 되는 정도가 적절한 것으로 알려져 있다. 19~29세의 2020년 한국인 영양소 섭취기준의 1일 충분섭취량은 남녀 모두 3,500 mg이고 수유부에게는 400 mg을 추가하도록 기준이 설정되어 있다. 포타슘의 주요 공급원은 건조과일, 감자전분, 전곡, 채소, 콩가루, 육류 등이다.

4) 황

황의 체내 존재량은 체중의 약 0.25%로, 175g 정도이다. 결합조직, 피부, 손톱, 모발 등에 존재하며, 비타민 B_1, 바이오틴, 조효소 A, 인슐린의 구성성분이다.

흡수 및 대사방법으로는 유기물질과 결합한 유황이 흡수되고, 체내에서 황이 유독물질과 결합하여 무독화시켜 배설된다. 기능으로는 연골, 골격, 피부, 심장판막 등에 존재하는 콘드로이틴황산염의 구성성분이다. 티아민 피로인산염, 조효소 A,

리포산(lipoic acid), 판토텐산 등의 조효소 구성성분이며, 세포 내의 산화환원 반응에 관여하는 글루타티온(glutathione)의 구성과 콜라젠 합성에 관여하고, 황지질을 구성하여 신경조직, 뇌에 존재한다. 황의 결핍으로는 함황아미노산의 결핍으로 오는 것으로 빈혈, 저단백혈, 간세포 괴사, 성장 저지, 음질소 평형 등이 있다. 함황아미노산이 풍부한 식품은 육류, 우유, 달걀, 두유 등이다.

5) 소듐(나트륨)

소듐은 체내의 세포외액에 가장 많이 존재하며, 체중의 약 0.15%로 105g 정도이다. 소듐은 세포막 전압을 유지하는 중요 인자이며, 삼투압 유지와 수분 평형에 관여하고 산-알칼리의 균형 조절 및 신경자극 전달에도 중요한 역할을 한다. 소장에서 탄수화물과 아미노산의 흡수에 작용하며, 흡수된 소듐은 세포외액에 남아 소듐-포타슘 펌프(sodium-potassium pump)를 통해 세포외액의 농도를 유지하게 된다.

섭취 부족 시에는 혈장량이 줄어들어 심박출량의 감소로 혈압이 저하되고, 교감신경계 활성화에 의한 피부와 근육의 혈관 수축이 발생하여 전신 혈관 저항이 증가하는 것으로 알려져 있다. 과잉 섭취로 인한 증상은 비특이적이다.

장기적인 과잉 섭취는 혈압 상승, 뇌졸중, 심근경색, 심부전 등의 심장질환 및 신장질환의 발병과 진행을 촉진하며 위암의 발생률을 증가시키고, 골다공증, 천식, 비만의 발병률뿐만 아니라 질환에 의한 사망률도 증가시키는 원인으로 알려져 있다. 19~29세의 2020년 한국인 영양소 섭취기준의 1일 충분섭취량은 남녀 모두 1,500 mg이다. 2018년 국민건강영양조사에서 나트륨 평균 섭취량은 3,255 mg으로 전 연령대에서 높은 섭취량을 보이고 있다. 그리하여 2020년 한국인 영양소 섭취기준에서는 건강한 인구집단에서 만성질환의 위험을 감소시킬 수 있는 영양소의 최저 수준의 섭취량(CDRR: Chronic Disease Risk Recuction intake)의 필요성을 인식하고서, 19~64세 성인의 나트륨 만성질환위험감소섭취량을 2,300mg으로 정하였다. 주요 공급원으로는 국, 찌개, 탕류, 면류, 김치, 양념류 등이 있다.

6) 염소

염소는 체중의 0.15% 정도로 혈장과 세포외액에 음이온으로 존재한다. 염소는 소듐과 함께 세포막 전압을 유지하는 중요 인자이며, 삼투압 유지와 수분 평형에 관여하고 산-알칼리의 균형 조절 및 신경자극 전달에도 중요한 역할을 한다. 염소는 위산의 성분으로서 위액 내의 염산(HCl)을 만든다. 염소가 결핍되면 식욕 저하, 무기력, 알칼리혈증, 고소듐혈증, 고포타슘혈증 등이 나타난다. 19~29세의 2020년 한국인 영양소 섭취기준의 1일 충분섭취량은 남녀 모두 소듐과 동일한 몰당량인 2,300 mg으로 설정되어 있다.

7) 마그네슘

마그네슘은 골격과 치아의 형성 성분이며, 당질과 단백질 대사의 활성체, 근육 이완작용, 신경흥분 조절작용, 지방·단백질·핵산의 합성 등에 관여한다.

마그네슘은 소장에서 흡수되며 배설은 신장에 의해 조절된다. 흡수를 돕는 인자로는 흡수를 돕는 인자로는 유당, 비타민 D 등이고, 흡수 방해인자로는 칼슘, 마그네슘의 인산염, 단백질, 피틴산염, 장쇄포화지방산 등이 있다. 결핍증으로는 근육 경련, 심장박동항진, 식욕 부진, 환각과 혼동, 오심과 구토, 무관심 등이 있다. 과잉 섭취할 경우에는 설사나 탈수 등과 같은 위장질환이 초래될 수 있다. 19~29세의 2020년 한국인 영양소 섭취기준의 1일 권장섭취량은 남녀 각각 360 mg, 280 mg이고 임신부에게는 40 mg을 추가하도록 기준이 설정되어 있다. 주요 공급원은 곡류, 두류, 감자, 육류, 채소류 등이다.

8) 철

철은 효소 및 시토크롬, 헤모글로빈, 마이오글로빈 등의 구성요소이다. 체내에는 체중의 0.004% 정도인 3~5g 정도가 있으며, 3분의 2 정도가 체내 조직에 산소를 운반하는 역할을 하는 헤모글로빈에 존재한다.

철이 부족하면 철 결핍성 빈혈 외에도 발달장애, 인지능력 손상과 임신부의 임신성 빈혈, 조산, 미숙아, 사산 위험 등이 발생하는 것으로 알려져 있다. Fe^{2+}로 환원되어 소장 상부에서 흡수된다. 흡수된 철은 운반체인 트랜스페린(transferrin)과 결합한다. 철의 흡수를 촉진하는 인자로는 체내 저장량이 적을 때, 성장기, 임신부, 수유부, 저영양 상태, 비타민 C, 염산, 칼슘(인산, 피틴산과 먼저 결합하여 흡수 촉진), 히스티딘, 라이신, 시스테인, 설탕, 유기산 등을 들 수 있다. 흡수를 방해하는 인자로는 불용성 결합물을 만드는 물질인 인산염, 피틴산염, 수산, 탄닌산의 존재, 염산의 감소 등을 들 수 있다.

19~29세의 2020년 한국인 영양소 섭취기준의 1일 권장섭취량은 남녀 각각 10 mg, 14 mg이고 임신부에게는 10 mg을 추가하도록 기준이 설정되어 있다. 주요 공급원으로는 간, 난황, 육류, 녹황색 채소 등이다.

주요 무기질의 종류, 생리작용 및 함유식품에 대하여 〈표 7-2〉에 나타내었다.

〈표 7-2〉 주요 무기질의 생리작용 및 함유식품

종류		생리작용	함유식품
다량 무기질	칼슘	골격과 치아의 형성, 혈액응고, 신경흥분 억제, 근육의 수축·이완작용 등	우유 및 유제품, 멸치, 해조류, 난황 등
	인	골격과 치아의 형성, 에너지 대사에 관여, 삼투압 및 pH 조절, 지방산의 이동 등	우유 및 유제품, 어육류, 곡류 등
	포타슘	삼투압 및 pH 조절, 근육 수축, 신경자극 전달 등	곡류, 채소류, 과일류 등
	황	삼투압 및 pH 조절, 해독작용, 세포 단백질의 구성 요소 등	육류, 어류, 우유, 달걀, 콩 등
	소듐	삼투압 및 pH 조절, 신경 흥분 억제 등	소금, 육류, 김치류, 장류, 양념류 등
	염소	삼투압 및 pH 조절, 위액의 산성 유지 등	소금, 야채, 과일 등
	마그네슘	골격과 치아의 형성, 근육과 신경의 흥분 억제 등	곡류, 두류, 감자, 육류 등

종류		생리작용	함유식품
미량 무기질	철	헤모글로빈 구성성분, 산화적 호흡 촉매작용, 조효소의 성분, 효소의 활성화 등	간, 난황, 육류, 녹황색 채소 등
	요오드	갑상샘 호르몬의 성분(기초대사 촉진) 등	해조류 등
	구리	헤모글로빈 합성 촉진 등	간, 해조류, 채소류, 달걀 등
	불소	충치 예방, 골격, 치아의 경화 등	해조류, 음료수 등
	망간	발육에 관여, 에너지 대사에 관여 등	곡류, 채소류, 두류, 코코아 등
	코발트	비타민 B_{12}의 구성성분, 적혈구 생성에 관여 등	채소류, 동물의 간, 곡류 등

효 소

1. 효소의 특성
2. 효소의 분류
3. 효소활성에 영향을 미치는 인자
4. 식품 관련 효소
5. 식품산업과 효소

08

FOOD CHEMISTRY

효소(enzyme)는 자신은 변하지 않고 생체 내 반응속도를 높여 주는 생물학적 촉매(biological catalyst)로 대부분 단백질이다. 효소는 그리스어로 '효모의(in yeast)'의 의미로 쿤(Kuhne, 1878)이 처음으로 미생물 전체와 미생물의 추출물(효소)의 구분에 사용하였으며, 부흐너(Büchner, 1897)는 효모추출물(yeast extract)이 발효를 촉매한다는 것을 증명하였다.

1. 효소의 특성

1) 효소의 구성

효소는 대부분 단백질이므로 산, 알칼리, 열, 중금속 등에 의해 변성되면 불활성화된다. 대부분의 효소(완전효소, holoenzyme)는 복합단백질이며 이것은 단백질 성분인 주효소(결손효소, apoenzyme)와 보결 성분인 조효소(coenzyme)로 되어 있다. 효소는 기질을 운반하는 주효소와 활성기 역할을 하는 조효소가 결합하여 분해나 합성의 화학반응을 촉매한다. 주효소는 단백질이므로 열에 약하고 불투과성이며 조효소는 대부분 비타민이어서 열에 강하고 투과성을 가진다. 한편, 외부효소(exoenzyme)는 세포 외로 분비되는 효소로 대부분 소화액효소이며, 내부효소(endoenzyme)는 세포 내로 분비되는 효소이고, 라이소엔자임(lysoenzyme)은 세포가 파괴되면 추출되는 효소이다.

2) 효소의 구조

효소는 물 분자로 채워진 약간의 내부공간을 가진 대단히 촘촘한 구상구조이며 비극성 아미노산 곁사슬은 효소 안쪽, 극성 아미노산 곁사슬은 효소 바깥쪽에 위치하며, 효소 내부의 극성 그룹은 수소결합으로 연결되어 있고 큰 효소 분자는 조각으로 연결된 영역구조이다. 효소는 반응물인 기질(substrate)과의 결합자리인 활성자리(active site)를 가지고 있으며, 활성자리는 효소 전체에 대해 적은 부피를 차지하며 복잡한 3차원 구조이고 기질과는 약하고 많은 비공유결합으로 결합되어 있다.

(1) 효소의 활성자리 모델

기질과 결합하는 효소의 활성자리에는 3가지 모델이 있다[그림 8-1].

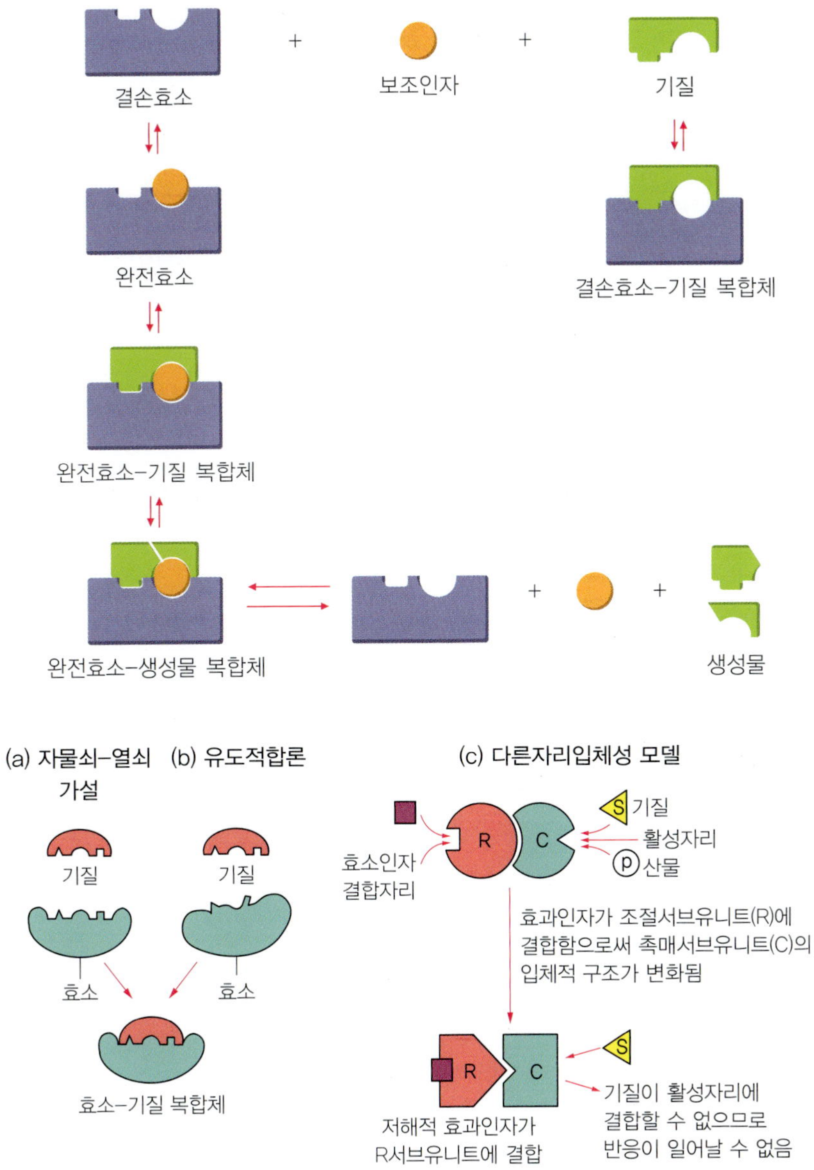

[그림 8-1] 효소와 기질과의 결합모델

- 자물쇠-열쇠 가설(lock and key hypothesis): 피셔(1894)는 효소가 처음부터 상보적인 기질과만 결합한다고 주장하였다.
- 유도 적합론(indeced fit theory): 코쉬랜드(Koshland, 1958)는 효소는 기질과 처음부터 맞는 것이 아니라 만나서 생리적 조건의 변화에 반응하여 서로 맞추어지는 것이라고 하였다.
- 다른자리입체적 모형(allosteric model): 모노(Monod, 1960년대)는 기질의 한 부위가 변하면 다른 부위도 변하는, 즉 효소에 효과인자(effector)가 결합하면 구조적 변화가 유도된다고 하였다. 억제인자(negative effector, inhibitor)는 효소의 기질결합을 억제하며 활성인자(positive effector, activator) 기질결합을 증가시킨다고 하였다.

3) 효소의 일반적 성질

(1) 촉매 능력

효소는 반응을 일으키는 데 필요한 최소 에너지인 활성화 에너지를 저하시킴으로써 반응속도를 높인다. 효소는 반응속도론적으로만 영향을 미칠 뿐, 열역학적으로 불리한 반응을 유리하게 하는 것이 아니라 안정한 계에 있는 반응을 빨리 진행시킨다. 효소는 반응의 전체 자유에너지 변화, 즉 최종 평형의 위치를 바꾸지 않고 반응 경로를 낮추어 활성화 에너지 장벽을 낮춘다[그림 8-2]. 생물학적 촉매인 효소는 대략 반응속도를 10^{14}~10^{20}배 정도 높여 주는 반면, 화학 촉매는 10^{2}~10^{4}배 정도 증가시킨다.

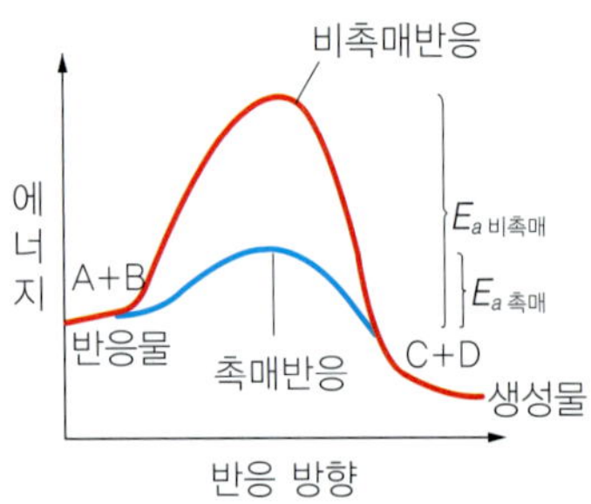

[그림 8-2] 촉매반응과 비촉매반응 (A + B → C + D)

(2) 특이성

효소는 자신에 맞는 기질만 선택하는 특이성(specificity)이 있는데 그룹 전체와 반응하는 그룹 특이성, 절대적 기질과 반응하는 절대 특이성, 입체인자와 반응하는 입체 특이성 등이 있다[그림 8-3].

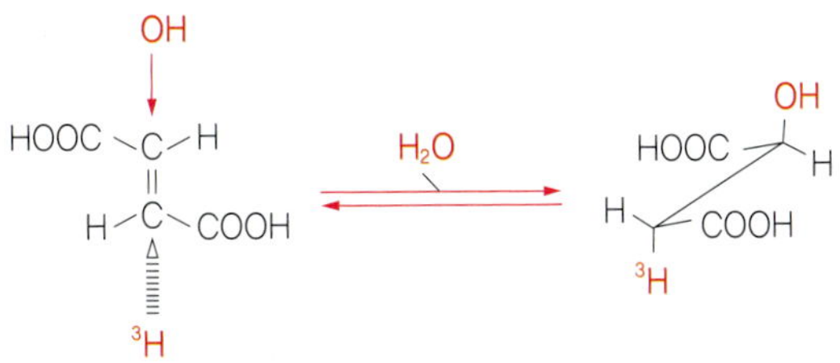

[그림 8-3] 효소의 입체 특이성(sterospecificity)

(3) 조절

효소는 이온이나 분자에 의해 촉매활성이 조절(regulation)된다. 카바모일인산 합성효소(carbamoyl-phosphate synthase)와 아스파트산 카바모일트랜스퍼레이스(aspartate carbamoyltransferase)는 피리미딘뉴클레오타이드 생합성 경로의 최종 산물인 UTP, CTP에 의해 조절된다. 조절효소인 다른자리입체성 효소(allosteric enzyme)는 기질결합자리인 활성자리 외에 조절물질이 결합할 수 있는 자리가 있는 효소로서, 생합성 경로의 첫 번째 비가역적 반응을 촉매하여 되먹임 억제로 조절한다. 다른자리입체성 효소는 서브유니트 사이에 연락을 취하고 조절인자에 의해 저해 또는 촉진되어 미카엘리스-멘텐(Michaelis-Menten) 식의 성질에서 벗어나 시그모이드 곡선 형태를 갖는다[그림 8-4].

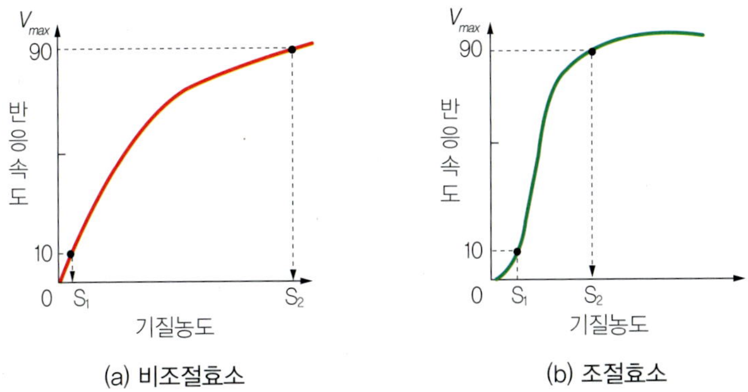

[그림 8-4] 비조절효소의 포화곡선(a)과 조절효소의 시그모이드 곡선(b)

(4) 조효소

효소는 주효소와 조효소(보효소)를 합친 전효소(완전효소) 형태이다. 조효소는 비단백질 성분으로 금속과 유기 보조인자(organic cofactor)가 있다. 특히, 효소에 아주 철저히 결합된 보조인자를 보결 원자단(prosthetic group)이라 한다.

1 금속

금속은 조효소로서 주로 구조 유지와 산화환원 작용에 관여한다. 마그네슘은 인산화효소(kinase)의 조효소로, Mg-ATP^{2-} 복합체는 ATP의 O^-끼리 반발 정도가 심하므로 Mg^{2+}가 들어가 안정한 상태를 형성하는 구조이다. EDTA(ethyl enediaminetetraacetic acid)는 금속제거제로 금속을 잡는 역할을 하며, 독성이 강하다. EDTA는 금속을 필요로 하는 효소의 활성을 잃게 한다.

2 유기 보조인자

수용성 비타민 대부분은 생체 대사과정의 조효소로 작용하는데, 유기 보조인자는 비타민 B의 유도체이다.

3 유기 보조인자의 종류

- NAD^+($NADP^+$)는 니코틴아미드와 아데닐산을 함유한 물질로 전자전달반응의 전자운반체이며 탈수소반응의 조효소이다.
- FAD는 전자전달반응의 전자운반체이며 탈수소반응의 조효소이다.
- CoA는 아실기 운반체로 아데닐산과 싸이올기가 분자의 양 말단에 있으며 판토텐산이 구성성분이다.
- 엽산은 일 탄소(C_1) 단위 운반체이다.
- 바이오틴은 이산화탄소 운반체이며 탄산화반응의 조효소이다.
- PLP(pyridoxal phosphate)는 아미노기 전달, 탈탄산화, 라세미화 반응 등의 조효소이다.
- TPP는 알데하이드 운반체이며 탈탄산화반응의 조효소이다.
- 리포산(lipoic acid)은 아실기 운반체로 결손효소의 라이신 잔기에 아마이드기로 공유결합된 구조이다.

2. 효소의 분류

효소의 일반적인 명칭(trivial name)은 기질 다음에 -ase를 붙여 사용한다. 그러나 수많은 효소가 발견되면서 명칭을 더 체계적으로 분류하기 위하여 국제생화학연맹(International Union Biochemistry: IUB)의 효소위원회(Enzyme Commission: EC)에서 효소가 촉매하는 반응에 따라 6가지로 분류하였다. 효소의 체계적인 분류 명칭은 EC(a, b, c, d) 등으로 사용한다〈표 8-1〉. a는 대분류로 클래스(class)가 가장 큰 그룹(group)이며, b는 서브클래스(subclass)로 그룹의 특이성을 나타내며 c는 서브-서브클래스(sub-subclass)이고 d는 서브-서브클래스의 일련의 번호(serial number)이다. 예를 들어, 산화환원효소(oxidoreductase)의 경우 a는 1이며 b는 산화환원효소의 특이성, c는 산화환원효소의 전자수용체(electron acceptor) 형태, d는 일련의 번호 순서이다. 6가지 그룹의 효소는 산화환원효소, 전이효소, 가수분해효소, 분해(탈이)효소, 이성질화 효소, 합성효소이며 식품산업에 주로 이용되는 효소는 대부분 산화환원효소와 가수분해효소 부류이다[그림 8-5].

〈표 8-1〉 효소의 분류

1. 산화환원효소(oxidoreductases): 산화환원 반응을 촉매
1.1 CH-OH를 공여체로 하는 것
1.2 알데하이드 또는 케톤을 공여체로 하는 것
1.3 CH=CH를 공여체로 하는 것
1.4 H_2O_2를 수용체로 하는 것
2. 전이효소(transferases): 작용기의 전이를 촉매
2.1 C_1기를 전이하는 것
2.2 알데하이드기 또는 케톤기를 전이하는 것
2.3 아실기를 전이하는 것(탄화수소 사슬)
2.4 글라이코실기를 전이하는 것(당)
2.5 인을 함유한 기를 전이하는 것

3. 가수분해효소(hydrolases): 가수분해 반응을 촉매
   3.1 결합에 작용하는 것
   3.2 결합에 작용하는 것(당분자 사이의)
   3.3 결합에 작용하는 것
   3.4 결합에 작용하는 것

4. 분해(탈이)효소(lyases): 비가수분해로 작용기의 이탈반응을 촉매
   4.1 이산화탄소 제거(탈탄산효소, decarboxylase)
   4.2 암모니아(NH_3) 제거(탈아미노효소, deaminase)

5. 이성질화 효소(isomerase): 이성질화 반응을 촉매
   5.1 racemases 및 epimerase
   5.2 시스-트랜스 이성화 효소

6. 합성효소(ligases): ATP를 분해시켜 화학결합을 형성하는 반응을 촉매
   6.1 C-O 결합을 형성하는 것
   6.2 C-S 결합을 형성하는 것
   6.3 C-N 결합을 형성하는 것
   6.4 C-C 결합을 형성하는 것

EC 1. 산화환원효소: oxidation-reduction reaction by oxidoreductase
Group 1: lactate dehydrogenase (EC 1.1.1.27)
EC 2. 전이효소: group transfer reaction by transferase
Group 2: hexokinase (EC 2.7.1.1)
EC 3. 가수분해효소: hydrolytic reaction by hydrolase
Group 3: adenosinetriphosphatase (EC 3.6.1.3)
EC 4. 분해효소: elimination reaction by lyase
Group 4: fructose 1,6-bisphosphate adolase (EC 4.1.2.13)
EC 5. 이성질화 효소: isomerization reaction by isomerase
Group 5: triosephosphate isomerase (EC 5.3.1.1)
EC 6. 합성효소: ATP-requiring join reaction by ligase(synthetase)
Group 6: isoleucyl t-RNA synthetase (EC 6.1.1.5)

합성효소 중 신테테이스(synthetase)는 ATP를 사용하여 합성하는 반응을 촉매하는 반면, 신테이스(synthase)는 ATP를 사용하지 않고 합성하는 반응을 촉매한다.

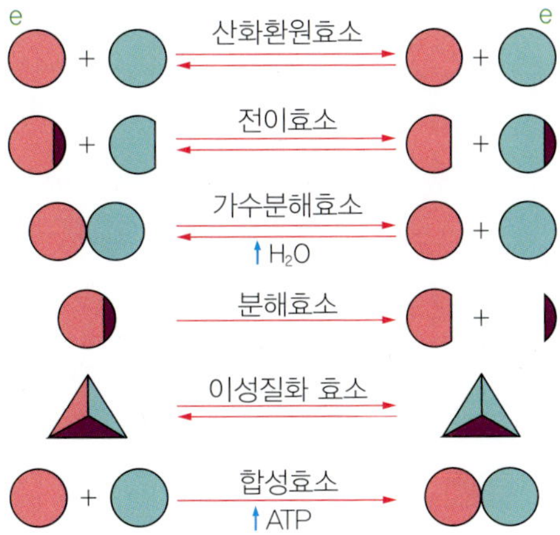

[그림 8-5] 효소의 6가지 대분류

3. 효소활성에 영향을 미치는 인자

효소활성의 영향 인자는 pH, 온도, 효소 농도, 기질 농도 등이다.

1) pH

효소는 단백질이므로 pH에 따라 활성이 크게 좌우되며 대부분의 효소는 일정한 pH 범위에서만 특이적 활성을 갖는다. 효소활성이 항상 pH에 의존하는 것은 효소 내의 작용기 또는 기질의 이온화에 영향을 받기 때문이다. 대부분 효소의 K_m값은 pH에 따라 변화한다. 최적 pH(optimum pH)는 효소활성이 최댓값을 가장 잘 나타내는 특정 pH이다. 대부분 효소의 최적 pH는 중성 또는 약산성 범위이지만, 펩신(pH 1.5~ 2.5), 트립신(pH 7.5~10.0)의 경우도 있다. 대부분 효소의 pK_a는 아미노산의 곁사슬의 pK_a가 좌우되며 효소는 종 모양(bell-shape)의 그림을 갖는다[그림 8-6].

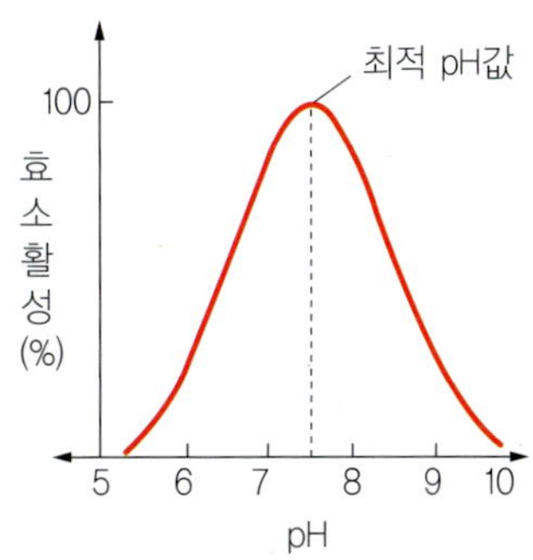

[그림 8-6] 효소활성에 미치는 pH의 영향

2) 온도

일반적으로 온도가 10°C 정도 올라갈 때 반응속도는 대략 2배가 증가한다. 효소 반응속도는 온도가 상승하면 증가하지만, 효소는 단백질이므로 온도가 너무 올라가면 응고되어 변성된다. 최적온도(optimum temperature)는 효소활성이 최댓값을 갖는 특정 온도이다[그림 8-7]. 대부분 효소는 온도가 40~50°C를 넘으면 효소활성이 급격히 감소되어 변성되며 60°C 이상에서는 극소수의 효소만이 활성을 유지할 수 있다.

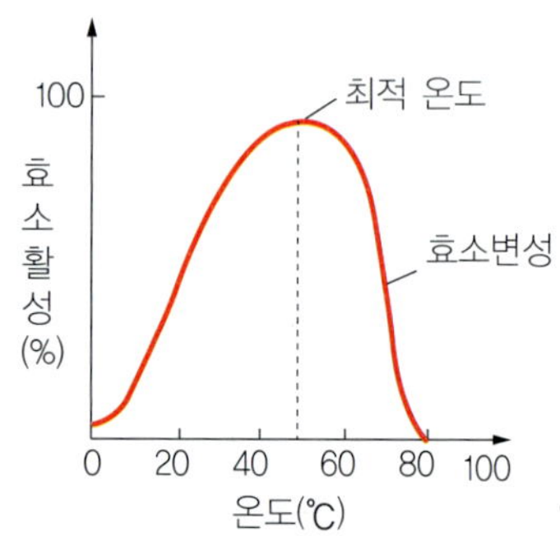

[그림 8-7] 효소활성에 미치는 온도의 영향

$$k = Ae^{-Ea/RT}$$

k: 속도 상수
A: 아레니우스 상수(pre-expotential factor)
R: 기체 상수
T: 절대온도(K)
Ea: 활성화 에너지

3) 효소 농도와 기질 농도

효소 반응속도는 일반적으로 효소 농도에 비례하여 증가하지만 반응생성물이 효소작용을 억제하는 경우도 있다. 한편, 일정 범위까지는 효소 반응속도가 기질의 농도에 비례하지만, 이 범위를 넘었을 때는 비례하지 않는다. 이러한 효소 반응속도와 기질 농도의 관계를 보여 주는 식이 미카엘리스-멘텐 식이다.

(1) 미카엘리스-멘텐 식

이 식의 가정은 촉매작용을 하는 특이적인 효소-기질 복합체(ES)가 필수적인 중간체이다.

$$v = \frac{V_{max} \times [S]}{K_m + [S]}$$: 미카엘리스-멘텐 식 [그림 8-8]

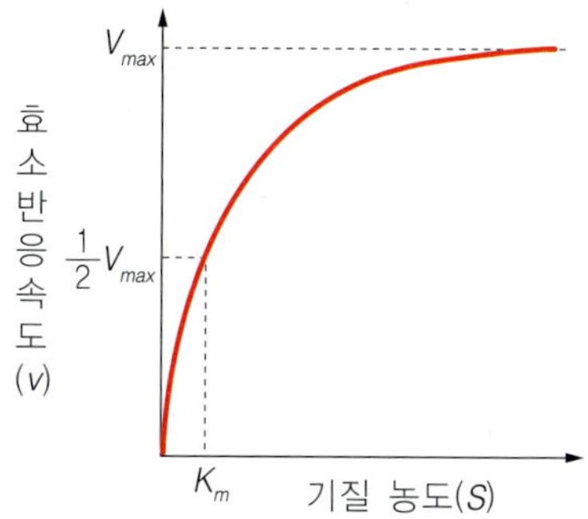

V: 반응속도
V_{max}: 최대반응속도
K_m: 미카엘리스-멘텐 상수
S: 기질농도

[그림 8-8] 미카엘리스-멘텐 식

K_m은 반응속도가 최대 속도의 절반이 될 때의 기질 농도이며, 활성자리의 반이 찼을 때의 기질 농도이다. 또한, K_m은 ES 복합체의 해리 상수이며 높은 K_m은 약한 결합을, 낮은 K_m은 강한 결합을 나타낸다.

4) 저해제

효소의 기질결합을 억제하여 효소의 활성을 감소시키는 물질을 저해제(inhibitor) 또는 억제제라고 한다. 저해제는 비가역적인 저해제와 가역적인 저해제로 구분하며 가열, pH, 중금속, TCA 등 단백질 변성제는 대부분 비가역적 저해제이다. 가역적인 저해제는 크게 경쟁적 저해제와 비경쟁적 저해제가 있다.

(1) 경쟁적 저해제

경쟁적 저해제(competitive inhibitior)는 구조가 기질과 비슷한 기질구조 유사체

(substrate analog)로 효소의 활성자리에 결합, 기질과 결합하는 효소 분자의 비율을 감소시켜 반응속도를 감소시킨다. 기질의 농도가 충분하면 저해제는 효과가 없으며 K_m은 증가하고 V_{max}는 일정하여 기울기가 증가한다. 호박산 탈수소효소(succinate dehydrogenase)의 작용은 기질인 호박산(succinic acid)의 구조와 유사한 말론산(malonic acid)에 의해 경쟁적으로 저해된다.

(2) 비경쟁적 저해제

비경쟁적 저해제(non-competitive inhibitior)는 기질과 동시에 효소 분자에 결합하여 결합자리가 중복되지 않아 효소가 기질의 활성자리에 결합하는 것을 방해하지 않는다. 비경쟁적 저해제는 효소의 활성자리가 아닌 자리에 결합하여 효소를 변형시켜 정상적인 속도로 ES 복합체를 형성하지 못하여 ES → E+P 속도를 감소시키며 효소 분자 비율을 감소시키지 않고, 효소의 반응 회전 수(turnover number: 단위 시간에 생성물로 전환되는 기질 분자 수)를 감소시킨다. 기질의 농도를 증가시켜도 저해는 극복되지 않으며 효소의 활성자리를 변형시키지 않으므로 K_m은 일정하고 V_{max}는 감소하여 기울기가 증가한다.

4. 식품 관련 효소

일반적으로 식품의 저장과 가공, 품질 및 성분 변화와 관련 있는 효소는 주로 산화환원효소와 가수분해효소이다.

1) 산화환원효소

(1) 산화효소

산화효소(oxidase)는 산소가 수소의 전자수용체 역할을 하여 기질을 산화시키는 효소로, 이때 철 또는 구리가 조효소로 작용한다.

1 카탈레이스

카탈레이스(catalase)는 과산화수소를 분해하여 물과 산소로 전환시키는 반응을 촉매하는 효소이다. 카탈레이스는 포도당을 글루콘산(gluconic acid)으로 만드는 식품가공 공정 등에 사용한다.

2 과산화효소

과산화효소(peroxidase)는 과산화수소를 이용하여 아스코브산이나 페놀성 물질과 같은 환원형 물질의 산화반응을 촉매하는 효소이다. 과산화효소는 식물조직에 널리 존재하고 식물조직의 생육과 성숙에 중요한 역할을 하여 과일류나 채소류의 신선도 판정에 이용한다. 과일류나 채소류가 오래될수록 효소활성이 감소한다.

3 폴리페놀 산화효소

폴리페놀 산화효소(polyphenol oxidase)는 카테콜(catechol), 클로로젠산(chlorogenic acid), 다이하이드록시페닐알라닌(dihydroxyphenylalanine: DOPA) 등과 같은 다이하이드록시페놀(dihydroxyphenol)성 물질을 퀴논(quinone)으로 산화시키는 반응을 촉매하는 효소로 폴리페놀레이스(polyphenolase)라고 한다. 폴리페놀 산화효소는 페놀성 물질을 함유한 과일이나 찻잎의 갈변현상에 관여한다.

4 아스코브산 산화효소

아스코브산 산화효소(ascorbic acid oxidase)는 비타민 C인 아스코브산을 산화시켜 데하이드로아스코브산을 생성하는 반응을 촉매하는 효소로 폴리페놀 산화효소 반응과 유사하다.

2) 가수분해효소

가수분해효소(hydrolase)는 물 분자를 첨가해 고분자 화합물을 가수분해하여 저분자 화합물을 생성하는 효소이다. 탄수화물, 지질, 단백질 등을 가수분해하는 효소인 탄수화물 분해효소, 지질 분해효소, 단백질 분해효소 등이 있고, 식품공업에서 중요하다.

(1) 탄수화물 분해효소

1 전분분해효소

- α-아밀레이스(α-amylase)는 인체의 침(타액), 췌장, 곰팡이, 세균에 존재하며 전분의 아밀로오스나 아밀로펙틴 내부의 (α 1→4) 결합을 무작위로 분해하여 말토오스를 생성하는 내부효소로 액화효소이다.
- β-아밀레이스(β-amylase)는 맥아, 물엿, 고구마, 콩 등 식물에 널리 존재하며 전분의 아밀로오스나 아밀로펙틴의 가장 바깥에 있는 비환원성 말단에서부터 (α 1→4) 결합을 순차적으로 분해하여 말토오스를 생성하는 외부효소로 당화효소이다.
- 글루코아밀레이스(glucoamylase)는 곰팡이 및 세균에 존재하며 전분의 비환원성 말단에서부터 (α 1→4) 결합과 (α 1→6) 결합을 순차적으로 분해하여 글루코오스를 직접 생성하는 효소이다.

2 펙틴분해효소

펙틴분해효소(pectinase)는 고등식물이나 미생물에 존재하며 과일주스나 술 제조·가공 시 탁한 용액을 맑게 해 주고 과일의 성숙 및 연화에 영향을 준다.

- 프로토펙티네이스(protopectinase)는 불용성의 프로토펙틴을 분해하여 수용성의 펙틴을 생성하는 효소이다.
- 펙틴에스터레이스(pectin esterase)는 펙틴의 메틸에스터(methyl ester)를 분해하여 수용성의 펙틴산을 생성하는 효소이다.
- 폴리갈락투로네이스(polygalacturonase)는 폴리갈락투론산(polygalacturonic acid)의 (α 1→4) 결합을 분해하여 갈락투론산을 생성하는 효소이다.

3 조섬유분해효소

조섬유분해효소는 식물의 세포벽 성분인 섬유질을 분해하는 효소로, 섬유질의 (β 1→4) 결합을 분해하여 글루코오스를 생성하는 효소인 셀룰레이스(cellulase)와 자일로오스를 생성하는 효소인 헤미셀룰레이스(hemicellulase)가 있으며 사과 주스 등 주로 과일주스 가공에 이용한다.

(2) 지질 분해효소

1 중성지질분해효소

라이페이스(lipase)는 에스터 결합을 가수분해하여 산과 알코올을 생성하는 에스터레이스(esterase)의 일종이다. 라이페이스는 트리아실글라이세롤을 가수분해하여 지방산과 글라이세롤을 생성하는 효소이다. 라이페이스는 유지식품을 오래 저장할 때 휘발성 저급지방산을 생성하여 산패를 일으키지만, 치즈나 초콜릿 제조 시에는 오히려 향미 생성을 증진시킨다.

2 라이폭시제네이스

라이폭시제네이스(lypoxygenase)는 곡류, 두류, 파이토케미칼 등 식물에 존재하며 지방산을 산패시켜 과산화물을 생성하는 효소이다. 과일이나 채소 저장 시 색소 파괴를 방지하기 위하여 데치기(blanching)를 통해 이 효소를 불활성화시킨다.

(3) 단백질 분해효소

단백질 분해효소인 프로테이스(protease)는 단백질 내 특정 부위의 펩타이드 결합을 가수분해하며 펩신, 트립신, 카이모트립신 등 내부에서 불규칙적으로 분해하는 엔도펩티데이스(endopeptidase)와 아미노펩티데이스(aminopeptidase), 카복시펩티데이스(carboxypeptidase) 등 가장 끝에서부터 순차적으로 분해하는 엑소펩티데이스(exopeptidase)로 구분한다〈표 8-2〉. 식품공업에서 중요한 프로테이스는 대부분 엔도펩티데이스로 송아지의 레닌(rennin), 파파야의 파파인(papain), 파인애플의 브로멜린(bromelin) 등이며 이들은 치즈 제조와 연육 작용에 이용한다.

타이로시네이스(tyrosinase)는 감자 등에 들어 있는 아미노산인 타이로신이 다이하이드록시페닐알라닌을 거쳐 멜라닌(melanin) 색소를 형성하게 하는 효소로, 식품을 갈색으로 변하게 한다.

〈표 8-2〉 주요 단백질 분해효소

효소	적용	들어 있는 곳
엔도펩티데이스(endopeptidase)		
펩신(pepsin)	단백질 → 폴리펩타이드 + 아미노산	위장
트립신(trypsin)	단백질 → 폴리펩타이드 + 펩톤	췌장
키모트립신(chymotrypsin)		췌장
카텝신(cathepsin)	단백질 → 폴리펩타이드 + 펩톤	간, 신장, 비장
파파인(papain)	단백질 → 폴리펩타이드 + 아미노산	파파야 열매
레닌(rennin)	카제인 → 파라카제인 + 펩타이드	양 및 송아지의 제4위(장)
브로멜린(bromelin)		파인애플
엑소펩티데이스(exopeptidase)		
아미노펩티데이스(aminopeptidase) 카복시펩티데이스(carboxypeptidase)	프로테오스, 펩톤, 펩타이드 → 아미노산 + 다이펩타이드	동물의 장, 곰팡이, 세균
다이펩티데이스(dipeptidase)	다이펩타이드 → 아미노산	동물의 장, 곰팡이, 세균

5. 식품산업과 효소

일반적으로 식품산업과 관련 있는 효소는 주로 탄수화물, 지질, 단백질 관련 효소 등이다.

1) 탄수화물 관련 효소

식품산업에서 탄수화물 관련 효소는 전분당 및 올리고당 생산, 과일주스 가공 등에 주로 사용되며 제빵, 맥주 및 와인 생산, 유가공 등에도 이용된다.

(1) 전분당 생산

전분당은 전분을 산이나 효소를 이용해 가수분해하여 얻은 당으로 말토덱스트린, 물엿, 포도당, 과당 등이 포함된다. 전분당은 초기에 글루코아밀레이스(glucoamylase)를 사용하여 생산하였으며, 지금은 내열성 α-아밀레이스(thermostable α-amylase)가 개발되면서 전분의 호화 및 액화를 동시에 수행할 수 있어 공정이 더욱 간단해졌다. 또한, 포도당 이성화 효소(glucose isomerase)를 이용하여 포도당을 과당으로 전환시켜 고과당 시럽(high fructose syrup)을 생산할 수 있게 되었다.

(2) 올리고당 생산

현재 산업적으로 많이 생산되는 올리고당은 프럭토올리고당(FOS), 갈락토올리고당(GOS), 아이소말토올리고당(IMO), 분지올리고당(BOS) 등이 있는데, 모두 효소의 당전이반응으로 생산된다.

1 프럭토올리고당

프럭토올리고당(FOS)은 β-프럭토퓨라노실레이스(β-fructofuranosylase)로 생산되며 이 효소는 설탕의 과당 잔기를 수용체에 (β 2→1) 결합으로 전달하는 당전이반응을 수행한다.

2 갈락토올리고당

갈락토올리고당(GOS)은 β-갈락토시데이스(β-galactosidase)의 당전이반응을 이용하여 생산되며 이 효소는 젖당의 갈락토오스를 수용체에 전달하여 (β 1→2), (β 1→3), (β 1→4), (β 1→6) 등 다양한 결합을 형성한다. 이 효소는 설탕의 과당 잔기를 수용체에 (β 2→1) 결합으로 전달하는 당전이반응을 수행한다.

3 아이소말토올리고당

아이소말토올리고당(IMO)은 말토오스를 기질로 하여 글루코시데이스(glucosidase)의 일종인 트랜스글루코시데이스(transglucosidase)의 당전이반응으로 생산된다. 이 효소는 말토오스의 비환원성 말단의 포도당을 수용체에 전달하여 (α 1→6) 결합을 형성한다.

4 분지올리고당

분지올리고당(BOS)은 액화전분을 기질로 하여 말토제닉아밀레이스(maltogenic amylase)의 당전이반응으로 생산된다. 이 효소는 말토올리고당의 비환원성 말단으로부터 말토오스를 수용체에 전달하여 (α 1→6) 결합을 형성한다.

(3) 과일주스 가공

과일주스 가공에 주로 사용되는 효소는 펙틴분해효소(pectinase), 셀룰레이스(cellulase), 헤미셀룰레이스(hemicellulase) 등이 있으며, 이들 모두 과일의 세포벽 성분을 분해하는 효소로 펙틴 제거, 과육의 침지와 액화 등에 사용된다. 이들은 과즙의 수율을 증가시키고 여과와 청징(clarification) 등의 공정을 쉽게 하여 우수한 품질의 과일주스를 생산할 수 있게 도와준다.

2) 지질 관련 효소

식품산업에서 지질 관련 효소는 유지산업과 관련 있으며 주로 지방산과 글라이세롤 사이의 에스터 결합을 가수분해하는 지질 분해효소인 라이페이스(lipase)이다. 라이페이스는 기질인 올리브유나 대두유를 분해하여 기름층인 지방산과 수분층인 글라이세롤을 생산한다. 라이페이스는 주류 산업에도 이용되는데, 곡물을 물에 침지하는 초기 과정에 라이페이스를 첨가하면 곡물 내의 지질을 가수분해하여 쉽게 휘발되는 유리 지방산으로 전환된다. 이러한 과정을 통해 유익한 향미성분을 보완하고 우수한 알코올 발효를 유도한다.

3) 단백질 관련 효소

식품산업에서 단백질 관련 효소는 치즈 생산과 연육 작용 등과 관련 있는 단백질 분해효소인 프로테이스(protease)이다. 치즈 생산에 이용하는 응유효소는 송아지의 위점막에서 유래한 효소인 레닌으로서, 아스파트산계 프로테이스이며 카이모신과 펩신의 혼합물이다. *Rhizomucor miehei*, *Rhizomucor pussilus*, *Crytphonectria parasitica* 등의 미생물 유래 응유효소는 대부분 발효 공정을 통해서 생산된다. 연육화 효소에는 파파야 과일의 파파인(papain), 파인애플의 브로멜라인(bromelain), 무화과의 피신(ficin) 등이 있다. 이 효소들은 모두 수용성이고 시스테인계 프로테이스이며 고기 연화를 위해 이용된다.

〈표 8-3〉은 식품산업에서 주로 사용하는 효소이다.

〈표 8-3〉 식품산업에서 주로 사용하는 효소

효소	식품	목적 또는 작용
아밀레이스 (amylase)	제빵	효모 발효를 위한 당 함량 증가
	양조	발효를 위하여 전분을 맥아당으로 전환, 전분 혼탁 제거
	시리얼	전분을 덱스트린과 당으로 전환, 흡습성 증가
	초콜릿, 코코아	유동성을 높이기 위하여 전분을 액화
	제과	캔디 조각으로부터 당의 회수
	과일주스, 젤리	발포성을 증가시키기 위하여 전분 제거
	펙틴	사과즙 찌꺼기로부터 펙틴 제조
	시럽과 당	전분의 전분자량 덱스트린으로의 전환
	채소류	두류의 연화를 위한 전분의 가수분해
셀룰레이스 (cellulase)	양조	복잡한 탄수화물 세포벽 성분의 가수분해
	커피	원두를 건조하는 동안 섬유소의 가수분해
	과일	살구, 토마토, 배 껍질의 거친 입자를 제거
덱스트란 수크레이스 (dextran sucrase)	당시럽	시럽의 농후화
	아이스크림	농후제로 사용

효소	식품	목적 또는 작용
인버테이스 (invertase)	합성꿀	설탕을 글루코오스와 프럭토오스로 전환
	캔디	초콜릿을 코팅한 소프트크림 캔디의 제조
락테이스 (lactase)	아이스크림	입자감을 나타내는 락토오스의 결정화를 방지
	사료	락토오스를 갈락토오스와 글루코오스로 전환
	우유	락토오스를 제거함으로써 냉동유에서 단백질의 안정화
탄네이스 (tannase)	양조	폴리페놀 화합물의 제거
펜토사네이스 (pentosanase)	제분	밀가루로부터 전분의 회수
나린지네이스 (naringinase)	감귤류	나린진의 가수분해에 의해 자몽 등의 쓴맛 제거
펙틴분해효소 (pectin enzyme, 유용)	초콜릿, 카카오	코코아를 발효하는 동안 가수분해 활성
	커피	원두를 발효하는 동안 아교질 표면의 가수분해
	과일	연화
	과일주스	압착 주스의 수율 향상, 혼탁 방지, 농축과정의 개선
	올리브	기름의 유출
	과일주	청징
펙틴분해효소 (pectin enzyme, 부패)	감귤 주스	주스의 펙틴물질 분해와 분리
	과일	과도한 연화 작용
프로테이스 (protease, 유용)	제빵	반죽의 연화 작용, 혼합시간의 단축, 반죽의 신장성 증가, 입자, 조직감, 덩어리 부피의 증가, β-아밀레이스 유리
	양조	발효 중 보디, 풍미, 영양소 향상, 여과, 청징, 냉각 공정에 활용
	시리얼	건조속도 향상과 취급이 용이하도록 단백질을 변화시킴
	두류 식품	된장과 두부의 제조
	치즈	카제인 응고, 숙성되는 동안 특유의 풍미 생성
	초콜릿, 카카오	발효되는 동안 카카오콩에 작용
	달걀 가공품	건조 성질의 개선

효소	식품	목적 또는 작용
프로테이스 (protease, 유용)	사료	사료로의 전환을 위한 음식 폐기물의 처리
	육류와 어류	연화, 뼈와 잡어로부터 단백질 회수, 기름의 유리
	두유	두유 제조
	단백질 가수분해물	간장과 같은 조미료, 특수식품, 건조 수프, 육즙 분말, 가공육
	과일주	청징
프로테이스 (protease, 부패)	달걀	전란과 건조 전란의 저장기간에 영향
	게, 바닷가재	빨리 불활성화시키지 않으면 과도하게 연화됨
	밀가루	너무 활성화되면 텍스처에 영향 미침
라이페이스 (lipase, 유용)	치즈	풍미에 영향
	기름	지질의 글라이세롤과 지방산으로의 분해
	우유	밀크초콜릿에 사용하는 풍미를 가진 우유 생산
라이페이스 (lipase, 부패)	시리얼	케이크 등의 과도한 갈변, 밀기울의 갈색 탈색
	우유와 유제품	가수분해형 산패
	기름	가수분해형 산패
포스파테이스 (phosphatase)	유아식	활용할 수 있는 인산의 증가
	양조	인산화합물의 가수분해
	우유	저온살균 효과의 검사
뉴클레이스 (nuclease)	풍미 증강 물질	뉴클레오타이드와 뉴클레오사이드의 생산
과산화효소 (peroxidase, 유용)	채소	데치기 효과의 검사
	글루코오스 검사	글루코오스 산화효소와 병용
과산화효소 (peroxidase, 부패)	채소	나쁜 풍미
	과일	갈변작용에 기여
카탈레이스 (catalase)	우유	저온살균에서 과산화수소를 파괴
	다양한 제품	갈변이나 산화의 방지를 위하여 글루코오스 또는 산소 제거, 글루코오스 산화효소와 병용

효소	식품	목적 또는 작용
글루코오스 산화효소 (glucose oxidase)	다양한 제품	산화와 갈변을 막기 위해 글루코오스와 산소 제거, 카탈레이스와 함께 사용
	글루코오스 검출	글루코오스 검사, 과산화효소와 함께 사용
폴리페놀 산화효소 (polyphenol oxidase, 유용)	차, 커피, 담배	숙성, 발효, 노화기간에 갈변
폴리페놀 산화효소 (polyphenol oxidase, 부패)	과일, 채소	갈변과 악취의 생성, 비타민의 손실
라이폭시제네이스 (lipoxygenase)	채소	필수지방산과 비타민 A의 파괴, 악취 생성
아스코브산 산화효소 (ascorbic acid oxidase)	채소, 과일	비타민 C(아스코브산)의 파괴
티아미네이스 (thiaminase)	육류, 어류	비타민 B_1(티아민)의 파괴

식품의 색

1. 천연색소의 분류
2. 식물성 식품의 색소
3. 동물성 식품의 색소

09

FOOD CHEMISTRY

식품은 여러 가지 색소에 의하여 다양한 고유의 색을 가지고 있다. 식품의 색은 식품 고유의 특징을 나타내고 식품으로서의 가치를 판단하는 기준이 되며, 신선도를 나타내며, 수용도에 영향을 미쳐 식품의 기호와 식욕을 결정한다. 또한, 식품의 색소는 영양소의 전구체가 되기도 하며 항산화성을 갖고 있어 항암, 항염증 등 생리활성을 나타내는 피토케미컬(phytochemical)이 되기도 한다.

식품의 색소는 원래 식품에 존재하는 천연색소와 가공식품에 인위적으로 첨가하는 식품첨가물인 합성색소로 나눌 수 있다. 식물이나 동물에 포함되어 있는 색소를 천연색소라 부르며, 그 일부는 식품첨가물의 천연착색료로 이용되고 있다.

식품의 색을 나타내기 위해서는 발색단(chromophore)이나 조색단(auxochrome) 같은 원자단이 필요하다. 발색단은 발색의 기본이 되는 물질로 카보닐기, 에틸렌기(ethylene group, >C=C<), 아조기(azo group, −N=N−), 나이트로기(nitro group, $-NO_2$), 나이트로소기(nitroso group, −NO), 싸이오카보닐기(>CS) 등을 반드시 하나 이상 함유하는 원자단을 의미한다. 발색단을 가진 물질을 색소원(chromogen)이라 하며, 발색력에 차이가 있다. 아조기 등은 강한 발색력을 갖지만 에틸렌기나 카보닐기 등은 약하다. 색소원은 햇빛의 자외선 부분만을 흡수할 뿐 선명한 색깔을 나타내지 않으나, 이것에 조색단인 하이드록실기, 아미노기 등의 원자단이 결합되면 색이 더욱 선명해진다.

1. 천연색소의 분류

1) 식품의 급원에 따른 분류

자연계에 존재하는 천연색소는 식품의 급원에 따라 식물성 식품의 색소와 동물성 식품의 색소로 나누고, 물 또는 유기용매에 녹는 용해도에 따라 수용성 색소와 지용성 색소로 나눈다〈표 9-1〉.

〈표 9-1〉 식품의 급원에 따른 천연색소의 분류

급원	용해도	색소		식품
식물성 식품의 색소	지용성	클로로필 (chlorophyll)		녹색 채소와 과일
		카로티노이드 (carotenoid)	카로틴 (carotene)	등황색 · 적색 채소와 과일
			잔토필 (xanthophyll)	등황색 · 적색 채소와 과일
	수용성	플라보노이드 (flavonoid)	안토잔틴 (anthoxanthin)	백색 채소, 과일, 곡류
			안토시아닌 (anthocyanin)	적자색 채소, 과일
			탄닌류 (tannin)	채소, 과일, 곡류
동물성 식품의 색소	지용성	카로티노이드 (carotenoid)	루테인 (lutein)	난황, 고추
			아스타잔틴 (astaxanthin)	새우, 게, 연어
		멜라닌 (melanin)		생선 껍질, 피부
		리보플라빈 (riboflavin)		생선
	수용성	마이오글로빈 (myoglobin)		동물의 근육
		헤모글로빈 (hemoglobin)		동물의 혈액

2) 화학구조에 따른 색의 분류

식품의 천연색소는 화학구조에 따라 아이소프레노이드(isoprenoid) 유도체, 테트라피롤(tetrapyrrol) 유도체, 벤조피론(benzopyrone) 유도체로 크게 나누며, 다음과 같이 분류할 수 있다〈표 9-2〉.

〈표 9-2〉 화학구조에 따른 색의 분류

분류	화학구조	색소
아이소프레노이드(isoprenoid) 유도체	$CH_2=C(CH_3)CH=CH_2$	잔토필, 카로티노이드
테트라피롤(tetrapyrrol) 유도체	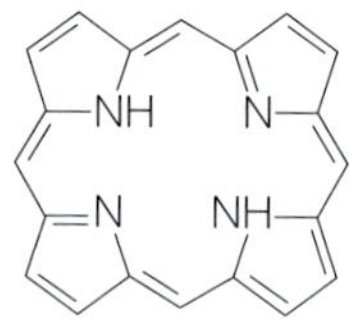	클로로필, 헤모글로빈, 마이오글로빈
벤조피론(benzopyrone) 유도체	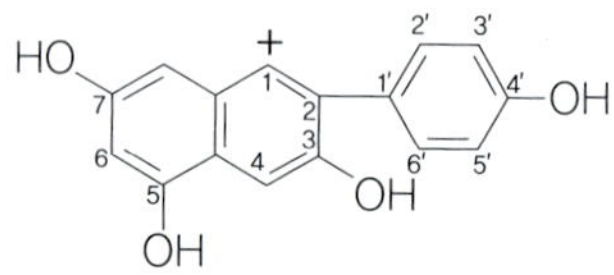	안토시아닌, 안토잔틴

2. 식물성 식품의 색소

1) 클로로필

녹색 채소와 과일 등의 식물이 가진 초록색은 주로 클로로필류, 즉 엽록소에 의한다. 클로로필은 지용성 색소로서 식물의 광합성 작용에 중요한 역할을 하며, 식물의 잎, 줄기의 세포 속에 엽록체로 존재하고, 단백질 또는 리포프로테인(lipoprotein) 등과 결합하는 구조를 갖는다.

(1) 클로로필의 구조

클로로필은 4개의 피롤(pyrrole)핵이 메틸기에 의해 서로 결합된 포르피린(porphyrin) 고리의 중앙에 마그네슘을 가지고 있다. 또한, 피톨(phytol)기와 에스터를 형성하는 거대분자이기 때문에 지용성이다.

자연계에는 클로로필 a, b, c, d의 4종류가 있고, 고등식물에 주로 a, b가 약 3:1의

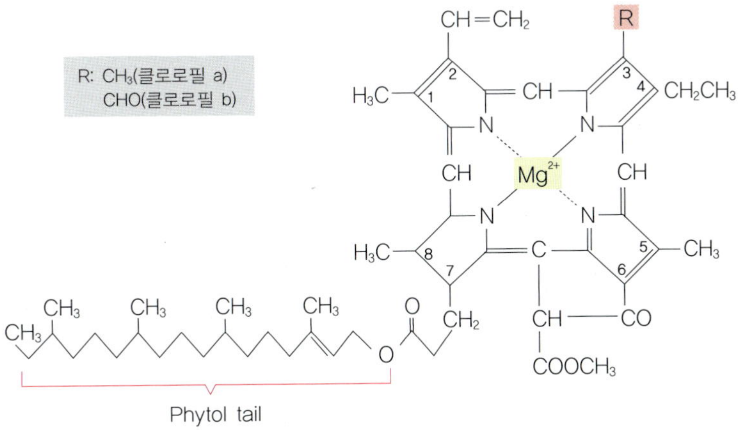

[그림 9-1] 클로로필의 구조

비율로 존재하며, a는 청록색, b는 황록색을 각각 나타낸다. 클로로필 b는 3번 탄소에 있는 메틸기가 알데하이드로 치환된 점이 클로로필 a와 다르다[그림 9-1].

(2) 클로로필의 변화

1 산에 의한 변화

클로로필은 산에 의해서 포르피린에 결합하고 있는 마그네슘이 수소이온과 치환되어 황갈색의 페오피틴(pheophytin)이 되고, 산의 작용이 계속될 때는 피톨이 제거되어 갈색의 페오포바이드(pheophorbide)가 된다[그림 9-2]. 이 반응은 비가역적이며 급속도로 진행된다. 클로로필 a는 클로로필 b보다 페오피틴으로 변화되는 속도가 빠르다.

배추김치나 오이김치 등이 숙성하면서 갈변하는 이유는 발효로 생성된 젖산이나 초산이 클로로필에 작용하여 페오피틴을 형성하기 때문이다. 또한, 푸른 잎을 방치했을 때 갈색이 되는 것은 자가소화에 의해 식물의 유기산이 클로로필에 작용하여 페오피틴을 형성하기 때문이다. 이와 같은 변색을 억제하기 위해서는 휘발성 산을 신속히 증발시켜 클로로필과 산의 접촉시간을 짧게 한다.

① 산에 의한 변화

$$[C_{32}H_{30}ON_4Mg^{2+}] < \begin{matrix} COOC_{20}H_{39} \\ COOCH_3 \end{matrix} \xrightarrow[\text{산}]{2H^+} [C_{32}H_{30}ON_4H_2^{+}] < \begin{matrix} COOC_{20}H_{31} \\ COOCH_3 \end{matrix} + Mg^{2+}$$

클로로필 → 페오피틴(갈색)

② 알칼리에 의한 변화

$$[C_{32}H_{30}ON_4Mg^{2+}] < \begin{matrix} COOC_{20}H_{39} \\ COOCH_3 \end{matrix} \xrightarrow[\text{알칼리}]{} [C_{32}H_{30}ON_4Mg^{2+}] < \begin{matrix} COOH \\ COOCH_3 \end{matrix} + C_{20}H_{39}OH$$

클로로필 → 클로로필라이드(녹색) + 피톨

$$\xrightarrow{\text{알칼리}} [C_{32}H_{30}ON_4Mg^{2+}] < \begin{matrix} COOH \\ COOH \end{matrix} + CH_3OH$$

클로로필린(진한 녹색) + 메탄올

③ 금속에 의한 변화

$$[C_{32}H_{30}ON_4Mg^{2+}] < \begin{matrix} COOC_{20}H_{39} \\ COOCH_3 \end{matrix} \xrightarrow[Cu^{2+}]{} [C_{32}H_{30}ON_4Cu^{2+}] < \begin{matrix} COOC_{20}H_{39} \\ COOCH_3 \end{matrix}$$

클로로필 → 구리-클로로필

[그림 9-2] 클로로필의 변화 반응

2 알칼리에 의한 변화

클로로필은 알칼리 용액에서 가열하면 가수분해되어 먼저 피톨이 떨어져 나가 수용성인 녹색의 클로로필라이드(chlorophyllide)를 형성하며, 다시 메탄올이 이탈되어 진한 녹색의 수용성 클로로필린(chlorophylline)을 형성한다. 클로로필은 알칼리성의 농도가 높으면 클로로필린의 염을 형성하는데, 진한 녹색의 수용성 성질로 인해 가용성 클로로필(soluble chlorophyll)이라고 한다.

채소의 녹색을 선명하게 유지하기 위해 조리수에 중탄산소듐(중조, 식소다)과 같은 알칼리를 첨가할 수 있으나, 알칼리에 의해 비타민 C가 파괴되어 영양소가 손실되거나 섬유소의 연화로 인해 조직이 물러지는 등 단점이 많아 거의 이용되지 않는다. 탄산마그네슘과 초산칼슘의 혼합물을 소량 첨가하면 좋으며, 일반적인 조리 시 소금을 첨가하여 녹색을 안정화시킨다.

3 클로로필레이스에 의한 변화

식물조직에 있는 클로로필레이스(chlorophyllase)는 식물조직이 손상되면 유리되어 활성화된다. 클로로필레이스는 클로로필에 작용하여 피톨을 분리시켜 녹색의 클로로필라이드를 형성하지만, 이것은 바로 이어서 식물조직 내의 산 또는 자가산화로 생긴 산에 의해 마그네슘이 유리되면서 갈색의 페오포바이드를 형성한다. 따라서 채소를 데치면 클로로필레이스가 불활성화되어 녹색을 유지하는 데 도움이 된다.

4 가열에 의한 변화

녹색 채소를 물에 끓이면 조직이 파괴되어 유리된 비휘발성 유기산의 용출로 조리수가 산성으로 되어 클로로필은 페오피틴으로 변하여 갈색이 된다. 녹색 채소를 천천히 오래 삶을 때 갈색으로 변하는 것은 식물조직 내에서 클로로필을 안정화시키는 단백질과의 결합이 끊어져 클로로필이 유리되어 조직 중 유기산과 반응해서 페오피틴을 생성하기 때문이다. 채소를 가열할 때 많은 양의 물을 사용하면 적은 양의 물을 사용하는 경우보다 유기산이 희석되는 효과가 있어 클로로필이 더 잘 유지된다.

5 금속에 의한 변화

클로로필을 구리, 철 등의 금속이온 또는 이들의 염과 가열하면 포르피린 고리의 마그네슘 금속이온이 구리, 철 등의 금속이온과 치환되어, 안정하고 선명한 구리-클로로필, 철-클로로필 등을 형성하나 물에 녹지 않는다. 이렇게 형성된 물질을 강한 알칼리 용액으로 가수분해하여 수용성인 구리-클로로필린소듐염으로 만들면, 물에 잘 녹고 색도 안정하여 식품착색제로 사용할 수 있다.

또한, 클로로필이 산에 의하여 갈색으로 변한 경우에도 금속의 염류를 작용시키면 페오피틴의 수소이온은 금속이온으로 치환되어 선명한 녹색을 유지할 수 있다. 이러한 원리는 다시마의 가공 및 완두콩 통조림에서 녹색을 유지하는 데 응용된다.

2) 카로티노이드계

카로티노이드계 색소는 동식물성 식품에 널리 존재하는 노랑, 주황, 빨강 등의 지용성 색소로서, 배당체나 에스터 형태 및 단백질과 결합한 형태로 존재한다. 당근(carrot)에서 얻어진 색소라 하여 카로틴 또는 카로티노이드라고 부르게 되었다. 카로티노이드가 엽록체 중에 클로로필과 함께 공존하는 경우에는 클로로필의 녹색에 가려 나타나지 않아 녹색 채소로 여기게 되지만, 청고추가 빨갛게 변하는 것처럼 클로로필이 일단 분해되면 노랑 또는 주황색의 색소가 나타난다. 식물과 미생물(조류, 곰팡이, 광합성 세균)은 카로티노이드를 합성할 수 있으나, 동물조직에 함유되어 있는 카로티노이드는 동물의 먹이에서 기인한 것이다.

(1) 카로티노이드의 구조 및 분류

카로티노이드는 이오논(ionone)핵과 여러 개의 이중결합을 가진 물질로 크게 카로틴류와 잔토필류(xanthophylls)로 나눌 수 있다. 카로틴류는 아이소프렌의 축합체인 탄화수소이고, 잔토필류는 카로틴 분자의 수소 원자가 하이드록실기, 메톡실기(methoxyl group, $-OCH_3$), 카복실기, 퓨라노실기(furanosyl group), 케토기(keto group), 에폭시기(epoxy group)의 형태로 산화된 카로틴의 산화유도체이다.

카로티노이드는 기본적으로 8개의 아이소프렌[$CH_2=C(CH_3)CH=CH_2$] 단위가 결합하여 형성된 테트라터펜(tetraterpene) 구조를 가지고 있으며, 많은 수의 공액 이중결합을 가지고 있어 색깔을 나타내게 된다. 카로티노이드의 이중결합은 시스형, 트랜스형의 이성질체로 존재할 수 있으며, 자연계에 존재하는 카로티노이드는 대부분 트랜스형이다. 카로티노이드는 기본 구조의 양 끝에 고리 모양이나 사슬 모양으로 되어 있는 경우가 있으며, 카로티노이드 양 끝의 구조에 따라 색이나 화학적 성질이 달라진다.

카로티노이드는 산소를 함유하지 않은 카로틴류와 산소를 함유하는 잔토필류로 구분된다.

1 카로틴

카로틴은 아세톤이나 석유에테르에는 잘 녹지만, 에탄올에는 잘 녹지 않는다. 카로틴류는 분자의 구조에 따라 α-, β-, γ-카로틴 및 라이코펜 등으로 분류된다. 카로틴의 구조는 가운데에 4개의 아이소프렌 단위가 대칭형으로 연결되어 있고 양쪽 끝에 α-, β-, γ- 또는 슈도이오논(pseudo–isomethyl)핵을 다르게 가짐으로써 각각 다른 카로틴 색소를 형성한다. α-, β-, γ-카로틴은 체내에서 산화분해되어 비타민 A로 전환될 수 있으며, 프로비타민 A라고 부른다. 특히, β-카로틴은 1분자에서 2분자의 비타민 A를 만들어 낼 수 있는 효율이 좋은 프로비타민 A이다. 그러나 라이코펜은 2개의 슈도이오논핵만 가지고 있기 때문에 비타민 A의 효력이 없다. β-카로틴의 구조 및 카로티노이드의 기본 구조는 [그림 9–3]에 나타냈으며, 식품 중 함유된 카로틴 색소의 구조와 색깔 및 분포는 〈표 9–3〉과 같다.

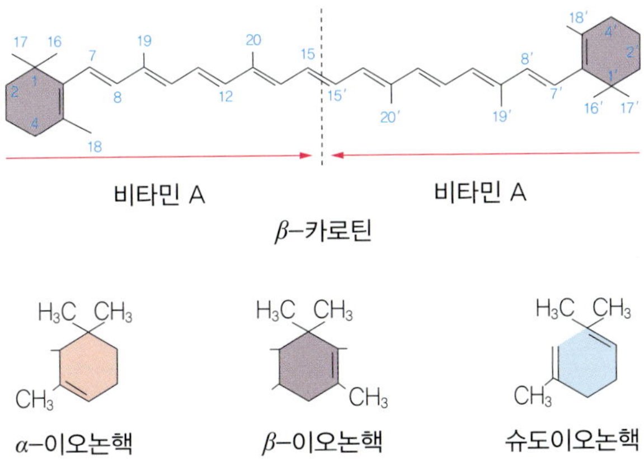

[그림 9–3] β-카로틴의 구조 및 카로티노이드의 기본 구조

〈표 9-3〉 식품 중 함유된 카로틴 색소의 구조, 색깔 및 분포

색소	구조	색깔	분포
α-카로틴 (α-carotene)	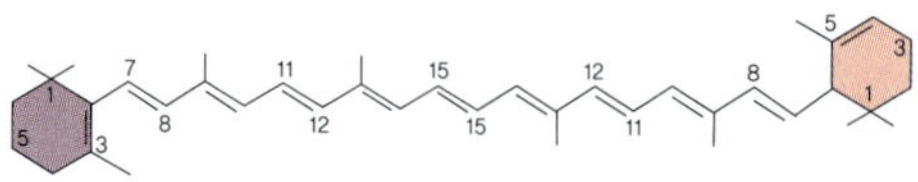	노랑	당근, 감귤, 팜유
β-카로틴 (β-carotene)	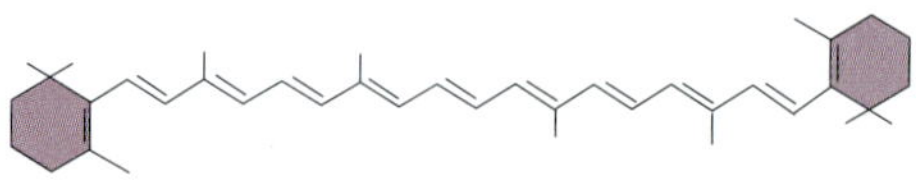	노랑	당근, 호박, 난황, 해조류
γ-카로틴 (γ-carotene)	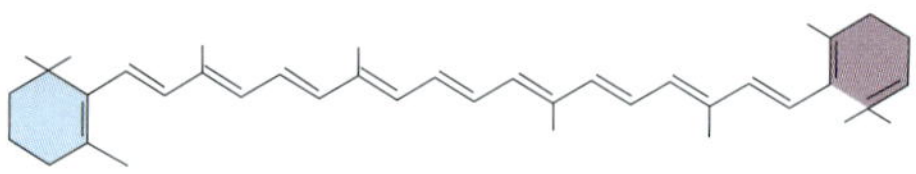	노랑	살구, 고구마
라이코펜 (lycopene)	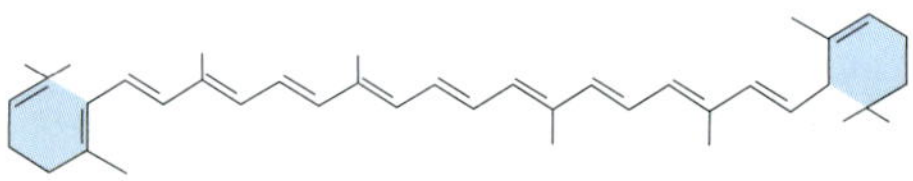	빨강	토마토, 수박, 감

2 잔토필

잔토필은 에탄올에는 녹으나, 아세톤이나 석유에테르, 물에는 녹지 않으며, 탄소, 수소, 산소를 갖고 있다. 잔토필류는 다수의 공액 이중결합을 가지고 있어 산화에 약하다. 이 산화과정은 각종 광선 조사에 의해서 촉진되나 산소가 없는 조건에서는 광선에 의해 영향을 받지 않는다. 크립토잔틴은 분자 내에 β-이오논핵을 가지므로 체내에서 산화분해되어 비타민 A로 전환될 수 있으나, 나머지 잔토필은 비타민 A로 전환될 수 없다.

식품 중 함유된 잔토필의 색소의 구조, 색깔 및 분포는 〈표 9-4〉와 같다. 녹색 채소와 호박의 루테인, 옥수수와 오렌지의 크립토잔틴, 게, 새우, 연어, 가재 등의 아스타잔틴, 고추의 캡산틴, 송어의 칸타잔틴, 미역과 다시마의 푸코잔틴이 대표적이다.

〈표 9-4〉 식품 중 함유된 잔토필 색소의 구조, 색깔 및 분포

색소	구조	색깔	분포
루테인 (lutein)	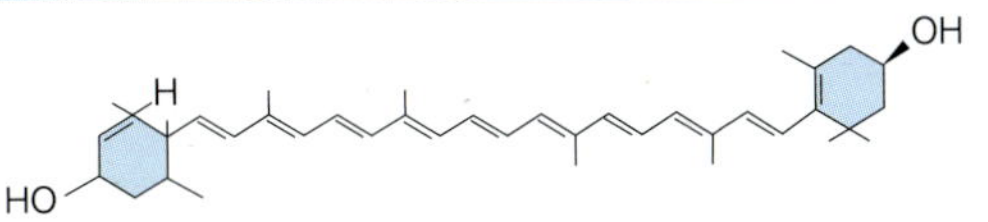	노랑	녹색 채소, 호박
제아잔틴 (zeaxanthin)	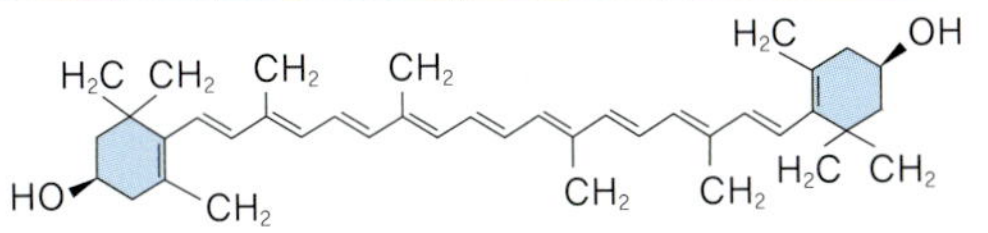	노랑	옥수수, 감귤, 호박, 난황
크립토잔틴 (cryptoxanthin)	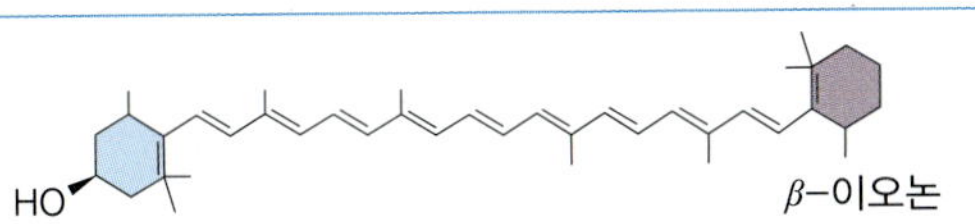	주황	옥수수, 오렌지, 감, 파프리카
비올라잔틴 (violaxanthin)	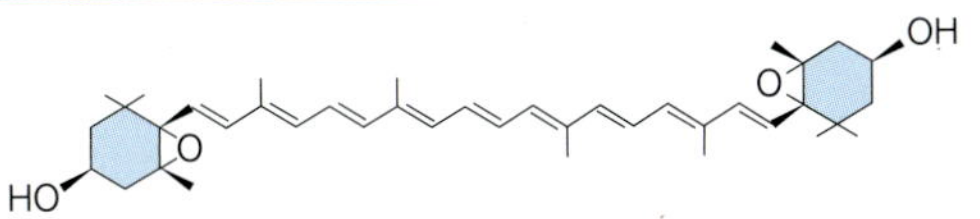	주황	감, 파파야
아스타잔틴 (astaxanthin)	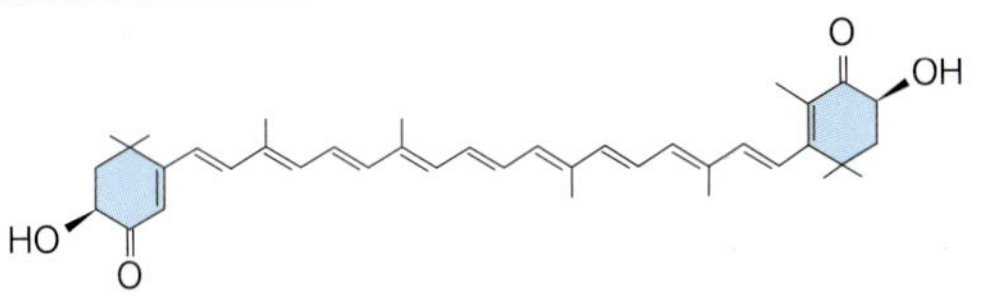	빨강	게, 새우, 연어, 가재
캡산틴 (capsanthin)	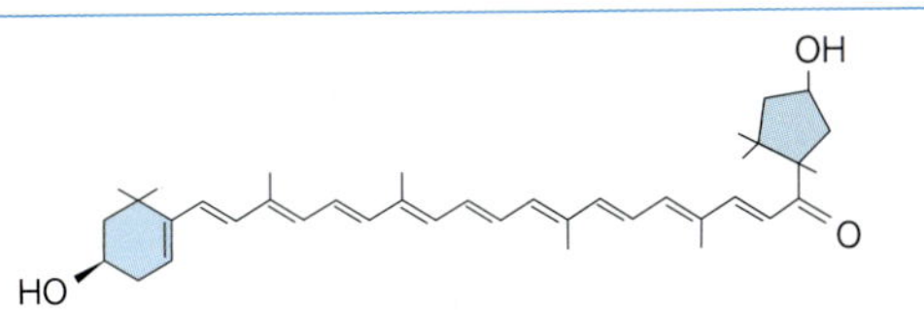	빨강	고추, 피망
칸타잔틴 (canthaxanthin)	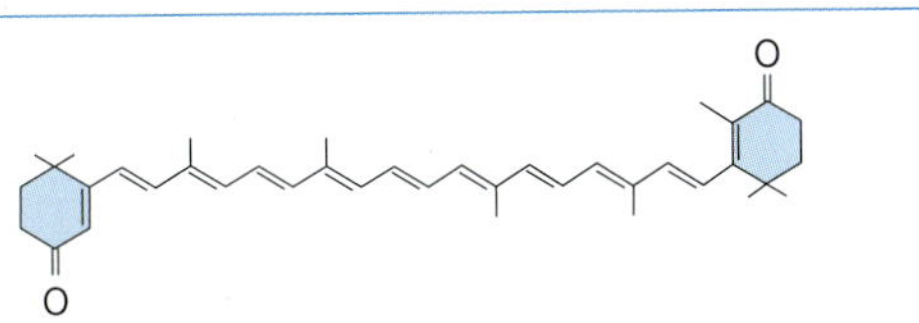	빨강	버섯, 송어, 새우, 해조류
푸코잔틴 (fucoxanthin)	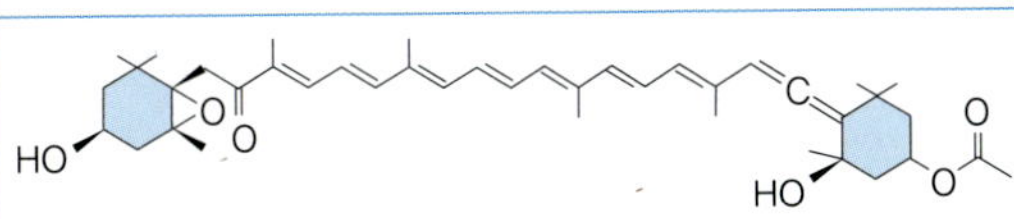	빨강	미역, 다시마

(2) 카로티노이드의 변색

카로티노이드는 조리과정 중 손실이 거의 없는 색소로, 물에 녹지 않으므로 약산이나 약알칼리에 의해 변색되지 않는다. 분자구조에 이중결합이 많아 산화에 약하며, 공기 중의 산소나 산화효소, 햇빛 등에 의해 산화되어 변색되기 쉽다.

아스타잔틴은 원래 적색이나 갑각류 내에서 단백질과 결합한 형태로 청록색 또는 흑갈색을 띠게 된다. 갑각류 조리 시 단백질의 변성으로 아스타잔틴은 유리되고 가열하는 동안 산화되어 적색의 아스타신(astacin)이 된다. 잔토필 색소가 함유되어 있는 식품을 산소가 있는 조건에서 가열하게 되면 그 특유한 색을 잃게 된다.

3) 플라보노이드계

플라보노이드계(flavonoids) 색소는 라틴어로 노란색을 의미하는 *flavus* 에서 유래하며, 벤젠핵 2개를 프로판(propane)으로 연결한 C6-C3-C6의 기본 구조를 갖는 플라반(flavane)이 기본이 된다.

플라보노이드의 종류는 대단히 많으며 식물에 널리 분포되어 있다. 플라보노이드 색소는 수용성으로 식물세포의 액포 중에 대부분 배당체의 형태로 존재한다. 넓은 의미에서 플라보노이드 색소는 안토잔틴(anthoxanthin), 안토시아닌, 카테킨, 루코잔틴(leucoxanthin) 등이 포함되나, 좁은 의미에서는 안토잔틴만을 의미한다. 카테킨과 루코잔틴은 원래 무색인데 산화되어 흑갈색으로 변하며, 보통 탄닌으로 분류한다.

(1) 안토잔틴

1 안토잔틴의 구조

안토잔틴의 기본 구조는 아이소플라본(isoflavone)을 제외하고 모두 벤조피론의 2번 탄소 위치에 페닐기를 가진 2-페닐벤조피론(phenylbenzopyrone)이다. 안토잔틴은 구조에 따라 플라본(flavone), 플라보놀(flavonol), 플라바논(flavanone), 플라바논올(flavanonol), 아이소플라본 등이 있다[그림 9-4].

- 플라본: 벤조피론의 2번 탄소 위치에 페닐기를 가진 2-페닐벤조피론
- 플라보놀: 플라본의 3번 탄소 위치의 수소가 OH로 치환된 것(무색)
- 플라바논: 플라본의 2, 3번 탄소 위치의 이중결합이 포화된 상태인 구조(무색)
- 플라바논올: 플라바논의 3번 탄소 위치의 수소가 OH로 치환된 것
- 아이소플라본: 벤조피론의 3번 탄소 위치에 페닐기를 가진 3-페닐벤조피론

안토잔틴은 식물의 황색 색소로 채소나 밀감류의 껍질에 많으며, 자연계에서 유리상태로 존재하기도 하나, 보통 당류와 결합하여 배당체의 형태로 존재한다. 결합하는 당류로는 D-글루코오스, D-람노오스, D-갈락토오스, L-아라비노스 등이 있다. 식품에 함유된 안토잔틴 색소의 배당체 종류와 분포는 〈표 9-5〉와 같다.

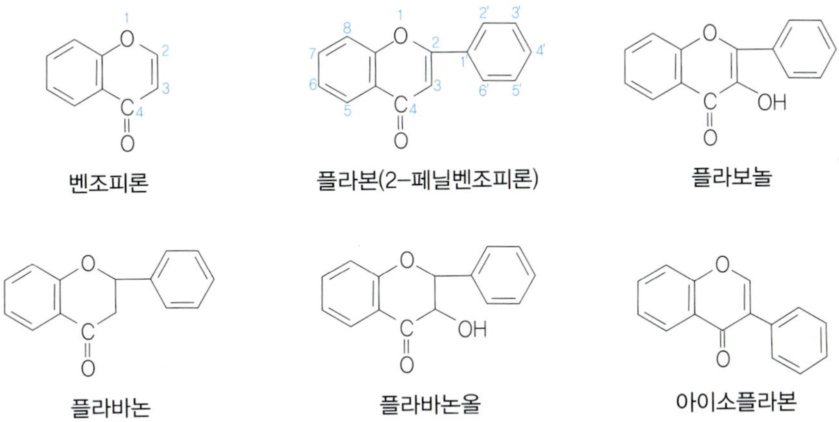

[그림 9-4] 안토잔틴 색소의 종류와 구조

〈표 9-5〉 식품 중 함유된 안토잔틴 색소의 종류 및 분포

안토잔틴		당류	배당체명	분포
종류	아글리콘			
플라본 (flavone)	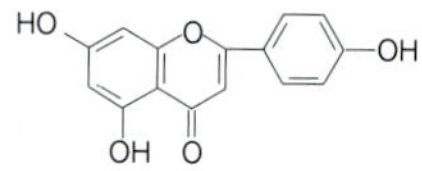 아피제닌 (apigenin)	7-아피오실 글루코오스	아핀 (apiin)	파슬리, 아티초크, 바질, 셀러리
플라보놀 (flavonol)	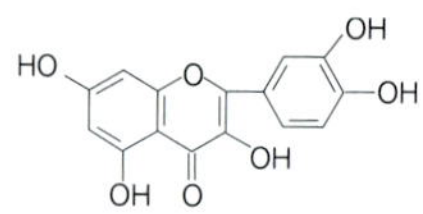 퀘르세틴 (quercetin)	3-루티노오스	루틴 (rutin)	양파, 메밀, 토마토, 차
	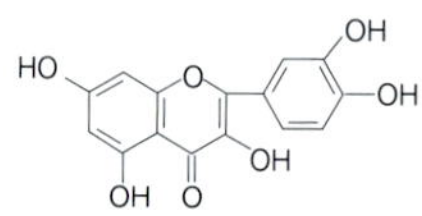 퀘르세틴 (quercetin)	3-람노오스	퀘르세틴 (quercitrin)	차, 양파껍질
	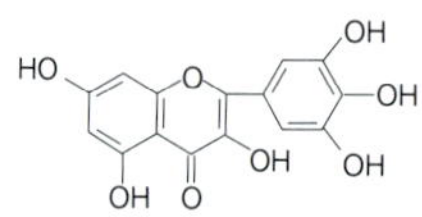 퀘르세틴 (quercetin)	3-글루코오스	아이소퀘르세틴 (isoquercitrin)	옥수수, 차
	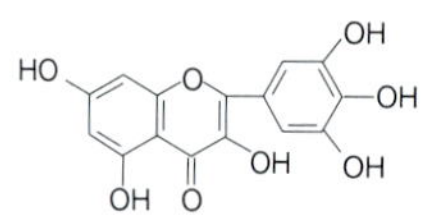 미리세틴 (myricetin)	3-람노오스	미리시트린 (myricitrin)	양매 (*Myrida rubra*)
	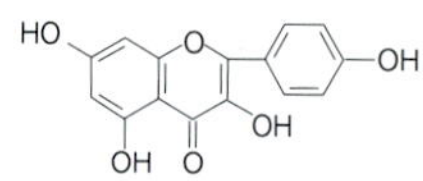 켐페롤 (kaempferol)	3-글루코오스	아스트라갈린 (astragalin)	고사리, 미역취, 알로에, 브로콜리

안토잔틴		당류	배당체명	분포
종류	아글리콘			
플라바논 (favanone)	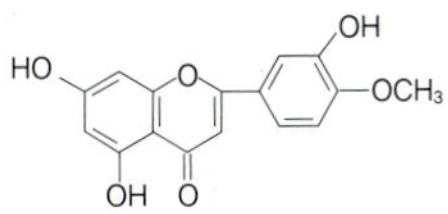 헤스페리틴 (hesperitin)	7-루티노오스	헤스페리딘 (hesperidin)	여름밀감, 밀감류
	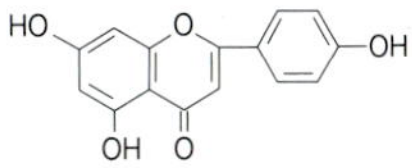 나린제닌 (naringenin)	7-네오헤스페리도오스	나린진 (naringin)	여름밀감, 밀감류
	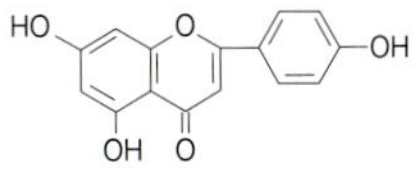 헤스페리틴 (hesperitin)	7-네오헤스페리도오스	네오헤스페리딘 (neohesperidin)	감귤, 여름밀감
아이소플라본 (isoflavone)	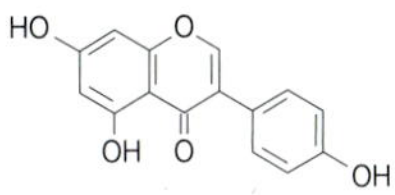 게니스테인 (genistein)	7-글루코오스	게니스틴 (genistin)	콩, 콩제품
	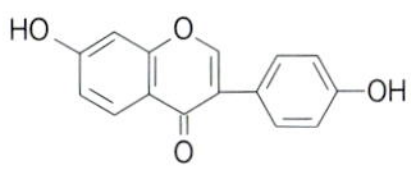 다이제인 (daidzein)	7-글루코오스	다이진 (daidzin)	콩, 콩제품, 갈근

2 안토잔틴의 화학적 성질

안토잔틴은 물에 잘 녹고, 산성에서는 안정하여 조리할 때 식초나 주석염을 첨가하면 더욱 선명한 흰색 또는 무색이 된다. 알칼리에 불안정하여 황색 또는 짙은 갈색이 된다. 밀가루에 중탄산소듐을 첨가하여 빵이나 튀김옷을 만들면 황색으로 변하고, 양배추, 양파, 감자, 고구마, 콩을 경수로 끓일 때 황색이 짙어지는 것은 안토잔틴 화합물에 기인한 것이다. 일반적으로 안토잔틴을 함유한 감자나 고구마, 옥수수를 가열조리하면 가수분해되어 황색이 더 짙어진다.

안토잔틴은 많은 페놀성 하이드록실기를 가져 금속이온과 불용성 착화합물을 형성하여 변색된다. 감자를 무쇠(Fe^{3+}) 칼로 썰 때 청록색 또는 흑갈색으로 변색되며, 퀘르세틴의 알루미늄염은 황색을, 크롬염은 적갈색을 띤다.

(2) 안토시아닌

안토시아닌은 꽃, 과일, 채소류에 존재하는 적색, 자색 또는 청색의 수용성 색소이다. 특히, 블루베리, 크랜베리, 라즈베리, 체리, 가지, 검정콩, 검정쌀, 적포도 등에 다량 함유되어 있다.

1 안토시아닌의 구조

안토시아닌 색소는 배당체로 존재하고 물에 잘 녹으며, 산, 알칼리, 효소 등에 의해 가수분해되어 아글리콘인 안토시아니딘(anthocyanidin)과 당류로 분리된다. 결합되어 있는 당류로는 글루코오스, 갈락토오스, 아라비노오스, 람노오스, 자일로오스 등이다.

안토시아니딘의 기본 구조는 벤조플라비리움(benzoflavylium)핵과 페놀기가 결합한 2-페닐-3,5,7-트라이하이드록시플라비리움(2-phenyl-3,5,7-trihydroxyflavylium)염인데, 페닐기에 붙어 있는 하이드록실기와 메톡실기의 수에 따라 종류가 달라진다. 안토시아니딘의 2번 탄소에 붙어 있는 페놀기 중 하이드록실기의 수가 증가하면 청색이 짙어지고, 메톡실기의 수가 증가할수록 적색이 점차 짙어지는 경향이 있다[그림 9-5]. 식품 중에 존재하는 안토시아닌 색소의 종류와 분포는 〈표 9-6〉과 같다.

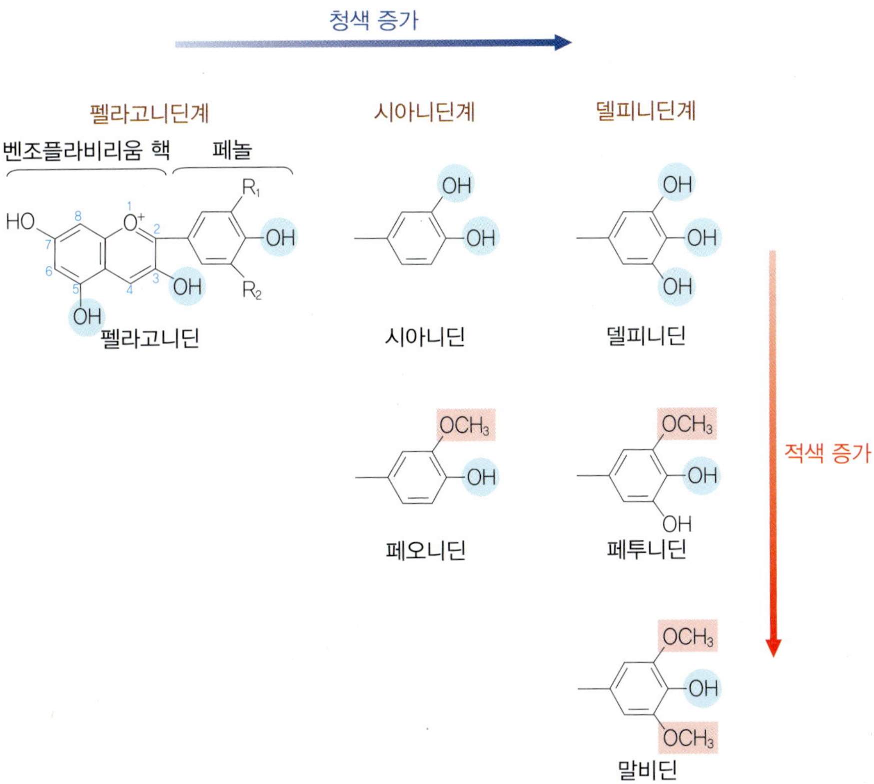

[그림 9-5] 안토시아니딘의 분류와 구조

〈표 9-6〉 식품 중의 안토시아닌 색소의 종류와 분포

안토시아니딘				당류	안토시아닌 (배당체명)	분포
종류	R_1	R_2	색깔			
펠라고니딘 (pelargonidin)	H	H	적색	3-글루코오스 (3-glucose)	칼리스테핀 (calistephin)	딸기
시아니딘 (cyanidin)	OH	H	자색	3-글루코오스	크리산테민 (chrysanthemin)	검정콩, 오디, 팥, 버찌
				3,5-다이글루코오스 (3,5-diglucose)	시아닌 (cyanin)	붉은 순무
				3-람노실글루코오스 (3-rhamnosyl glucose)	케라시아닌 (keracyanin)	버찌, 고구마
				3-갈락토오스 (3-galactose)	이데인 (idein)	사과
				3-소포로오스 (3-sophorose)	메코시아닌 (mecocyanin)	버찌
델피니딘 (delphinidin)	OH	OH	청색	3,5-다이글루코오스	델핀 (delphin)	포도
				3-루티노오스 (3-rutinose), 5-글루코오스 (5-glucose)	나수닌 (nasunin)	가지
페오니딘 (peonidin)	OCH_3	H	자색	3,5-다이글루코오스	페오닌 (peonin)	포도
페투니딘 (petunidin)	OCH_3	OH	자색	3,5-다이글루코오스	페투닌 (petunin)	포도
말비딘 (malvidin)	OCH_3	OCH_3	적색	3,5-다이글루코오스	말빈 (malvin)	포도
				3-글루코오스	예닌 (enin)	포도

2 안토시아닌의 화학적 성질

안토시아닌 색소는 안토시아니딘의 종류와 pH에 따라 색이 다르게 나타나는데, 산성에서는 적색, 중성에서는 자색, 알칼리성에서는 청색이나 청록색을 나타낸다.

안토시아닌 색소는 철, 주석, 마그네슘, 알루미늄 등의 금속이온과 반응하여 각각 청색, 회색, 자색, 갈색 등의 복합체를 형성한다. 이것은 채소나 과일을 통조림으로 가공 시 주석에 의하여 내용물이 회색으로 변하는 원인이 되기도 하다. 또한, 철이나 알루미늄과 반응하여 아름다운 청자색의 복합체를 형성하므로, 가지나 검정콩 조리에 적당량의 금속을 첨가하면 검은색을 그대로 유지시킬 수 있다.

안토시아닌은 안토시아네이스(anthocyanase)에 의하여 당 부분이 분해되어 탈색되기도 한다.

4) 탄닌

탄닌은 식물의 줄기, 잎, 뿌리, 특히 덜 익은 과일과 식물의 종자에도 상당량 함유되어 있다. 탄닌 자체는 색이 없으나, 공기, 금속이온, 산화효소의 작용에 의해 산화되면 짙은 갈색, 흑색 또는 짙은 홍색으로 변화되는 불안전한 물질이 되어 식품의 색에 중요한 영향을 준다. 또한, 쓴맛과 떫은맛이 있어서 식품의 맛에도 큰 영향을 미친다. 탄닌 함량이 특히 많은 식품으로는 차, 커피 등이 있다. 차는 건조 중량 중 10~15%의 탄닌을 함유하고 있고, 커피의 원두에는 약 4%, 가공한 것에는 약 4.6%의 탄닌이 함유되어 있다.

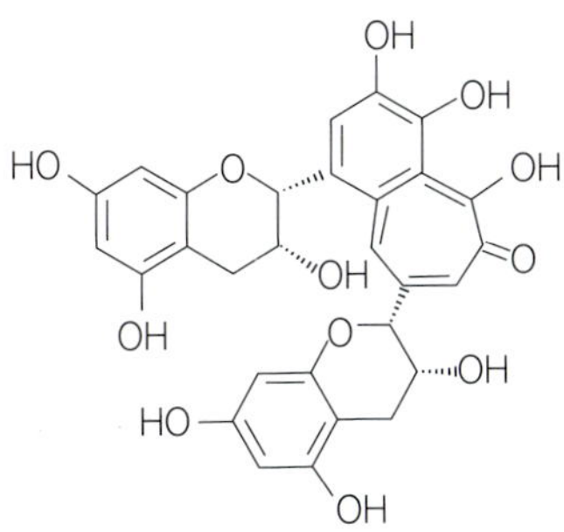

[그림 9-6] 탄닌의 구조

1 탄닌 구조에 따른 분류 및 성질

탄닌은 일정한 구조를 가지고 있는 단일화합물이 아니고 폴리페놀성 화합물로 특징적인 성질을 가진 물질을 총칭하여 말하며, 탄닌산, 갈로탄닌산(gallotannic acid)이라 부른다. 탄닌은 카테킨류, 루코안토시아닌류(leucoanthocyanin), 클로로젠산(chlorogenic acid) 등이 있으며 기본 구조는 플라보노이드와 같다.

카테킨류에는 쓴맛이 강한 카테킨, 갈로카테킨, 떫은맛이 강한 카테킨갈레이트(catechin gallate)와 갈로카테킨갈레이트(gallocatechin gallate) 등의 이성질체가 있다.

루코안토시아닌류는 카테킨의 유도체로 추정하고 있으며, 사과, 복숭아, 배 등의 과일과 커피원두, 콩류, 각종 두류 및 초콜릿 등에 들어 있다.

클로로젠산은 감자, 사과, 포도 등에 존재하는 효소적 갈변의 기질이지만, 수용성이므로 물에 담가 놓으면 갈변을 억제할 수 있다.

2 탄닌의 변화

미숙한 과일에 들어 있는 수용성 탄닌은 떫은맛을 내지만 과일이 익으면서 불용성 탄닌으로 중합되어 떫은맛이 점차 없어진다. 또한, 탄닌은 공기 중에 방치하면 산소와 결합하여 쉽게 산화중합되어 흑갈색의 불용성 중합체를 형성하면서 떫은맛이 없어지며 테아플라빈이라는 적색의 불용성 색소를 형성하게 된다.

탄닌은 단백질 또는 여러 금속이온과 반응하여 갈색 또는 적갈색의 침전물을 생성하는데, 맥주의 원료 중 홉(hop)이나 보리 속의 루코안토시아닌은 보리의 글로불린 단백질과 결합하여 맥주를 혼탁하게 만든다.

특히, 안토시아닌과 공존하는 경우가 많은데, 탄닌에서 안토시아닌으로, 안토시아닌에서 안토잔틴으로 산화되면서 점차 색이 변하게 된다. 예를 들면, 무색의 에피카테킨(epicatechin)은 빨간색의 시아니딘으로, 더 산화되어 무색의 퀘르세틴으로 변한다.

3. 동물성 식품의 색소

동물성 식품의 색소로는 근육의 색소인 마이오글로빈과 혈색소인 헤모글로빈, 카로티노이드계통의 루테인, 아스타잔틴이 있다.

1) 마이오글로빈

마이오글로빈은 헤모글로빈과 같이 보통 헴(heme)으로 알려진 철을 함유하는 포르피린 유도체와 단백질이 결합되어 형성된 색소이며, 헤모글로빈이 빨간색을 갖고 있는 데 비해서 마이오글로빈은 보라빛 적색을 갖고 있다.

(1) 마이오글로빈의 구조

마이오글로빈은 클로로필 구조처럼 피롤 유도체로서 포르피린과 철이 유도된 철-포르피린 착염으로 되어 있는 적색 색소체인 헴과 단백질인 글로빈이 결합한 복합단백질이다. 글로빈은 분자량이 16,000~17,000 정도이다. 마이오글로빈과 헤모글로빈의 헴 부분은 그 중심부에 있는 철이온이 글로빈 분자 중의 히스티딘 잔기의 이미다졸 고리 내 질소원자와 직접 결합되어 있으며, 중심부의 철이온은 공기 중의 산소와 결합할 수 있다. 마이오글로빈은 헴 1분자와 글로빈 1분자, 헤모글로빈은 헴 4분자와 글로빈 1분자의 결합으로 이루어진 색소단백질이다.

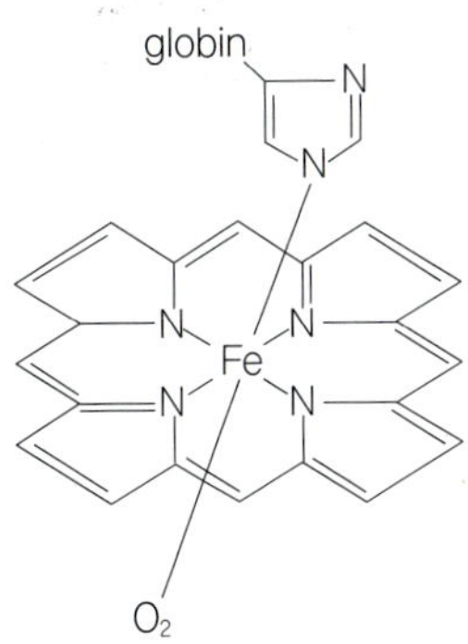

[그림 9-7] 마이오글로빈의 구조

(2) 마이오글로빈의 산소화, 산화 및 가열에 의한 변화

신선한 생육의 색깔은 2가의 철이온을 포함한 환원형 마이오글로빈으로 보라빛 적색인데, 공기와 접촉하면 쉽게 산소와 결합하여 밝은 적색을 띠는 옥시마이오글로빈(oxymyoglobin)이 된다. 옥시마이오글로빈은 비교적 안정된 색소이지만 육류를 저장하거나 가열하면 단백질의 변성으로 헴 구성의 Fe^{2+}이 Fe^{3+}으로 산화되어 갈색의 메트마이오글로빈(metmyoglobin)이 된다. 육류의 가열조리 및 가공과정 중 마이오글로빈 변화는 [그림 9-8]과 같다.

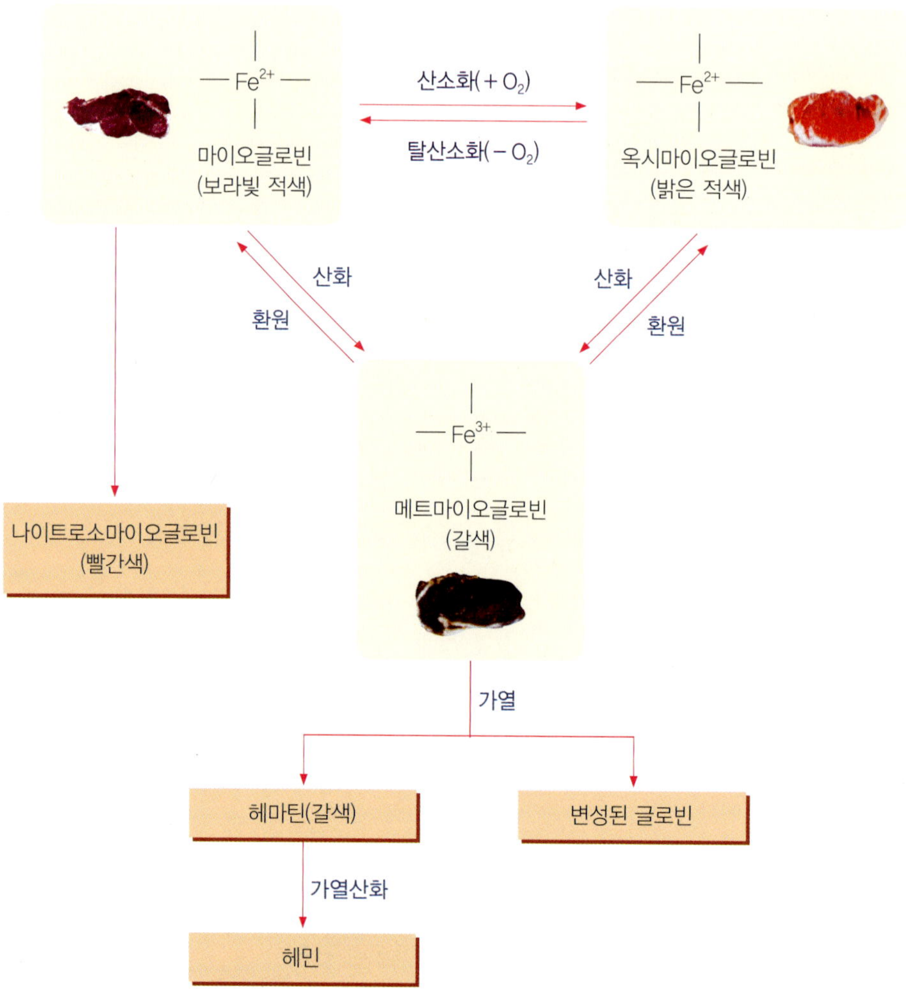

[그림 9-8] 육류의 가열조리 및 가공과정 중 마이오글로빈의 변화

(3) 육류 가공 중의 변화

햄, 베이컨, 소시지 등의 육류 가공품은 살균을 위해 열탕처리를 하는데 이때 제품의 색깔이 갈색으로 변하지 않고 선명한 육색을 보존하기 위해 발색제를 사용한다. 발색제로 한정된 양의 질산염(NO_3^-)이나 아질산염(NO_2^-)을 사용하나 발색에 직접 관여하는 것은 아질산염이다.

가공과정에서 절임용액 중의 질산염은 육류에 존재하는 비병원성 미생물에 의해 아질산염으로 환원된 뒤, 육류의 해당작용으로 생성된 젖산에 의해서 아질산을 형성한다. 육류의 환원성 물질에 의해서 아질산으로부터 생성된 나이트로소기가 마이오글로빈과 반응하여 빨간색의 나이트로소마이오글로빈(nitrosomyoglobin)을 형성한다. 이것은 선명한 빨간색을 가질 뿐만 아니라 열에도 매우 안정하다.

또한, 메트마이오글로빈으로 산화된 것은 아질산염 용액에 담가 두면 마이오글로빈으로 환원되었다가 나이트로소기와 결합하여 나이트로소마이오글로빈이 된다. 나이트로소마이오글로빈을 가열하면 글로빈이 변성되어 변성 글로빈나이트로실헤모크롬(nitrosylhemochrome)이 되지만 선명한 붉은색이 보존된다. 이러한 조작을 육색의 고정화라고 한다.

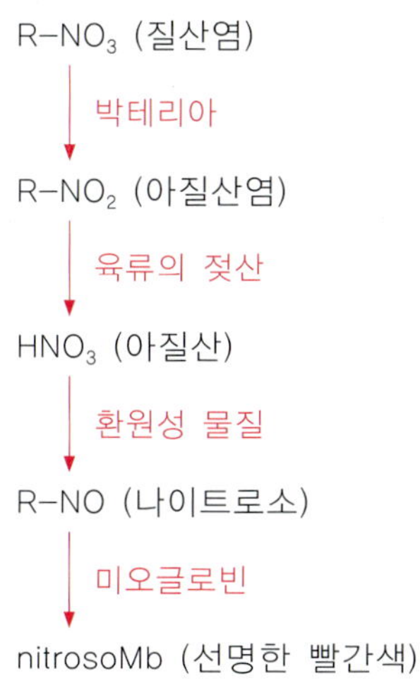

[그림 9–9] 가공 중 마이오글로빈의 변화

2) 헤모글로빈

헤모글로빈 한 분자는 4분자의 헴과 1분자의 글로빈이 결합된 것으로, 마이오글로빈 분자와 거의 같은 크기와 구조를 가진 서브유니트 4개가 모여서 2개씩 쌍을 형성하고, 이 2개의 쌍이 서로 결합하여 4차 구조의 입체구조를 이룬다

헤모글로빈도 마이오글로빈과 마찬가지로 육류의 저장 또는 가열조리 중에 밝은 적색 옥시헤모글로빈(oxyhemoglobin)을 거쳐 갈색의 메트헤모글로빈(methemoglobin)을 형성한다.

3) 그 밖의 색소

새우, 게, 가재 등에 함유되어 있는 카로티노이드의 일종인 아스타잔틴과 달걀 흰자, 우유의 미황색, 어류의 눈에 함유되어 있는 미황색 형광은 리보플라빈에 의한 것이며, 연어와 송어의 살코기에는 엷은 녹색의 살멘산(salmenic acid)과 같은 형광물질이 있다. 생선의 표면이 반짝이는 빛깔을 내는 것은 피하에 침착되어 있는 구아닌(guanine)에 의한 것이다.

또한, 어류 껍질의 청색은 담즙 색소, 오징어나 문어 등의 먹물은 멜라닌 색소, 홍색은 잔토필에 의한 것이며, 조개 등의 패류에는 구리를 함유하는 청색의 혈색소인 헤모시아닌(hemocyanin)이 있다.

식품의 맛

1. 미각
2. 맛의 종류

10

FOOD CHEMISTRY

모든 식품은 고유의 맛과 향기를 가지고 있다. 식품의 맛과 냄새는 풍미(flavor)를 이루는 것으로 비휘발성물질인 맛과 휘발성물질인 냄새로 인식되는 것이다. 식품의 성분 중에서 침에 녹는 수용성 물질이 혀의 미각세포를 물리·화학적으로 자극하는 맛의 기작의 원리를 알아보겠다. 이 장에서 다루는 식품의 맛은 단일성분이 아닌 복합적인 맛을 이루는 것으로, 냄새, 색과 함께 좋은 맛은 식욕을 증진시키고 소화 및 흡수에도 영향을 미치므로 식품의 품질을 결정하는 중요한 요소가 된다.

1. 미각

1) 미각 기관

미뢰 입구에 침과 결합한 액상의 정미성분이 흡착하면 혀의 미각 수용체가 자극을 받는다. 맛을 느끼는 미각기관인 혀의 표면에는 돌기상을 하고 있는 여러 개의 유두(papillae, taste bud, 맛봉오리)가 존재한다. 이때 유두는 그 모양에 따라 윤상유두(울타리상, 성곽상, circumvallate), 엽상유두(잎상, follate), 사상유두(섬유상, filiform), 버섯상유두(균상, fungi form) 등 4가지 형태로 구성되어 있다[그림 10-1].

유두의 밑부분에는 타원형의 미뢰가 분포하며, 미뢰에는 40~50여 개의 미각세포와 지지세포가 있다. 외부에서 미뢰로 들어가는 입구에는 작은 구멍인 미공(taste bud)이 있으며, 미공 위쪽에는 맛을 내는 미각 수용체가 있는 미세융모가 있으며, 아래쪽인 기저세포에는 미각신경이 연결되어 있다. 맛은 미뢰(맛봉오리)에서 느끼며, 미각세포와 지지세포, 미각신경 등으로 구성되어 있다. 단맛, 쓴맛과 감칠맛은 여러 가지 맛세포에서 발생하는 전기신호를 활동전위로 변환하여 미각신경을 따라 뇌에 도달하면 미각중추에서 정보를 분석하여 맛에 대한 판단을 하게 된다. 미각 인식기작은 정미성분이 혀 표면의 유두 아래에 존재하는 미뢰를 거친 미각은 미각세포의 미각 수용체(receptor)를 통해 미각신경이 미각중추(대뇌)를 거쳐서 맛을 인지하게 된다[그림 10-1].

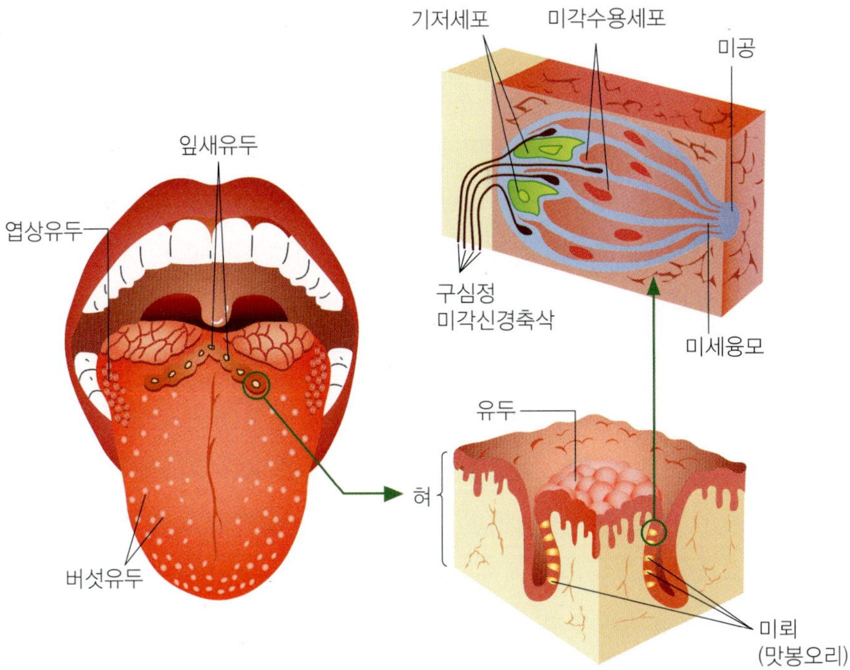

[그림 10-1] 혀의 유두 분포와 맛을 느끼는 부위

2) 기본 맛의 종류

식품의 기본 맛은 개인, 성별, 연령, 생리적·화학적인 상태, 냄새 및 온도에 따라서도 변화한다. 기본 맛에는 단맛, 짠맛, 신맛, 쓴맛의 4원미(four basic taste)로 구성되어 있다고 알려져 있으며, 이러한 기본 맛이 어우러져 복합적인 맛을 이룬다. 맛이 하나의 원미가 되려면 그 맛의 질이 기본 맛과는 명확하게 다르게 나타나야 하고 여러 가지 기본 맛 성분과 혼합되더라도 그 맛을 나타낼 수 없어야 한다. 최근에는 4원미에 다시마에서 우려낸 글루탐산나트륨(monosodium glutamate: MSG) 성분과 이노신모노포스페이트(inosine mono phosphate: IMP)와 구아닌모노포스페이트(guanine mono phosphate: GMP)와 같은 핵산계 조미료 맛인 감칠맛(umami)까지 5원미(five basic taste)로 구성된다고 알려져 있다.

3) 맛의 역가

절대역가(absolute threshold, AT) 또는 역치(taste threshold value: TTV)란, 맛을 인식할 수 있는 최저 농도이다. 역가는 자극에 대해 어떠한 반응을 일으키는 최소한 자극의 세기이다. 미각은 사람마다 각각 다르므로 역가를 사용한다. 인식역가(recognition threshold)란, 어떤 특정한 맛을 뚜렷하게 인식할 수 있는 자극의 크기이다. 일반적으로 절대역가의 단위는 몰농도나 백분위(%)로 표시하며, 기본 맛에 대한 절대역가의 예는 다음과 같다〈표 10-1〉. 맛의 역가는 쓴맛이 가장 낮고 단맛이 가장 높다. 절대역가의 순서는 단맛, 짠맛, 감칠맛, 신맛과 쓴맛 순이다. 단맛은 20~50℃, 짠맛은 30~40℃, 신맛은 5~25℃, 쓴맛은 40~50℃가 최적온도 범위이다. 매운맛은 약 60℃ 정도에서 가장 잘 느낄 수 있다. 예를 들어, 단맛은 케이크를 냉장고에 보관한 것보다 상온에서 보관 시 더 달게 느껴지며, 짠맛은 뜨거운 국을 먹을 때는 매우 짜다고 느끼지 못하였으나 국이 식으면 더 짜게 느껴지는 것이다. 신맛은 오이피클을 냉장고에 보관할 때보다 상온 보관 시 초산이 휘발되어 신맛이 더 강하게 느껴진다. 매운맛 떡볶이나 불닭소스 등은 뜨거울 때 가장 맵게 느껴진다. 그러나 사람의 미각은 연령, 흡연 여부, 건강 및 심리적 상태 및 피로도 등에 따라 각각 다르므로 연구자에 따라 큰 차이를 보이기도 한다.

〈표 10-1〉 기본 맛 성분의 절대역가

맛	기본 물질	농도(%)
단맛	설탕(sucrose)	0.34
짠맛	염화소듐(NaCl)	0.04
신맛	구연산(citric acid)	0.004
쓴맛	황산퀴닌(황산키니네, quinine sulfate)	0.0002
감칠맛	글루탐산(glutamic acid)	0.03

4) 미각의 변화

미각은 여러 가지 요인에 의해 달라진다. 특히, 맛을 느끼는 것은 온도의 영향은 일정하지 않으나 10~40℃일 때 가장 잘 느끼며, 30℃ 정도에서 가장 예민하다고 알려져 있고 이 온도에서 멀어지면 미각이 둔해진다. 미각을 느끼는 최적 온도는 다음과 같다〈표 10-2〉. 포도당은 저온일 때 단맛이 더 강하게 느껴지며, 가열하면 β형이 증가하여 α형으로 되면 단맛은 감소한다.

〈표 10-2〉 맛의 최적온도

맛의 종류	최적온도(℃)
단맛	20~50
짠맛	30~40
신맛	25~50
쓴맛	40~50
매운맛	50~60

5) 미각의 상호작용

일반적으로 우리가 섭취하는 음식은 여러 가지 다양한 맛이 조화로운 맛을 내는 식품이다. 각각 다른 맛은 서로 상호작용을 하여 미각에 영향을 미친다. 맛의 상호작용은 크게 맛의 대비, 억제, 상승, 상쇄, 상실 및 변조 효과 등으로 구분할 수 있다〈표 10-3〉.

〈표 10-3〉 맛의 상호작용

종류	특징	예
맛의 대비 효과 (contrast effect)	서로 다른 맛을 혼합할 때 주된 맛이 더 강화되는 현상 (맛의 강화 작용)	• 단맛 + 짠맛 → 단맛 강화 (호박죽에 소금을 넣으면 단맛이 강화) • 짠맛 + 신맛 → 짠맛 강화 (냉면의 짠맛에 신맛의 동치미 국물을 넣으면 짠맛이 강화) • 감칠맛 + 짠맛 → 감칠맛 강화 (다시마 국물에 소금을 넣으면 감칠맛 상승)
맛의 억제 효과 (inhibitory effect)	서로 다른 맛을 섞었을 때 주된 맛이 약해지는 현상	• 쓴맛 + 단맛 → 쓴맛 약화 (커피나 씀바귀김치에 설탕을 섞으면 쓴맛 억제) • 신맛 + 단맛 → 신맛 약화 (신맛의 무생채에 설탕을 넣으면 신맛을 억제)
맛의 상승 효과 (synergistic effect)	같은 종류의 맛을 섞었을 때 각각 맛보다 훨씬 더 강하게 느껴지는 현상	• 단맛 + 단맛 → 단맛이 더욱 증가 (옥수수를 삶을 때 설탕과 사카린 성분의 뉴슈가를 섞으면 단맛이 더 증가) • 감칠맛 + 감칠맛 → 감칠맛 더욱 증가 (MSG 성분인 미원과 핵산계 5′-IMP 성분이 든 다시다를 섞으면 감칠맛이 더 증가)
맛의 상쇄 효과 (compensating effect)	서로 다른 맛을 혼합할 때 각각의 고유한 맛이 약해지거나 소실되는 현상	• 단맛 + 신맛 → 조화로운 맛 (오렌지주스의 단맛이 신맛을 상쇄) • 짠맛 + 신맛 → 조화로운 맛 (김치가 익을수록 신맛은 감소하며 조화로운 맛)
맛의 상실 효과 (temporary effect)	열대지방 식물인 김네마 실베스터(*Gymnema sylvester*)의 잎을 씹은 뒤 일시적으로 단맛과 쓴맛을 느낄 수 없는 현상	• 잎에 존재하는 김네마산(gymnemic acid) 때문이며, 1~2시간 후에 없어지는 일시적인 현상 • 단맛이나 신맛을 느끼는 데 영향이 없음
맛의 변조 작용 (modulation)	한 가지 맛을 본 직후에 다른 맛을 정상적으로 느끼지 못하는 것	• 쓴 약, 씀바귀김치를 먹고 물을 마시면 달게 느껴짐 • 오징어를 먹은 후 귤이나 오렌지를 먹으면 오징어의 맛이 다른 맛인 쓴맛으로 느껴짐 • 단 과자를 먹은 후 사과를 먹으면 신맛이 느껴짐

6) 맛의 피로와 순응

같은 맛을 계속 맛볼 경우 시간이 지나면서 미각이 둔해지고 피로해져 맛이 거의 느껴지지 않는 현상을 맛의 피로(fatigue)라고 한다.

순응(adaptation)은 자극에 지속적으로 노출되어 미각이 점점 약해져서 역치가 상승하고 감수성이 약해지는 것으로, 크게 교차순응(cross-adaption)과 교차강화가 있다. 교차강화란, 특정 향미에 노출되었을 때 다른 물질의 감각이 더욱 강하게 느껴지는 현상을 말한다. 순응을 시키는 예로, 매운 떡볶이를 먹을 때 유산균음료를 같이 먹으면 매운맛은 감소하고 약해지므로 동반식품을 같이 제공하는 것이다. 관능검사에서도 자극성이 강한 식품을 검사할 때는 동반식품과 함께 시료를 제공하고 입안을 충분히 헹군 후 일정한 시간이 지난 후 다음 검사를 해야 한다. 교차강화란, 특정 향미물질에 노출되었을 때 다른 물질의 감각이 더욱 강하게 느껴지는 것을 말한다. 순응을 산업화에 응용한 예로는 각각 다른 젓산 농도의 김치를 관능검사 패널에게 계속 노출시키면서 산도를 훈련시키면 관능검사 요원은 특정한 농도의 젓산 향미에 순응하게 된다. 따라서 김치냉장고 회사에서는 김치를 냉장고에 저장한 후 훈련된 패널에게 관능검사를 하였을 때 패널은 익은 김치의 맛, 향기와 산도 등 저장기간에 따른 맛을 구분할 수 있다. 김치냉장고 개발업체는 전문 관능검사요원(panel)을 양성하고 품질관리를 하는 데 유용할 수 있다.

7) 미맹

사람들 중 일부는 대부분의 사람들이 느끼는 쓴맛을 잘 느끼지 못하고 무미나 다른 맛으로 인식하는데, 이런 사람들을 미맹이라고 한다. 미맹은 약 0.13%의 페닐 싸이오카바마이드(phenyl thiocarbamide: PTC) 용액과 페네톡실 싸이오카바마이드(phenethoxyl thiocarbamide)와 같이 –HN–C=S 원자단에 대한 쓴맛을 느끼지 못한다[그림 10-2]. 그래서 관능검사 요원을 선별할 때는 PTC 용액을 종이나 면봉 등에 묻혀 관능검사를 실시하여 미맹을 찾아 패널에서 제외시킨다.

실제로 미맹의 비율은 백인이 가장 많고(60~30%) 동양인(10~15%)과 흑인(3%)은 적은 편이다. 미맹도 맛을 정상적으로 인식하므로 일상생활에는 크게 영향을 주지 않으며, 대부분 유전적인 것으로 알려져 있다.

[그림 10-2] 페닐 싸이오카바마이드와 페네톡실 싸이오카바마이드

2. 맛의 종류

1) 단맛

단맛은 인간의 기본 욕구 중에서 가장 강한 맛이다. 식품의 단맛을 내는 물질에는 주로 당류, 당알코올, 펩타이드, 단백질, 방향족 화합물 및 합성 감미료가 있다. 단맛의 화학구조 중에서 하이드록실기(−OH)기의 위치에 따라 단맛을 나타내는 물질의 분자구조 내 수소결합을 내주는 군(group)인 AH군(−OH, −NH) 등에 해당하고 수소 결합을 받는 B군 카르복실기(−COOH), 카르보닐기(−C=O), 탄화수소기(−CH) 등이 존재하며, 이들이 서로 수소결합을 하게 될 때 단맛을 느끼게 되는 이론이다. Kier 등은 AH/B이론에 X(단맛이 강한 물질)를 더하여 AH/B/X이론을 발전시켰다. 이것은 AH/B이론에 X라는 단맛이 아주 강한 물질의 분자 내 존재하는 소수성 그룹인 프로필렌($-C_3H_6$), 메틸기($-CH_3$), 페닐기($-C_6H_5$) 등이 존재한다는 것이다. 단맛의 상대감미도는 가장 흔한 비환원당인 설탕(sucrose)을 1.0으로 보았을 때 감미도를 나타내었다. [그림 10-3]에는 AH/B/X이론의 단맛 구조를 제시하였고, 〈표 10-4〉에는 단맛의 상대감미도를 나타내었다.

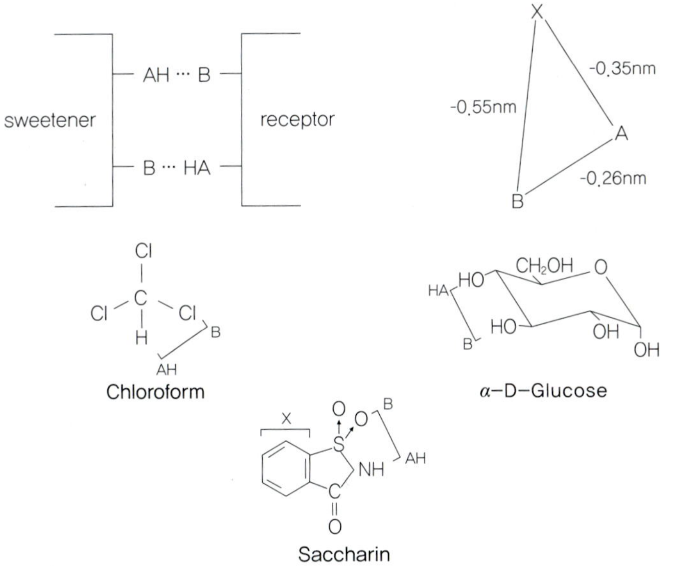

[그림 10-3] AH/B/X 이론에 의한 단맛의 구조

〈표 10-4〉 단맛 성분의 종류와 특성

구분	성분 및 특성	상대감미도	함유식품(또는 이용식품)	구조
당류	설탕(sucrose) • 표준물질 • 비환원당	1.0	사탕수수, 사탕무, 음료, 가공유	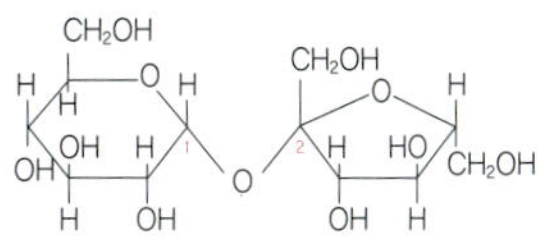
	포도당(glucose) • 포도당 단맛의 당도: α형(1.5배) 〉 β형 • 저온에서 α형 증가 (= 저온에서 단맛 증가) • 고온에서 β형 증가 (= 고온에서 단맛 감소)	0.5~ 0.7	포도	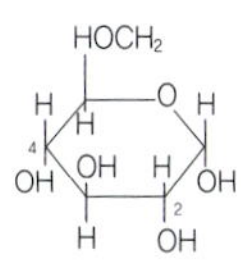
	과당(fructose) • 과당 단맛의 당도: β형(3배) 〉 α형 • 저온에서 β형 증가 (= 저온에서 단맛 증가) • 고온에서 α형 증가 (= 고온에서 단맛 감소)	1.2~ 1.7	과일, 꿀, 전화당, 가공유제품, 액상과당(포도당 45%)+과당(55%)	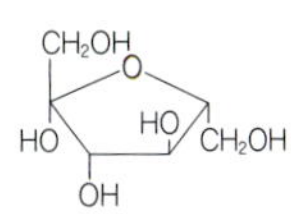

구분	성분 및 특성	상대감미도	함유식품(또는 이용식품)	구조
당류	갈락토오스(galactose)	0.3	우유	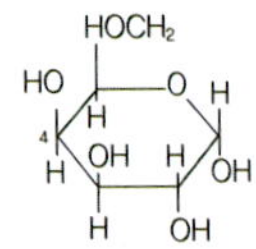
	만노오스(mannose)	0.3~ 0.6	곶감	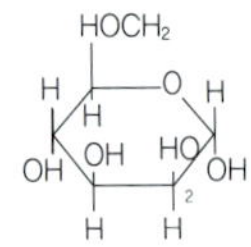
	유당(젖당, lactose)	0.2~ 0.3	우유, 모유, 분유	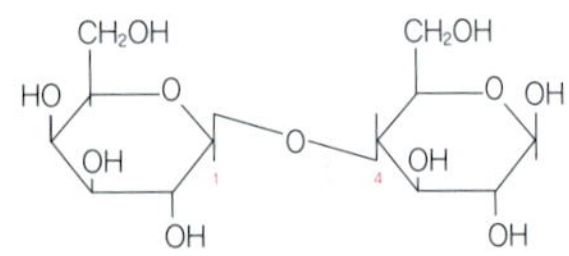
	맥아당(maltose)	0.5~ 0.6	맥아, 물엿	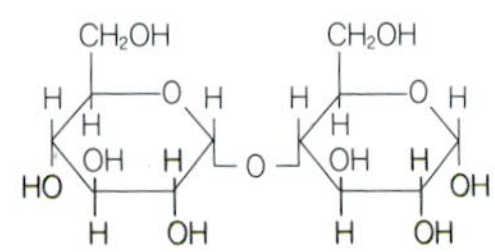
	전화당(invert sugar)	1.2	꿀, 잼	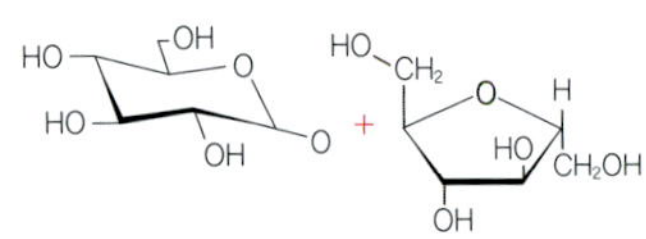
당 알코올	자일리톨(xylitol) • 자일로오스를 환원한 당알코올	0.9~ 1.0	딸기, 껌, 자작나무, 콜리플라워	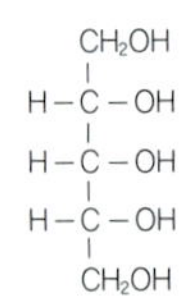
	말티톨(maltitol) • 말토오스를 환원한 당알코올	0.75~ 0.9	껌	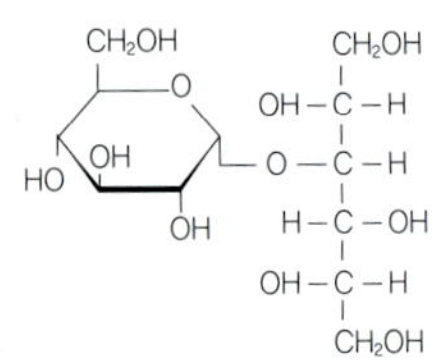
	만니톨(mannitol) • 만노오스를 환원한 당알코올	0.7~ 0.8	곶감, 다시마, 미역 표면의 흰 가루	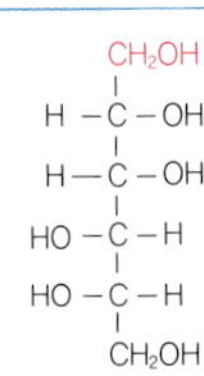

구분	성분 및 특성	상대감미도	함유식품(또는 이용식품)	구조
당 알코올	에리스리톨(erythtitol) • 에리스로스의 당알코올	0.7~ 0.8	껌, 음료 다이어트 제품, 과량 섭취(20g/Kg) 시 설사	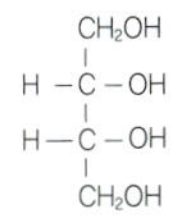
	솔비톨(sorbitol) • 포도당을 환원한 당알코올	0.5~ 0.7	껌, 사탕, 습윤제, 보습제	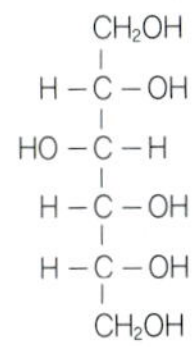
	글리세롤(glycerol)	0.6~ 0.8	착향(색) 용제, 케이크 보습제, 관장제	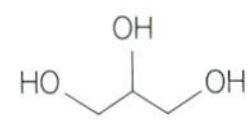
	락티톨(lactitol) • 갈락토오스+솔비톨 • 치즈 부산물 락토오스로 제조	0.8	과일시럽, 절임류	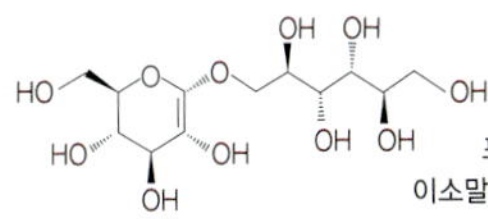 포도당 + 만니톨 이소말트 $C_{12}H_{24}O_{11}$ 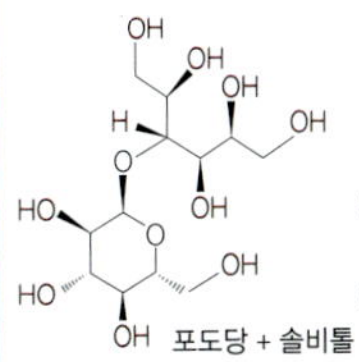 포도당 + 솔비톨 말티톨 $C_{12}H_{24}O_{11}$ 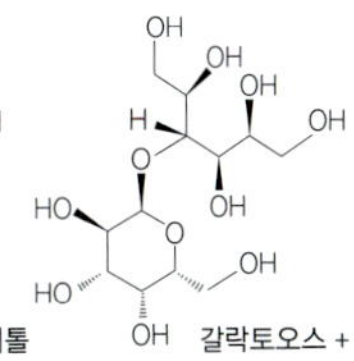 갈락토오스 + 솔비톨 락티톨 $C_{12}H_{24}O_{11}$
아미노산 펩타이드	알라닌(alanine) • 아미노산(당신생합성)	0.6	실크펩타이드의 원료인 명주 피브로인속(27%), 콩과 뿌리, 대뇌 속	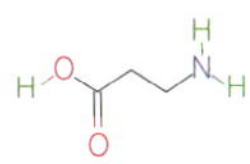
	알리탐(alitame) • *L*-aspartic acid + *D*-alanine 수용성 물질	2,000 (아스파탐 12배)	대체감미료	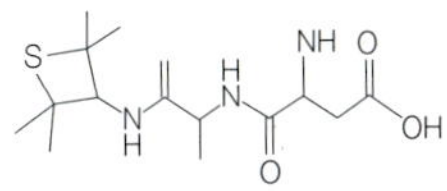
	네오탐(neotame, NutraSweet) 상표명: NutraSweet • 저장 안정성	아스파탐 40배	대체감미료 (차세대 아스파탐)	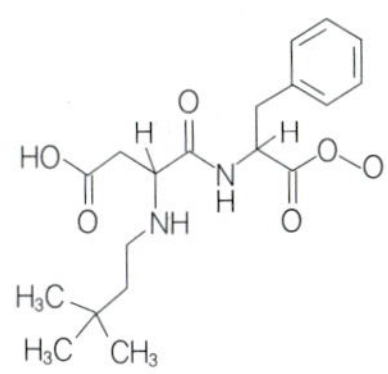

구분	성분 및 특성	상대감미도	함유식품(또는 이용식품)	구조
아미노산 펩타이드	아스파탐(aspartame) • 당뇨대체제, 단 페닐케톤뇨증(PKU) 환자는 제한적임	150~200		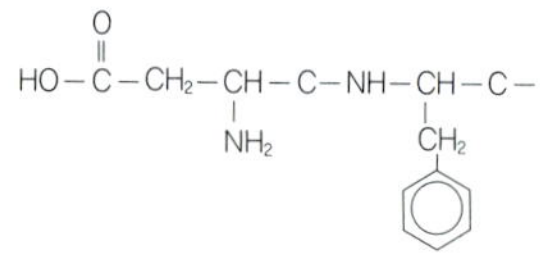
	글라이신(glycine)	0.7	해산물	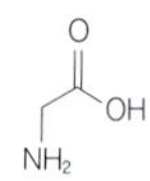
	모넬린(monellin) • 설탕과 유사	2,000~5,000	세렌디피티베리(serendipity berry, *Dioscorephyllum cumminisii*)열매	
	토마틴(thaumatin) (=Talin 상표명, Unilever Co.) • 국내 생산(유전자를 효모에 삽입해 대량 생산), 설탕 유사	2,000~3,000	스위트프레이어(sweet prayer, *Thaumatococcus denieeli* 열매에서 분리)	
고당도 감미료	페릴라틴(perillartin)	2,000~5,000	차조기잎, 담배	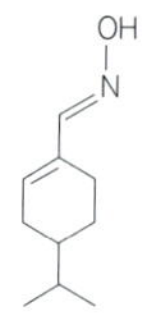
	스테비오사이드(stevioside)	200~3,00	스테비아잎, 김치, 음료, 간장, 주류	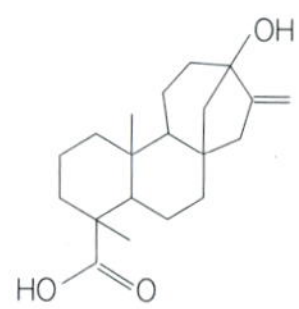
	수크랄로스(sucralose) • 무열량 대체감미료 • 설탕과 매우 유사하고 장기 저장 시 쓴맛이 생기지 않음	450~600	제과·제빵, 통조림, 푸딩, 유가공품, 시럽, 냉면육수	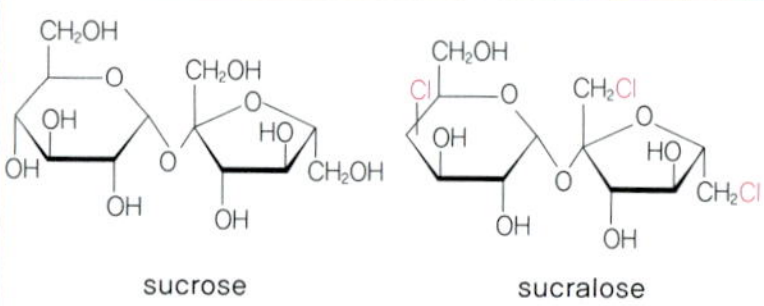
	글리시리진(glycyrrhizin)	200~700	감초, 간장, 된장만 허용(국내)	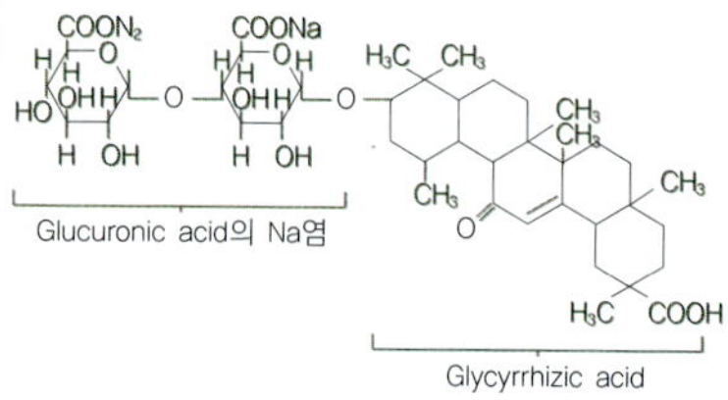

구분	성분 및 특성	상대감미도	함유식품(또는 이용식품)	구조
고당도 감미료	아세설팜칼륨(acesulfame–K) • 무열량, 국내 2000년 허용, 당뇨 대체제	180~200	막걸리, 냉면육수	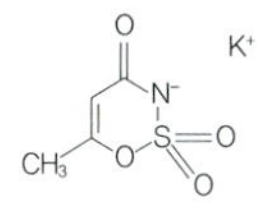
	네오헤스페리딘 다이하이드로칼콘(neohesperidin dihydrochalcone) • 상업적으로 소수성 저칼로리 감미료 • 네오헤스페리딘+수소(H)로 환원 • 치약, 구강청정제 등에 당알코올과 상승효과	1,500~2,000	주스, 유음료, 주류, 제과, 소스류, 향신료	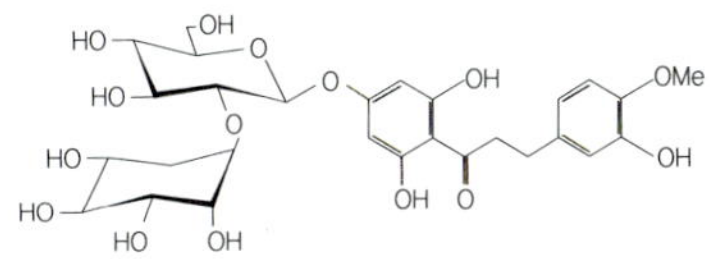
	사카린(saccharin)	300~500	뉴슈가, 김치, 당뇨치료식	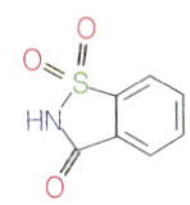
황화합물	프로필머캅탄(propyl mercaptan)	50~70	양파, 마늘	$2CH_3CH_2CH_2SH$
	메틸머캡탄(methyl mercaptan)	50~70	무의 매운맛 성분	CH_3SH

일반적으로 단맛은 분자량이 증가할수록 감소한다. 당류의 분자량이 커지면 용해도가 떨어져서 단맛이 감소하는 것이다. 반면에 온도에 따라서 용해도는 증가하게 된다. 이처럼 온도에 따라 용해도의 차이가 있는 것은 α-, β- 이성질체가 다르게 존재하기 때문이다.

(1) 당류

일반적으로 당류는 단당류, 이당류 및 다당류를 가지고 있으며, 단맛은 당류의 종류와 온도, 이성질체에 따라 차이가 있다. 당류의 종류는 이성질체에 따라서 각각 단맛의 증가와 감소가 있으며, 같은 당이라도 이러한 입체 이성질체의 구조가 단맛을 좌우한다.

설탕은 모든 상대감미도의 기준(1.0)이 된다. 설탕은 사탕수수와 사탕무가 주원료가 되는 가장 일반적인 감미료이다. 포도당은 설탕의 0.5~0.7배의 단맛을 가지는 것으로 α형이 β형보다 더 강한 단맛을 나타낸다. 포도당은 과일에 많이 포함되어 있는 당이다. 포도당 용액에는 α형이 β형보다 1.5배 더 달다. 특히, 저온일 때 당도가 더 증가하므로 포도와 포도주스는 냉장고에 넣은 것이 더 달게 느껴진다. 과당은 상대감미도가 1.2~1.7로 꿀과 전화당 속에 많이 들어 있다. 대부분 과일을 냉장고에 보관하면 더 강한 단맛을 유지한다. 고과당인 액상과당은 포도당을 효소에 의해서 분해하여 이성화한 것으로 포도당 45%와 과당 55% 정도를 혼합한 과당이다. 설탕과 동일한 감미도를 가지면서 포도당의 부드러운 맛과 과당의 상큼한 단맛이 결합되어 음료나 과일유제품 등을 만들 때 주로 쓰인다. 과량섭취 시에는 지방간과 비만의 원인이 될 수 있다.

당류는 같은 당이라도 이성질체에 따라 단맛이 다르다. 유당은 젖당으로 불리는데 포유동물의 유즙에 주로 존재하는 것으로 설탕의 0.2~0.3배로 단맛을 가지며, 유당은 β-형이 α형보다 더 달다. 유당은 습윤성이 크므로 공기 중에 노출되면 단맛이 떨어지는데 β-형이 α-형의 이성질체로 바뀌어 단맛이 감소하였기 때문이다. 따라서 습기를 흡수하여 덩어리가 만들어진다.

(2) 당알코올

당알코올에는 자일리톨, 솔비톨, 만니톨, 에리스리톨 등이 있다. 당사슬에서 알데하이드기(-CHO)나 카르복실기(-COOH)를 알코올기(C_2H_5OH) 등으로 치환한 구조로 당알코올은 당류의 일반 구조보다 단맛이 덜하다. 자일리톨($C_5H_{12}O_5$)은 천연감미료로 자작나무, 떡갈나무 등 식물에 존재하는 성분이다. 자일리톨은 자일로스를 환원하여 만든 당알코올로, 거의 설탕과 같은 0.9~1.0의 상대감미도를 가지는 설탕 대체제이다. 자일리톨의 열량은 2.4kcal로 설탕보다 낮으며, 섭취 후에 인슐린의 변화에 안정성을 가지므로 당뇨 환자의 당류 대체제로 사용된다. *Streto-coccus mutans*와 같은 충치균의 먹이로 쓰이지 않으므로 충치예방을 할 수 있다. 츄잉껌, 사탕, 음료, 김치 등 대용식품을 가공할 때 쓰인다.

솔비톨은 포도당(*D*–glucose)을 환원시켜서 만든 당알코올이다. 단맛은 조금 낮으며 0.5~0.7배로 수용성이다. 솔비톨과 같은 당알코올은 수분을 잘 흡수하는 습윤제이다. 락티톨은 치즈 가공 부산물로 락토오스의 당알코올로 단맛이 높아 과일 시럽과 절임류에 이용한다〈표 10–4〉.

(3) 아미노산류와 펩타이드

1 아스파탐

아미노산 중에서 단맛을 내는 아미노산으로는 알라닌, 프롤린, 루신 등이 있다. 특히, 아스파탐(aspartame)은 *L*–아스파트산(*L*–aspartic acid), *L*–페닐알라닌(*L*–phenylalanine)을 결합시킨 대표적인 다이펩타이드 메틸 에스터이다. 1965년에 발견되어 1974년 FDA승인을 받은 대표적인 감미료로 광범위하게 사용된다. 아스파탐은 150~200배의 상대감미도를 가지고 있다. 이 다이펩타이드가 분해되거나 페닐알라닌 메틸 에스터가 분해되면 단맛이 소실된다. 아스파탐은 가장 많이 쓰이는 아미노산류 중 하나이다. 물에는 잘 녹지 않으며, 온도가 높아지면 안정성이 감소하여 단맛이 감소하므로 제빵이나 제과 등에는 적합하지 않다. 특히, 페닐케톤뇨증(phenylketonuia, PKU)는 페닐알라닌 대사에 이상을 일으키는 선천적 신경 장애로, 페닐알라닌 수산화효소(phenylalanine hydroxylase)의 결핍으로 타이로신으로 전환되지 못하고 혈액이나 조직에 축적되는 질환으로 과잉의 페닐알라닌이 페닐피루브산으로 전환되어 소변으로 배설되어 신경장애를 일으켜 정신적 문제를 야기할 수 있다. 따라서 페닐케톤뇨증 환자는 아스파탐이 든 음식을 적게 먹거나 피해야 한다. 최근에는 국내의 즉석밥 제조회사에서도 *L*–페닐알라닌과 같은 아미노산을 제거하여 PKU 환자에게도 안전한 밥을 제공하고 있다〈표 10–4〉.

(4) 고당도 감미료

고당도 감미료에는 스테비오사이드, 아세설팜 K, 글리시리진, 수크랄로오스, 사카린 등이 있다.

1 스테비오사이드

스테비아 리바우디아나(*Stevia rebaudiana*) 잎은 남아메리카 파라과이가 원산지인 국화과 여러해살이 풀이다. 스테비아잎의 단맛은 스테비올글리코사이드가 주성분이며, 스테비오사이드와 리바우디오사이드 A로 구성되어 있다. 함유된 글리코사이드(glycoside) 성분이 설탕의 약 200~500배에 달하는 단맛을 내는 천연감미료이다. 우리나라를 비롯한 파라과이 · 브라질 · 일본 등 여러 나라에서 저칼로리 감미료로 쓰인다. 음료, 빙과류, 간장류, 김치류, 주류, 과자류, 제빵류 및 저열량감미료로 사용되어 왔으나 알코올과 화학반응하여 유독성 물질인 스테비올로 변화한다는 보고가 있다. 스테비오사이드는 이처럼 혈당에 영향을 주지 않으므로 당뇨 치료제나 대체제로 많이 사용되고 있다〈표 10-4〉.

2 아세설팜 K

아세설팜 K는 상대감미도가 설탕의 200배인 비영양성 합성 감미료이다. 설탕과 유사한 맛을 내거나 뒷맛을 가릴 때 다른 감미료와 섞어 쓰기도 한다. 예를 들어, 아세설팜 K와 스테비오사이드 등을 조합하여 사용할 수 있다. 열, 산과 알칼리에 안정하며, 식품과 음료에 1983년부터 쓰기 시작하였다. 음료, 유제품, 제과 · 제빵, 샐러드드레싱과 소스류, 냉면육수를 제조할 때 쓰인다. 아세설팜 K는 다른 감미료인 수크랄로스 등과 혼합하여 껌을 제조할 때 사용된다〈표 10-4〉.

3 네오헤스페리딘(Neohesperidin)

네오헤스페리딘은 단맛이 10~18 1.5%인 감귤류와 6%의 덜 익은 등자나무 열매 등에서 발견되는 물질로 단맛을 가진다. 네오헤스페리딘은 음료 등을 개발할 때 쓰이며, 이것을 이용하여 다이하이드로칼콘을 제조한다.

4 네오헤스피리딘 다이하이드로칼콘(Neoheaperidin dihydrocalcone)

다이하이드로칼콘(dihydrochalcone)은 네오헤스피리딘에 수소를 첨가하여 제조한 것으로 단맛이 1,500~2,000배나 된다. 이것은 당알코올인 자일리톨 등과 혼합하면 단맛이 상승하는 효과가 크므로 디저트, 주스, 유음료, 주류, 제과·제빵, 통조림, 푸딩, 유가공품, 시럽 등에 활용된다〈표 10-4〉.

5 글리시리진(Glycyrrhizin)

감초(*Glycyrrhiza glabra*, licorice)는 한약을 조제할 때 들어가는 대표적인 식물이다. 이것은 단맛이 강하고 식용(간장, 된장 등) 또는 약용으로 쓰이는데 단맛 성분은 글리시리진 성분이다. 감초는 설탕의 50~100배 정도의 상대감미도를 가진다〈표 10-4〉.

6 사카린(Saccharin)

사카린은 인공감미료로 설탕의 300~500배의 단맛을 가지는 감미료로 뒷맛이 약간 쓰다. 발암성의 논란이 있었으나 안전하다고 알려졌으며, 혈당량에 영향을 주지 않으므로 당뇨병 환자식에 주로 사용되기도 한다. 뻥튀기, 김치와 단무지 등 절임식품에 허용량 범위에서 사용할 수 있다. 사카린의 구조는 〈표 10-4〉와 같다.

(5) 황화합물(머캡탄류)

황화합물은 양파 속에 존재하는 대표적인 프로필머캡탄과 메틸머캡탄과 같은 물질이다. 프로필머캡탄은 설탕의 50~70배의 단맛을 나타내며, 양파를 가열할 때 나오는 물질로 생 양파보다 볶거나 구울 때 단맛이 증가한다. 다이프로필 다이설파이드(dipropyl disulfide)는 프로필머캡탄(propyl mercaptan)으로 변화되기 때문이다. 메틸머캡탄(methyl mercaptan)은 마늘, 무를 가열 조리할 때 유사한 자극적인 맛이 사라지면서 나타나는 단맛 성분이다. 여러 가지 황화합물과 방향족 맛성분의 종류를 나타내었다〈표 10-4〉.

2) 짠맛

(1) 무기염류

짠맛은 대표적인 기본 맛 성분이다. 소금(NaCl)은 대표적으로 순수한 짠맛을 낸다. 한식의 조미료로 쓰이는 간장, 된장, 김치, 젓갈 등에서 널리 발견된다. Na^+ 이온은 쓴맛이 약하기 때문에 주로 염소이온(Cl^-)과 같은 음이온이 짠맛에 기여한다고 알려져 있다. 짠맛의 음이온 강도 순서는 주로 $SO_4^{2-} > Cl^- > Br^- > I^- > HCO_3^- > NO_3^-$ 순서이다. 대부분 짠맛을 내는 물질인 리튬(Li^+)과 칼륨(K^+)은 이온 크기가 나트륨과 유사하여 짠맛의 강도가 비슷하다. 짠맛을 내는 것은 주로 중성염이 많은데 짠맛 이외에 염화칼륨(KCl), 브롬화나트륨(NaBr), 요오드화나트륨(NaI)과 같은 다른 맛이 혼합되어 있다. 암모늄이온(NH_4^+)와 칼슘이온(Ca^{2+})과 같이 양이온을 가지면 주로 짠맛과 쓴맛을 동시에 나타낸다. 루비듐이온(Rb^+)과 세슘이온(CS^+)은 나트륨(Na^+)보다 덜 짜고 약간 다른 맛을 나타낸다. 양이온은 짠맛을 강화하거나 쓴맛을 내는 부가적인 맛으로 염을 구성하는 양이온이나 음이온의 분자량이 증가할수록 짠맛보다 쓴맛을 나타낸다. 짠맛과 혼합되어 있는 중성염의 여러 가지 맛은 다음과 같다.

① 짠맛을 강하게 나타내는 것: NaCl, KNO_3, KCl, NaI, NH_4Cl, NaBr
② 짠맛 + 쓴맛을 나타내는 것: KBr, NH_4I
③ 강한 쓴맛을 나타내는 것: MgCl, $MgSO_4$, KI
④ 불쾌한 쓴맛을 나타내는 것: $CaCl_2$

짠맛의 경우 국과 찌개의 짠맛 개념이 다르므로 이러한 품질 특성을 수량적으로 평가하고자 할 때 특성 묘사(용어)를 이해시킨 뒤 대단히 짠맛과 대단히 약한 짠맛의 범위를 설정하여 이를 훈련시켜 관능적 특성의 정량평가를 할 수 있다. 맛의 정량 특성을 측정하는 방법에는 분류법(classification), 평점법(grading), 순위법(ranking), 척도법(scaling) 등이 있으며, 관능검사 기법을 통하여 어린이와 성인의 다양한 맛에 대한 연구를 할 수 있다. 1% 정도 내외에서 기분 좋은 짠맛을 느낄 수 있다.

(2) 유기염류

최근에 짠맛을 나타내는 소금의 대체염으로 다이소디움 말레이트(disodium malate), 다이암모늄 말레이트(diammonium malate), 소디움 글루코네이트(sodium glutamate) 등을 사용한다. 이것은 소금 대신 무염간장, 무염식과 저염식의 짠맛을 내는 대표적인 유기염류이다. 저염식에서는 나트륨의 짠맛 대신에 다이암모늄 말로네이트(diammonium malonate), 다이암모늄 세바시네이트(diammonium cebacinate) 등을 사용한다. 염분 제한을 하는 고혈압, 신장질환, 간질환 환자에게 유용한 저염식이다. 보통 소금은 염화나트륨이 88% 이상 들어 있는데 염화나트륨을 염화칼륨으로 대체한 소금에는 염화나트륨이 40% 정도만 들어 있어서 실제로 덜 짜다. 따라서 고혈압, 심장병 및 위장병의 환자에게 이롭다. 짠맛은 산이 섞이면 더욱 강해진다.

3) 쓴맛

쓴맛은 단맛과 달리 대부분 독성물질을 가지는 바람직하지 않은 맛이나 약리효과와 항산화 효과가 매우 크다. 쓴맛은 커피와 코코아처럼 기호식품의 주된 맛이다. 주로 떫은맛과 함께 존재한다. 쓴맛은 녹차나 발효차인 황차 및 홍차 등에 존재하는데 항산화 효과가 크다. 쓴맛의 원인물질은 탄닌(tannin)과 같은 물질 때문이며, 식품의 맛에도 큰 영향을 미친다. 차에는 탄닌 함량이 건조 중량 기준 10~15%, 커피 원두에는 약 4%, 가공 커피에는 약 4.6% 정도 함유되어 있다.

(1) 알칼로이드(Alkaloid)

알칼로이드란 식물체 중에 존재하는 질소를 가진 염기성 유기화합물을 말한다. 식물계에 널리 존재하며, 동물에 대한 약리효과가 매우 뛰어나다. 카페인, 코코아, 초콜릿 등의 테오브로민과 카페인, 양귀비와 같은 마약의 일종인 모르핀(morphine), 마취제로 쓰이는 아트로핀(atropine), 쓴맛의 표준물질로 쓰이는

퀴닌(Quinine)은 말라리아 치료약인 키나에 존재하는 표준물질로 알칼로이드성 물질로 쓴맛의 표준물질이다. 약 10ppm 정도에서 쓴맛의 역치를 느끼며, 다음과 같은 구조를 가지고 있다〈표 10-5〉. 니코틴(nicotine)과 스트리크닌(strychnine)과 같은 알칼로이드 성분이 있다. 커피, 코코아, 콜라에 많이 존재하는 카페인과 테오브로민은 약 150~200ppm(mg/kg)의 농도에서 약한 쓴맛을 나타낸다〈표 10-5〉.

〈표 10-5〉 쓴맛을 나타내는 알칼로이드

종류		구조식	함유식품	특징
알칼로이드	카페인 (caffeine)	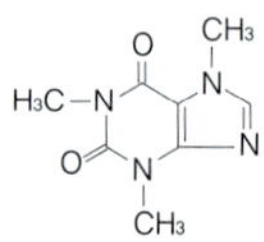	차, 커피, 콜라, 견과류	• 녹차, 홍차, 커피, 코코아의 쓴맛 • 심장, 신장, 중추신경계 흥분 작용
	테오브로민 (theobromine)	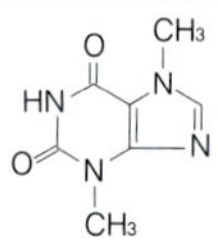	코코아, 초콜릿	• 이뇨제 • 퓨린유도제
	퀴닌 (quinine)	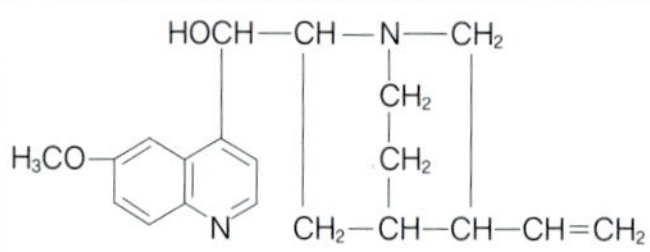	키나	• 쓴맛의 표준물질 • 염기성식물 추출물 • 해열제, 진통제(말라리아)

(2) 케톤(ketone)류

맥주의 후물론(humulone)과 루풀론(lupulone)은 호프 속에 존재하는 쓴맛 성분이다. 후물론은 발효되면서 아이소후물론(isohumulone)으로 변화하여 특유의 쓴맛과 항균성을 가진다. 알칼로이드의 구조는 〈표 10-5〉와 같다. 쑥에는 독성이 없는 투존(thujone)이 들어 있고 흑반병에 걸린 고구마에는 이포메아메론(ipomeamarone)이 들어 있어서 강한 쓴맛과 독성을 가진다.

〈표 10-6〉 쓴맛을 나타내는 케톤류

종류		구조식	함유식품	특징
케톤	후물론 (humulon)		맥주 원료 호프, 맥주	• 맥주의 쓴맛 • 항균력이 있는 방부작용 • 기포성
	루풀론 (lupulon)	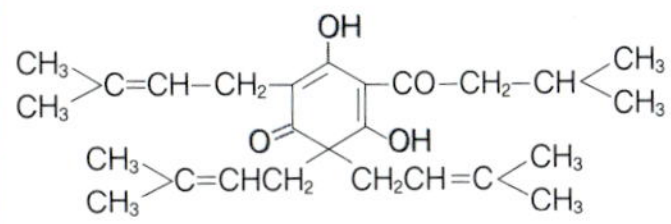		
	투존 (thujone)	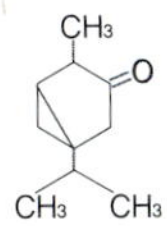	쑥	• 독성이 없음 • 분자 안에 질소가 없음
	이포메아마론 (ipomeamarone)	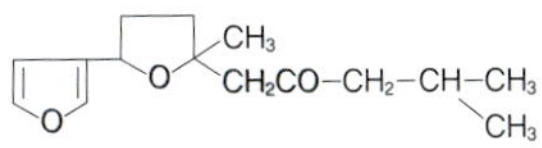	고구마	• 흑반병(검은무늬병) • 강한 쓴맛 • 강한 독성으로 호흡곤란

(3) 배당체(glycoside)

배당체는 식물에 널리 분포하며, 과일과 채소의 쓴맛 성분을 이룬다. 예를 들어, 오렌지, 레몬 등의 감귤류 과피에 존재하는 리모닌(limonin)과 3탄당인 루티노스(rutinose)와 헤스페레틴(hesperetin)이 결합한 플라바논(flavanone) 구조를 가지는 헤스페리딘(hesperidin) 성분이 대표적인 쓴맛이다. 특히, 주스 제조를 위해 조직을 압착할 때 쓴맛의 성분이 나온다. 자몽의 쓴맛은 나린진(naringin)으로 루티노스(rutinose)에 나린제닌(naringenin)이 결합한 구조이다. 나린진은 나린지네이즈(naringinase)가 작용하면 무맛인 프루닌(prunine)을 거쳐 무미성분인 나린제닌으로 변화한다. 과일 주스를 제조할 때 나린지네이즈를 이용하여 쓴맛을 제거할 수 있다. 자몽주스나 정과를 만들 때 껍질을 끓는 물에 데쳐서 가공하면 나린지네이즈 효소의 불활성화로 쓴맛이 약간 감소한다.

오이의 쓴맛 성분은 진한 초록색 꼭지 부분에 존재하는 큐커비타신(cucurbitacin)이고, 양파에는 퀘르세틴이 있다. 도토리, 감, 콩에는 사포닌(saponin) 같은 배당체가 쓴맛을 나타낸다.

메밀의 쓴맛 성분으로 루틴(rutin)이 있는데 혈압 환자의 혈관 개선에 도움을 준다.

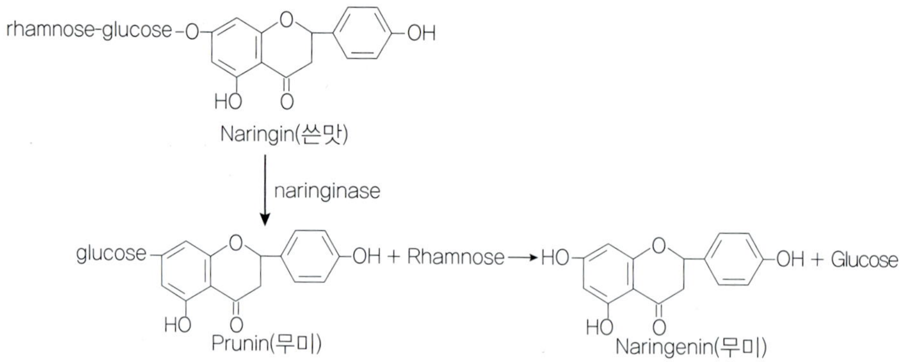

[그림 10-4] 나린진의 쓴맛 변화

(4) 아미노산(Amino acid)과 펩타이드(Peptide)류

쓴맛을 나타내는 아미노산에는 아르기닌(arginine), 발린(valine), 루신(*L*-leucine), 아이소루신(isoleucine), 트립토판(*L*-tryptophane) 및 페닐알라닌(*L*-phenylalanine)이다. 쓴맛의 펩타이드류는 루신(Leu-Leu), 프롤린(Pro-Pro), 발린(Val-Val-Val) 아미노산 잔기 등으로 이루어진 구조이다. 된장, 간장, 치즈, 젓갈, 막걸리 등 발효식품의 제조과정 중 생성되는 원인물질로 품질 저하를 일으킨다 〈표 10-7〉.

〈표 10-7〉 쓴맛을 나타내는 아미노산류

종류		구조식	함유식품	특징
아미노산	*L*-트립토판	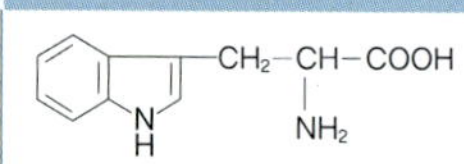	단백질 분해산물	• 치즈, 된장, 젓갈, 막걸리 등 발효식품의 가수분해 시 생성
	L-루신	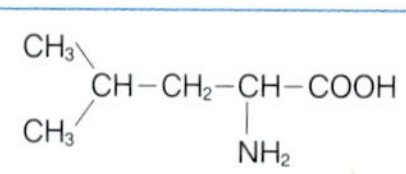		
	L-페닐알라닌	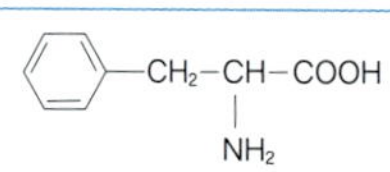		

(5) 무기염류: 단백질 응고제

콩에는 글리시닌(glycinin) 단백질이 있어서 두부를 만들 때는 등전점에서 응고하는 성질을 이용하면 단백질이 응고하게 된다. 두부를 만들 때 사용하는 대표적인 무기염류 응고제인 염화마그네슘($MgCl_2$), 염화칼슘($CaCl_2$) 등을 일정량 이상 사용하면 두부에서 쓴맛이 난다. 두부를 찬물에 3~4 시간 동안 담가 놓으면 사용한 응고제의 쓴맛이 물에 우러나온다〈표 10-8〉.

〈표 10-8〉 쓴맛을 나타내는 무기염류

종류		구조식	함유식품	특징
무기염	염화마그네슘	$MgCl_2$	두부	• 두부응고제 • 간수의 쓴맛을 제거하기 위해 3~4시간 물에 담가 둠
	염화칼슘	$CaCl_2$		

4) 신맛

신맛을 나타내는 물질에는 대표적으로 산이 있다. 신맛 성분은 유기산과 무기산이 있는데 해리되어 수소이온을 나타내는 것과 해리되지 않는 산으로 나누어진다. 유기산은 초산(acetic acid)이 대표적이며, 항산화제인 아스코브산(ascorbic acid), 글루콘산(gluconic acid), 젖산(lactic acid), 사과산(malic acid), 구연산(citric acid), 주석산(tartaric acid), 호박산(succinic acid)과 같은 것으로 상큼한 단맛과 감칠맛을 가진다. 신맛의 정도를 나타내는 수소이온 농도는 pH로 나타내는데 신맛의 정도와 반드시 일치하지 않는다. 일반적으로 유기산이 무기산보다 더 강한 신맛을 나타낸다. 무기산이 해리상수가 크기 때문에 혀에서 바로 중화가 일어나고 신맛은 소멸되기 때문에 유기산보다 신맛이 약하다고 느껴지는 것이다. 유기산이 무기산보다 더 시게 느껴지는 것은 혀에서 해리되지 않았던 수소이온이 계속 해리되기 때문이다. 신맛의 강도는 염산, 질산, 황산, 개미산, 구연산, 사과산, 젖산 및 초산의 순서이다. 과일에 함유된 사과산, 구연산 등이 과일 특유의 신맛을 부여하고 pH

5.0~6.5로 약산이다. 염산의 경우는 pH가 1 정도이며, 강산이다. 무기산은 탄산과 인산과 같은 종류이다. 인산은 음료, 햄, 돈가스 패티, 해물경단 등에 안정제와 결착제로 쓰인다. 인산에서 파생된 물질은 식품의 보수성을 높여 주어 가공치즈, 연유, 커스터드 분말 등을 제조할 때 수분을 조절해 주기도 한다. 해리되어 수소이온을 만들어 강한 산미를 만들어 준다. 탄산은 이산화탄소가 물에 녹았을 때 생성되는 약산으로 수용액에서 다음과 같이 해리되어 수소이온과 탄산이온을 만든다. 식품에서 중요한 유기산은 〈표 10-9〉에 나타내었다.

$$CO_2+H_2O \rightarrow H_2CO_3$$
$$H_2CO_3 \rightarrow H^+ + HCO_3^- \rightarrow 2H^+ + CO_3^{2-}$$

유기산의 종류는 〈표 10-9〉와 같다. 초산은 식초와 김치 등에 있는 대표적인 산이며, 비타민 C는 과일류에 존재하고 구연산은 레몬, 귤 등에 존재하는 대표적인 유기산이다. 글루콘산(gluconic acid)은 곶감과 양조식초에 존재하는 유기산이다. 유산(lactic acid)은 발효유, 김치 및 유제품에 들어 있는 산이다. 사과산은 사과, 감, 귤 등에 들어 있는 유기산이다. 호박산(숙신산, succinic acid)은 조개, 청주 등에 들어 있는 대표적인 유기산으로 감칠맛을 동시에 가진다. 주석산은 포도 속에 존재하는 대표적인 유기산이다. 포도즙을 저장하였을 때 바닥에 가라앉는 결정 성분이 주석산이다.

〈표 10-9〉 유기산의 종류

분류	신맛 성분	함유식품	특징	구조
무기산	인산 (phosphoric acid)	탄산음료, 육가공품	인산수용액이 강한 산미 보유, 가공식품의 안정제, 결착제로 사용	H_2PO_4
	탄산 (carbonic acid)	맥주, 탄산음료	강하고 톡 쏘는 맛	H_2CO_3

분류	신맛 성분	함유식품	특징	구조
유기산	아세트산 (초산, acetic acid)	식초, 김치류	식초에는 3~5% 함유되어 있는 신맛으로 살균, 부패 방지	CH_3COOH
	젖산 (lactic acid)	김치, 요구르트	장내 유산균의 발효로 장내 유해균을 억제함	$CH_3-CH(OH)-COOH$
	호박산 (숙신산, succinic acid)	청주, 조개류, 된장, 간장	호박(광물)에서 분리한 유기산 감칠맛 증가	CH_2-COOH CH_2-COOH
	사과산 (말산, malic acid)	복숭아, 포도	융점이 낮아 구연산보다 산미가 오래 감 흡습성이 낮아 장기보관이 용이함	$HO-CH-COOH$ CH_2-COOH
	주석산 (타르타르산, tataric acid)	포도, 와인, 살구, 감귤류	포도의 K, Ca과 결합해서 주석산염을 형성하며 침전을 형성함 포도즙, 포도주스, 포도주의 결정	$HO-CH-COOH$ $HO-CH-COOH$
	구연산 (시트르산, citric acid)	레몬, 귤 파인애플,	상쾌한 신맛과 청량감 과즙, 탄산음료에 이용 몸 안의 젖산을 분해하여 피로 회복 효과	CH_2-COOH $HO-C-COOH$ CH_2-COOH
	글루콘산 (gluconic acid)	곶감, 양조식초	부드럽고 청량한 산미 주류, 식초, 청량음료의 산미료	$HOOC-(CHOH)_4-CH_2OH$
	비타민C (ascorbic acid)	신선한 과일 채소	상쾌한 신맛, 항산화제 식품의 변색 방지, 햄과 소시지에 사용	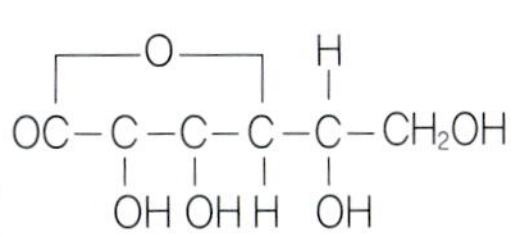
	옥살산 (수산, oxalic acid)	시금치, 근대	아세트산보다 3,000배의 산도 보유 칼슘의 흡수 방해	$COOH$ $COOH$

여러 가지 식품의 pH는 〈표 10-10〉과 같다. 0.1N 염산은 pH가 1.0이고 0.1N NaOH의 pH는 8.4이며, 위액, 레몬, 식초, 복숭아, 포도, 맥주, 감자, 호박, 당근, 콩, 시금치, 양배추는 산성을 띠고, 고구마와 어류는 약산성을 띠고 있다. 모유, 우유, 백미밥과 증류수는 중성에 가깝고 해수는 알칼리성을 띤다.

〈표 10-10〉 여러 가지 식품의 pH

식품	pH	식품	pH	식품	pH
0.1N 염산	1.0	복숭아	3.4~4.6	고구마	5.3~5.6
위액	1.0~3.0	포도	3.5~4.5	어류	6.0
레몬	2.2~2.4	맥주	4.0~5.0	밀가루	6.0~6.5
식초	2.4~3.4	감자	4.1~4.4	우유	6.4~6.8
사과	2.9~3.4	호박	4.8~5.2	모유	7.2
밀감류	3.0~4.0	당근	4.9~5.2	백미밥	6.7
딸기	3.2~3.6	콩	5.0~6.0	증류수	6.8~7.0
앵두	3.2~4.1	시금치	5.1~5.7	해수	8.0~8.4
잼	3.5~4.0	양배추	5.2~5.4	0.1N 중조	8.4

5) 감칠맛

(1) 모노소디움글루타메이트(MSG) 및 아미노산류

다시마의 글루탐산과 같은 구수한맛, 맛난맛(umami taste)을 통틀어 감칠맛이라고 한다. 고기 국물, 해조류, 조개류, 버섯, 간장, 된장 등에서 느끼는 핵산 계통의 감칠맛이 대표적이다. 감칠맛의 성분은 아미노산, 펩타이드, 뉴클레오타이드, 호박산, 구연산 등이 대표적이다. 최근에는 이러한 감칠맛 성분을 가지고 공업용으로 향미증진제(flavor enhancer)와 향미강화제(flavor intensifier)를 대량 생산한다.

이러한 뉴클레오타이드는 다시마와 같은 식물성 단백질(15~35%)과 동물성 단백질(2~3%), 화학조미료의 주성분인 monosodium glutamate(MSG)를 결합하면 상승작용을 일으키므로 복합 조미료를 개발하는 데 활용한다. 식품의 감칠맛 성분은 〈표 10-11〉과 같다. 단백질에서 글루탐산을 생성하고 이것은 물에 잘 녹지 않으므로 Na을 결합하여 글루탐산나트륨 형태로 수용성을 만든다.

감칠맛을 나타내는 아미노산의 종류로 글라이신(glycine), 베타인(betaine), 타우린(taurine)이 있는데 게, 새우, 조개류의 감칠맛 성분이다. 육류와 어류에는 글라이신(glycine)의 트리메틸 글라이신(trimethyl glycine) 유도체인 베타인(betaine)과 크레아틴(creatine), 크레아티닌(creatinine) 등이 있다. 아스파라긴(asparagine)과 글루탐산(glutamate)은 육류와 해조류에 많다. 아스파라긴은 아스파라거스와 같은 채소류에도 들어 있다. 콩나물에는 아스파트산(aspartic acid)이 많으며, 글루타민(glutamine), 녹차의 테아닌(theanine), 트리콜롬산(tricholomic acid) 등은 감칠맛을 내는 아미노산이다.

(2) 뉴클레오타이드(Nucleotide)

핵산계 조미료의 성분은 뉴클레오타이드(nucleotide)로 염기와 당, 인산으로 이루어져 있다. 특히, 핵산인 DNA와 RNA가 기본 구성단위이다. 여기에 감칠맛을 내는 리보뉴클레오타이드로 5′-GMP, 5′-IMP, 5′-XMP가 있다. 감칠맛은 5′-GMP(표고버섯, 양송이, 송화버섯)로 감칠맛이 가장 강하다. 5′-IMP(쇠고기, 돼지고기, 닭고기, 어류)와 5′-XMP(고사리)에 많은 성분으로 감칠맛의 순서는 5′-GMP > 5′-IMP > 5′-XMP 순이다. 모노소디움 글루타메이트(monosodium glutamate, MSG)는 브레비박테리움 락토퍼멘투스(*Brevibacterium lactofermentus*)를 공업적으로 발효하여 당질과 단백질을 이용하여 글루탐산(glutamate)을 생산한다. 단백질을 염산으로 분해하면 물에 녹지 않는 글루탐산이 되고 수산화암모늄(NH_4OH)을 이용하여 분해하면 글루탐산(*L*-glutamic acid)이 물에 잘 녹고 이것을 중조로 중화시킨다〈표 10-11〉.

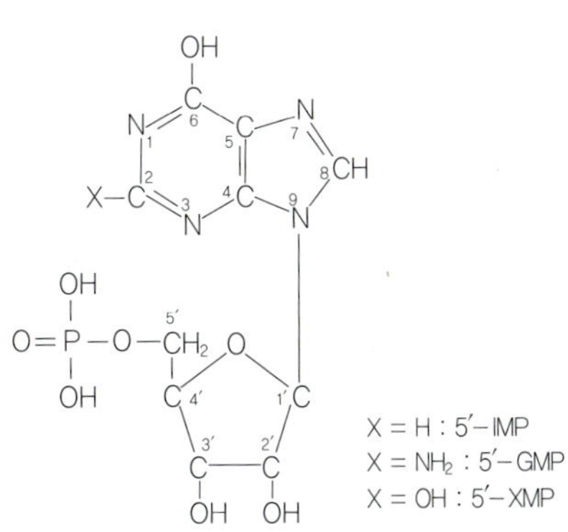

[그림 10-5] 뉴클레오타이드구조와 감칠맛 성분

〈표 10-11〉 감칠맛 성분과 함유식품

	종류	구조식	함유식품
아미노산	글라이신 (glycine)	$NH_2 \cdot CH_2 \cdot COOH$	• 조개류, 게, 새우
	베타인 (betaine)	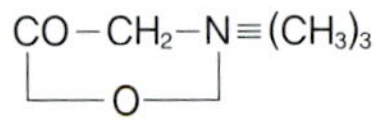	• 오징어, 새우, 문어, 전복, 조개, 게
	테아닌 (theanine)	$CO-NH-C_2H_5$ | CH_2 | CH_2 | $CHNH_2$ | $COOH$	• 녹차 • 단맛이 가미된 감칠맛
	아스파라진 (asparagine)	$CONH_2$ | CH_2 | $CHNH_2$ | $COOH$	• 어류, 육류 및 채소
	글루타민 (glutamine)	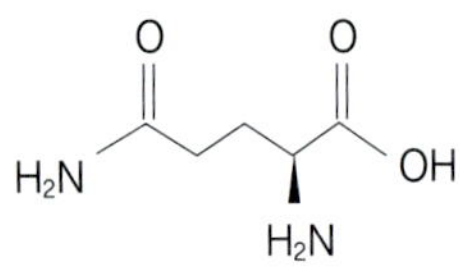	• 어류, 육류, 사탕무, 양배추
	크레아틴 (creatine), 크레아티닌 (creatinine)	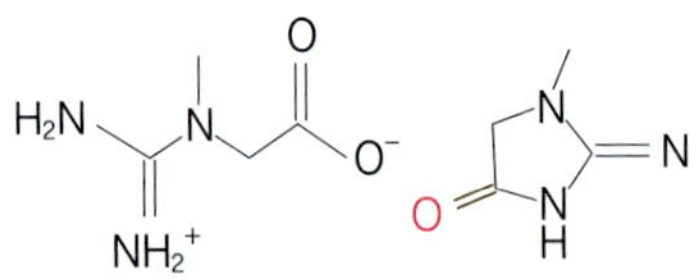	• 어류, 육류
핵산계	5′-GMP	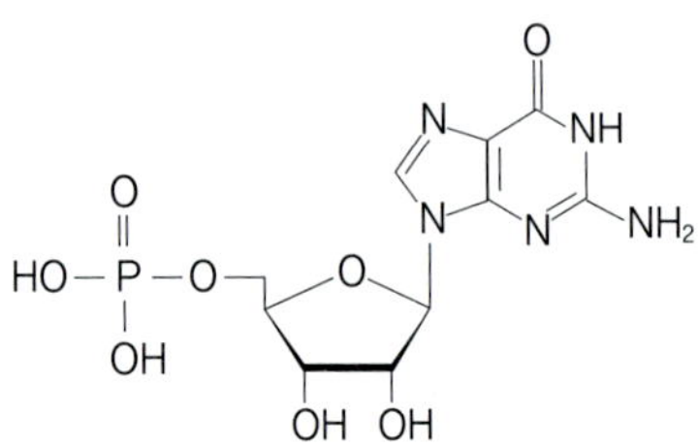	• 건표고, 송이버섯

	종류	구조식	함유식품
핵산계	5′-IMP	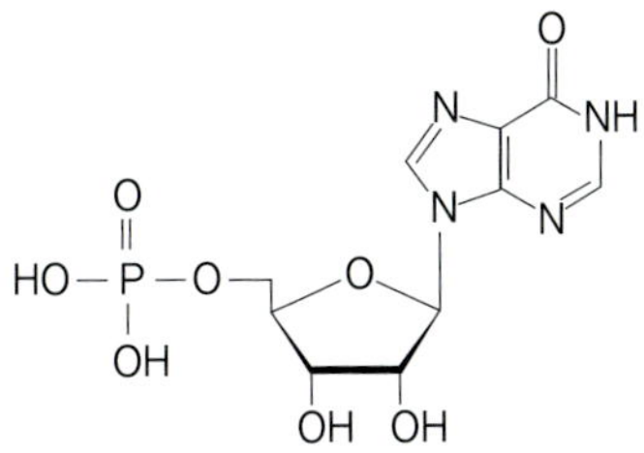	• 어류, 육류
	5′-XMP	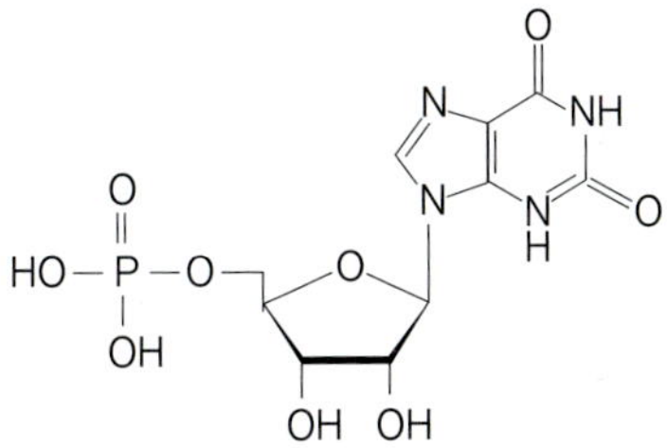	• 고사리
기타 향미 증진제	트리콜롬산 (tricholomic acid)	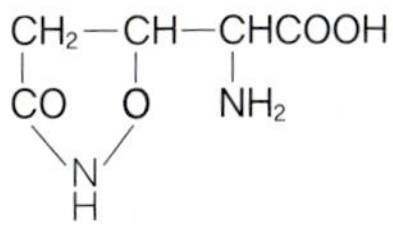	• 향미증진제 • *Tricholoma* 속과 *Amanita* 속 버섯에서 분리 • 감칠맛은 글루탐산과 유사하나 강도가 더 강함
	이보텐산 (ibotenic acid)	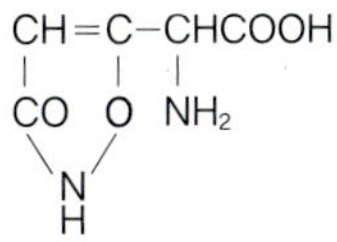	
	모노소듐글루탐산 (monosodium glutamate: MSG)	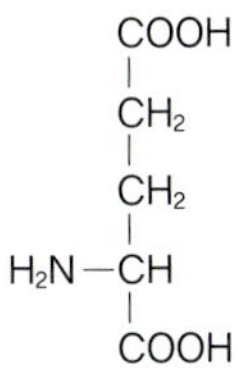 *L*-glutamate 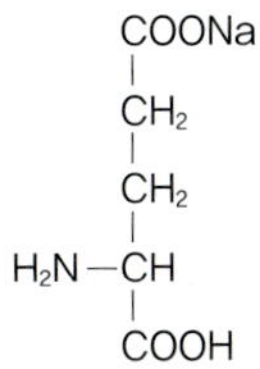 *L*-mono-sodium-glutamate (*L*-MSG)	• 대표적인 감칠맛 • 우수한 향미 증진 • 식물성 단백질 (15~35%), 동물성 단백질에 함유
	호박산나트륨 (숙신산나트륨, sodium succinate)	CH_2COOH | CH_2COONa	• 청주, 발효식품, 조개류
	콜린 (choline)	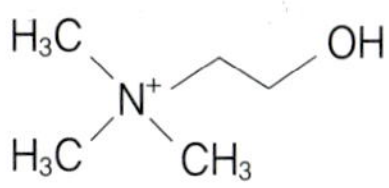	• 맥아, 대두유, 난황

	종류	구조식	함유식품
기타 향미 증진제	카르니틴 (carnitin)	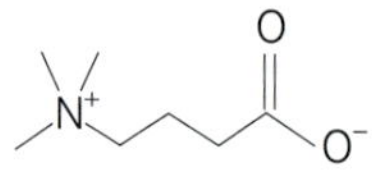	• 육류, 견과류
	퓨린염기 (아데닌, 구아닌, 구아니딘, 메틸구아니딘, 하이포잔틴, 잔틴.)	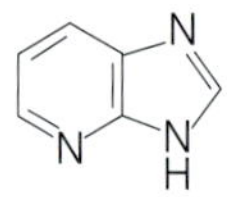	• 어류, 육류
	타우린 (taurine)	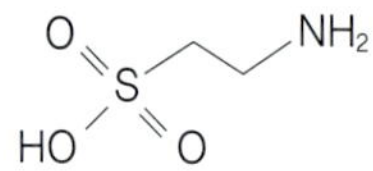	• 오징어, 문어
	글루타치온 (glutathione)	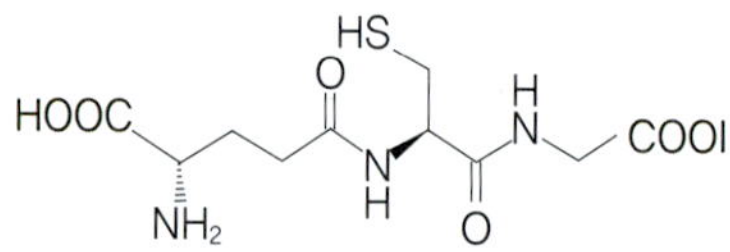	• 식물계, 동물계, 항산화제

(3) 향미증진제

향미증진제는 식품의 맛을 증가시키는 대표적인 식품첨가물이다. 아미노산계와 핵산계, 유기산계 향미증진제를 사용한다. 가장 대표적인 것은 MSG, 알라닌(alanine)과 글라이신(glycine)이다. 핵산계 향미증진제로는 5′-리보뉴클레오타이드이나트륨(disodium 5′-ribonucleotide), 5′-리보뉴클레오타이드칼슘(calcium 5′-ribonucleotide), 5′-구아닐산이나트륨(sodium 5′-guanylate), 5′-우리딜산이나트륨(sodium 5′-uridylate), 5′-이노신산이나트륨(sodium 5′-inosinate) 등이 있다. 유기산계 향미증진제로는 호박산나트륨(sodium succinate), 호박산(succinic acid) 등이 있다. 향미증진제와 호박산, 핵산계 조미료 등을 사용하여 된장국의 맛을 풍부하게 할 수 있다[그림 10-6].

[그림 10-6] 가공식품(황태 미소해장국) 중 향미증진제

6) 떫은맛과 아린맛(Acrid taste, Astringent taste)

떫은맛은 혀 표면에 있는 점성단백질이 변성되어 응고되면서 일시적으로 마비되는 것으로, 폴리페놀성 물질이 주를 이루며, 탄닌류와 알데하이드, 철 및 알루미늄이 떫은맛의 원인이다〈표 10-12〉. 아린맛은 쓴맛과 떫은맛이 복합적으로 섞인 맛으로 무기염류, 배당체, 유기산, 지방산, 알데하이드, 철과 알루미늄 등이 원인물질이다. 죽순과 토란 등의 아린맛은 호모겐티스산(homogentisic acid)이다. 페닐알라닌과 타이로신과 같은 방향족 아미노산에서 호모겐티스산이 생성된다[그림 10-7].

떫은맛 성분이 적당하게 존재하면 다른 맛과 조화를 이루어 독특한 향미를 제공한다. 죽순, 고사리, 고비, 우엉, 토란, 가지 등의 채소류에 많은 맛으로 조리 전에 물에 충분히 담그거나 데친 후 물에 담가 두면 제거된다. 차, 커피, 감, 포도주 등에 존재하는 떫은맛은 주로 탄닌과 같은 폴리페놀 물질이다. 떫은맛 성분은 시부올(sibuol), 루코안토시아닌(leucoanthocyanin), 다이오스피린(diospyrin), 엘라그산(ellagic acid), 카테킨(catechin), 에피카테킨갈레이트(epicatechin gallate), 에피갈로카테킨 갈레이트(epigallocatechin gallate)와 클로로겐산(chlorogenic acid)이다. 대체로 떫은맛은 불쾌한 맛과 쓴맛을 동시에 느끼게 된다. 예를 들어, 포도주의 떫은맛은 다른 맛과 조화를 이루므로 독특한 풍미를 갖게 된다. 감이 익지 않았을 때의 떫은맛은 시부올이고 이것을 더운물에 담가 두거나 홍시가 되면 탄닌 성분이 산화되거나 중화되어 떫은맛이 사라진다. 생밤의 속껍질에 많이 존재하는 떫은맛은 2분자의 몰식자산이 축합반응을 한 엘라그산(ellagic acid)이며, 감자, 고구마 및 사과 등에는 폴리페놀인 클로로겐산(chlorogenic acid), 고구마의 루코안토시아닌, 녹차에는 카테킨류가 있으나 황차나 홍차 형태로 발효시키면 떫은맛이 대부분 사라진다. 훈제품과 말린 생선의 지방이 산패된 지방산이 되면서 떫은맛을 낸다.

〈표 10-12〉 떫은맛 성분의 종류

구분	구조식	식품	특징
시부올 (shibuol)	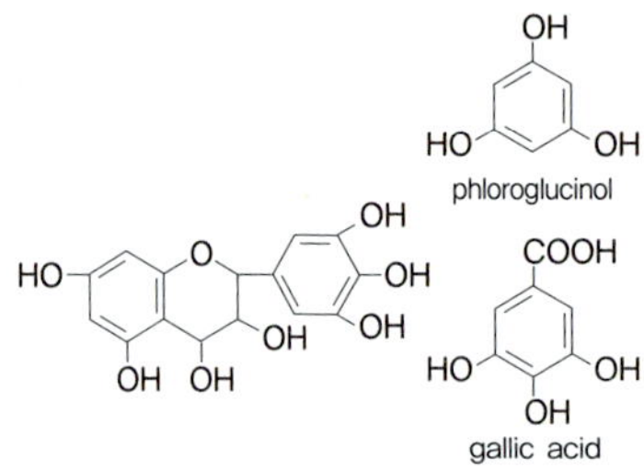	감	• 감이 익어 감에 따라 떫은맛이 감소하는 것은 시부올을 포함한 탄닌이 산화 또는 중합되어 불용성 물질로 변하기 때문임
엘라그산 (ellagic acid)	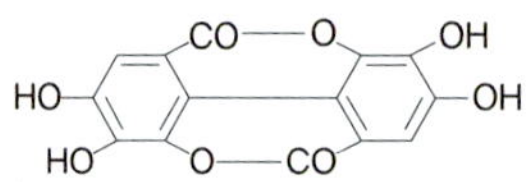	밤	• 밤의 속껍질에 함유됨 • 2분자의 갈릭산(gallic acid)이 축합된 성분임
클로로겐산 (chlorogenic acid)	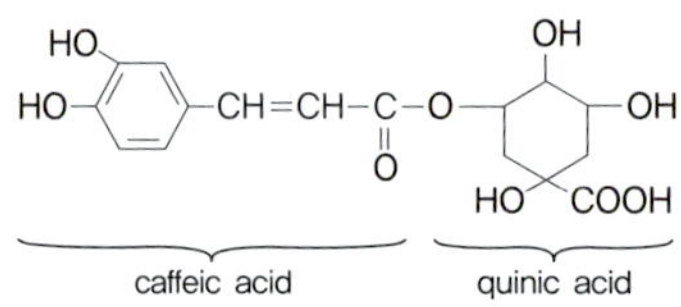	커피, 고구마, 감자, 가지, 사과, 배	• 대표적인 폴리페놀 화합물임 • 폴리페놀 산화효소에 의해 갈변됨 • 감자, 고구마, 사과 등의 갈변 기질 물질임
카테킨류 (catechin)	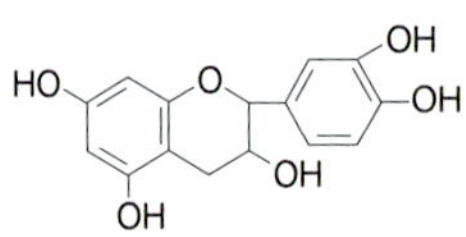	차, 과일	• 찻잎의 떫은맛 • 홍차 제조 시 발효과정에서 대부분이 불용성이 됨

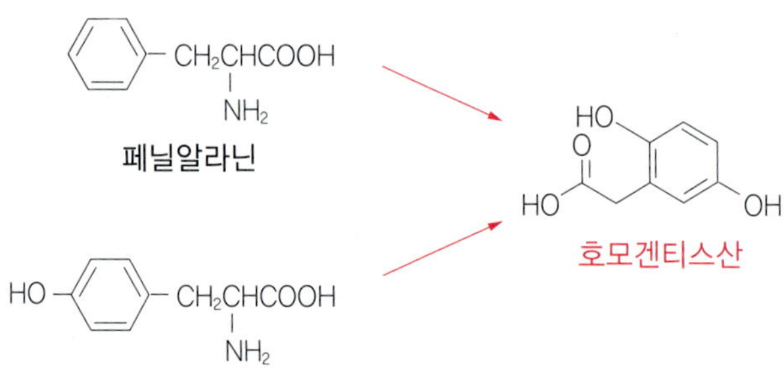

[그림 10-7] 호모겐티스산의 생성 과정

7) 매운맛

매운맛은 기본 맛이 아니고 혀나, 구강, 비강에서 자극적인 통감이다. 매운맛은 식욕 촉진, 살균, 항균 및 살충 효과를 나타낸다. 고추의 매운맛 성분은 캡사이신(capsaicin)과 그 유도체인 다이하이드로캡사이신(dihydrocapsaicin), 후추의 매운맛은 피페린(piperine)과 그 유도체인 차비신(chavicine)과 산쇼올(sanshool)이다. 산초는 초피나무의 열매로 매운맛이 과피에 존재하며, 가루를 내면 산쇼올(sanshool)이라는 매운맛을 낸다. 대표적인 매운맛 구조는 다음과 같다〈표 10-13〉.

〈표 10-13〉 식품의 매운맛 성분

구분		구조식	식품	특징
산아미드류	캡사이신 (capsaicin)	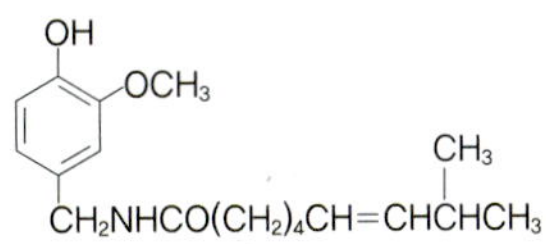	고추	• 휘발성이며 지용성 • 매운맛의 국제표준지표인 스코빌 척도(Scoville scale)의 표준물질
	차비신 (chavicine)	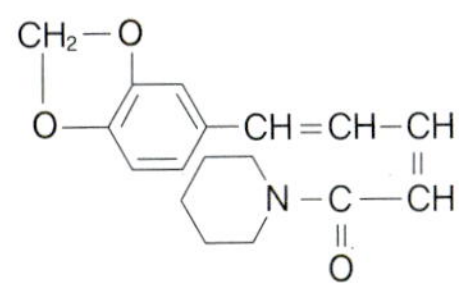 cis	후추	• 트랜스형 이성질체 피페린과 함께 후추의 주요 매운맛 성분
	산쇼올 (sanshool)	$CH_3(CH_2)_{10}CO-NH-CH_2-CH(CH_3)_2$	산초	• 산초(초피나무열매)에 함유 • 가루 상태로 오래 저장 시 점차 매운맛 상실
황화합물류	시니그린 (sinigrin)	$CH_2=CHCH_2-C(-S\text{-glucose})(=NOSO_3K)$	흑겨자, 고추냉이	• 흑겨자에 존재하는 시니그린은 미로시네이스에 의해 가수분해되어 알릴아이소싸이오사이아네이트를 생성하면서 매운맛을 냄
	다이비닐설파이드 (divinyl sulfide)	$(CH_2=CH)_2S$	마늘, 파, 양파, 부추	• 독특한 냄새를 지닌 매운맛 정유성분
	다이알릴설파이드 (diallyl sulfide)	$(CH_2=CH-CH_2)_2S$		

구분		구조식	식품	특징
황화합물류	다이알릴다이설파이드 (diallyl disulfide)	$CH_2=CH-CH_2-S$ $CH_2=CH-CH_2-S$	마늘, 파, 양파, 부추	• 독특한 냄새를 지닌 매운맛 정유성분
	프로필알릴설파이드 (propylallyl sulfide)	$CH_2=CH-CH_2$ \\ S / $CH_3-CH_2-CH_2$		
	알리신 (allicin)	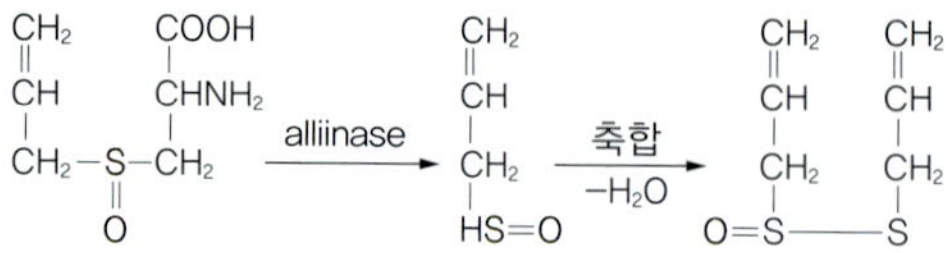 alliin → allyl sulfonic acid → allicin	마늘, 양파	• 알린이 알리네이스에 의해 가수분해되어 알리신 생성
방향족 알데하이드 및 케톤류	진저론 (zingerone)	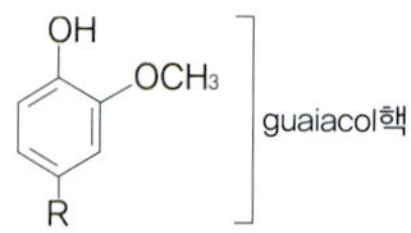 R zingerone: $-CH_2CH_2COCH_3$ shogaol : $-CH_2CH_2COCH=CH(CH_2)_4CH_3$ gingerol : $-CH_2CH_2COCH_2CH(OH)(CH_2)_4CH_3$	생강	• 생강의 상쾌한 향과 매운맛 • 쇼가올의 매운맛은 진저롤의 2배
	쇼가올 (shogaol)			
	진저롤 (gingerol)			
	커큐민 (curcumin)	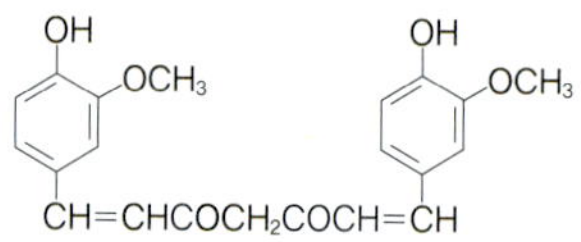	강황 (울금)	• 강황(심황: turmeric)의 매운맛과 황색의 성분 • 카레가루의 재료
	바닐린 (vanillin)	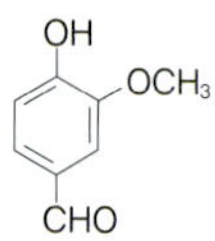	바닐라콩	• 바닐라콩의 달콤한 방향성 매운맛
	시나믹알데하이드 (cinnamic aldehyde)	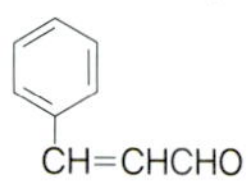	계피	• 수정과, 과자, 소스에 사용됨
아민류	히스타민 (histamine)	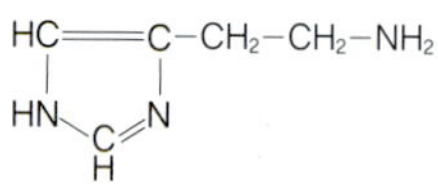	썩은 생선, 변패 간장	• 불쾌한 매운맛 • 히스티딘 및 타이로신이 세균에 의해 탈탄산화되어 히스타민, 티라민이 생성됨
	티라민 (tyramine)	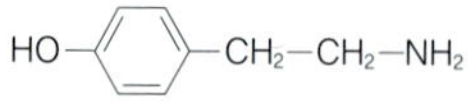		

8) 기타 맛

(1) 교질맛(Colloidal taste)

교질맛이란 식품이 혀의 표면과 입속 점막에 물리적인 접촉을 하는 감각으로 콜로이드 맛을 의미한다. 교질맛은 다당류와 단백질에 기인한 것이다. 밥이나 떡의 호화전분, 찹쌀밥의 아밀로펙틴, 곤약의 글루코만난, 과일잼의 펙틴질, 한천의 갈락탄, 해조류의 알긴산과 같은 것이 대표적이다. 밀가루 단백질인 글루텐 성분과 다시마와 미역에 많은 미끈거리는 알긴산이 대표적인 교질맛이다. 곰국이 식으면 콜라겐이 젤라틴화가 되고 토란의 미끈거리는 성분은 뮤신이라는 교질맛을 가지고 있다.

(2) 금속맛(Metal taste)

금속맛은 양이온으로 분해된 철, 구리, 알루미늄이온과 같은 금속성 물질과 수은과 주석과 같은 중금속의 염이 느껴지는 것을 말한다. 가마솥에 밥을 지으면 철 성분이 나올 수 있고 오래된 후라이팬의 코팅제인 테프론이 벗겨지면 철이나 금속 맛 성분이 노출될 수 있다.

(3) 알칼리맛(Alkaline taste)

수산화이온이 알칼리맛을 내며, 중조(sodium bicarbonate) 때문에 느껴지는 맛으로 하이드록시 이온(OH^-)에 의한 알칼리맛이다. 대부분의 식품이 산성과 중성의 pH 영역에 있으므로 식품에서 알칼리이온에 의한 맛을 느끼는 경우는 많지 않다. 중조가 들어간 쫄면이나 중화면에서 느낄 수 있는 맛이다.

(4) 시원한맛(청량감, Cooling taste)

시원한맛은 박하(menthol)가 코와 비강세포를 자극할 때 느끼는 시원한 맛이다. 청량감(cooling sensation)으로도 알려져 있다. 박하, 장뇌(camphor) 이외에도 비슷한 시원한맛을 내는 당알코올인 자일리톨(xylitol), 만니톨(mannitol), 솔비톨(sorbitol) 등이 있다. 당알코올은 타액에 용해될 때 흡열반응을 일으키면서 단맛과 함께 시원한 맛을 수렴한다. 자일리톨은 2008년 식품의약품안전처로부터 건강기능식품 개별인정형 충치예방 효과를 인정받았다. 플라그를 제거하고, 산 생성을 억제하며, 충치균 성장 저해로 충치 발생 위험 감소에 도움을 주는 기능이 있다. 주로 충치균은 설탕이나 포도당과 같은 당이 원인이 된다. 이러한 당알코올은 충치 미생물인 스트렙토코커스 뮤탄스균(*Streptococcus mutans*)의 먹이로 작용하지 않으므로 충치 발생 위험을 감소시킨다. 자일리톨을 첨가하여 배추김치를 담그면 미생물 발육이 지연되고 탄산미를 증가시키고 저장기간을 연장시킬 수 있다.

식품의 냄새

1. 냄새의 분류
2. 냄새성분의 종류

11

FOOD CHEMISTRY

1. 냄새의 분류

모든 식품은 고유의 냄새(odor)를 가지고 있다. 냄새는 크게 좋은 향기(aroma)와 취기(stink)로 구분된다. 냄새의 인식 기작은 아직까지 명확하게 밝혀지지 않았다.

1) 헤닝의 후각프리즘

헤닝 등(Henning, 1924)이 제시한 6가지 냄새에는 매운냄새(spicy odor), 백합, 장미, 매화의 꽃향기(flower odor), 사과, 배, 레몬의 과일향기(fruit odor), 송진냄새에서 유래한 수지 냄새(resinous odor), 부패한 고기, 달걀의 썩은 냄새(foul stink), 커피, 누룽지, 캐러멜, 짜장라면의 불냄새인 탄 냄새(burnt stink)가 있다. 냄새는 서로 결합하여 모든 냄새를 이루고 있다. 헤닝의 냄새분류 및 냄새 프리즘은 [그림 11-1]에 나타내었다.

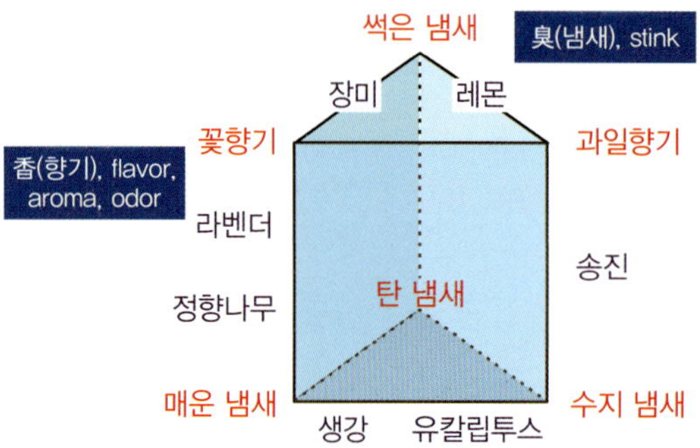

냄새의 분류	종류
꽃향기(flowery odor)	백합, 장미, 매화 향기
과일향기(fruity odor)	사과, 배, 레몬 향기
매운 냄새(spicy odor)	후추, 생강, 마늘 냄새
수지 냄새(resinous odor)	송진 냄새
탄 냄새(burnt odor)	커피, 눌은밥, 캐러멜 냄새
썩은 냄새(putrid odor)	부패된 고기 냄새, 부패된 달걀 냄새

* 후각프리즘: 냄새 간의 상호관계를 표시함.

[그림 11-1] 헤닝의 냄새 분류와 프리즘

크로커 등(Croker, 1927)은 기본적인 냄새를 4가지로 제시하였는데, 꽃향기(fragrant), 산 냄새(acid), 탄 냄새(burnt), 썩은 냄새(caprylic) 등으로 구분하였고 각각의 냄새에는 1~8 단계의 수치로 표시하였다.

2) 아무어의 입체화학설

아무어 등(Amoore, 1964)은 냄새를 7가지로 분류하였다. 장뇌 냄새(camphoraceous), 사향(musky), 꽃향(floral), 박하향(peppermint), 에테르 냄새(ethereal), 자극적인 냄새(pungent), 썩은 냄새(putrid)로[그림 11-2], 아무어의 입체화학설과 같이 7개의 후각기관에서 느끼는 기본냄새를 분자구조는 특정한 형태, 크기, 전하를 가지고 있어서 후각수용체들이 존재하며, 냄새를 내는 물질이 어떤 수용체에 적합하면 냄새를 인지하게 된다.

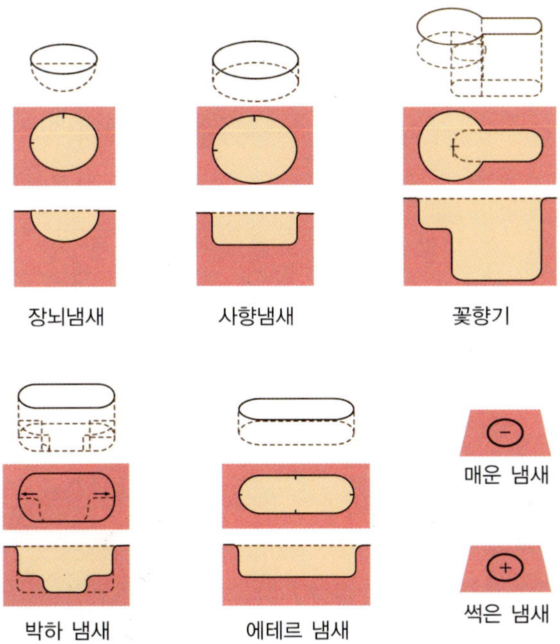

[그림 11-2] 아무어의 냄새 분류와 프리즘

2. 냄새성분의 분류

1) 식물성 냄새성분

식품의 냄새성분은 알코올류, 알데하이드류, 케톤류, 에스터류, 방향유(essential oil)류 및 황화합물이 관여한다. 채소나 과일의 냄새는 풋내(green flavor)가 주를 이루며, 알코올류의 역치가 알데하이드류보다 높다. 〈표 11-1〉에 의하면 식물성 식품 중 알코올 및 알데하이드 냄새성분은 짧은 탄소사슬로 C_5 이하의 알코올은 과일, 채소, 송이버섯, 커피, 차, 주류 등의 주요한 향기성분이다. 휘발성 냄새성분이 공기를 타고 후각기관에 들어가면 그 곳에 존재하는 수많은 신경섬유들을 자극하고 흥분시켜서 뇌 속의 후각중추에 작용을 하여 냄새를 맡게 된다. 후각기관의 역치는 맛보다 매우 민감(10^{-4})하여 낮은 농도에서도 냄새를 인지한다. 최근에는 가스크로마토그래피(gas chromathography, GC)나 가스크로마토그래피/메스(gas-chromathography/mass, GC/MS)와 기기로 냄새성분을 알아낼 수 있다[그림 11-3]. 전자코(electronic nose)는 사람의 코가 냄새 맡는 것을 유사하게 모방할 수 있다[그림 11-4]. 식품업체에서는 이러한 기기를 이용하여 타사와 유사한 제품을 개발할 때 냄새성분을 분석한 후 그 성분을 찾아내거나 식품과 포장재의 성분 등을 분석하는 데 사용한다. 전자코 개발에서 냄새 물질을 효과적으로 탐지하는 센서로 '꿈의 신소재'라 불리는 물질인 그래핀(graphene)은 미세전자기(micro-electro mechanical systems, MEMS)계와 첨단 제조 기술을 적용해 전자코 성능이 개선되고 있다.

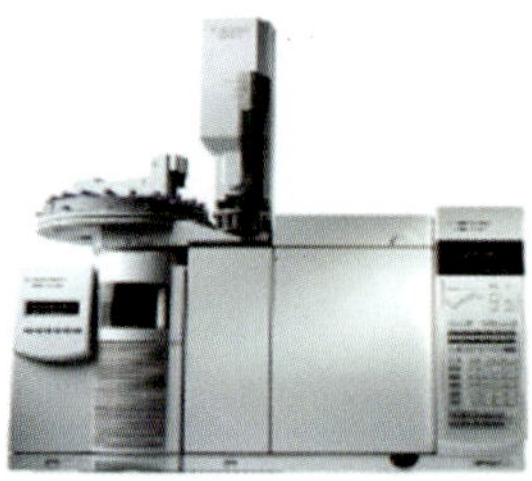

[그림11-3] GC/MS

[그림 11-4] 전자코

식품뿐만 아니라, 코로나(Covid−19) 및 후두암과 같은 질병 진단도 냄새를 통해서 미리 감지할 수 있다.

(1) 에스터류

에스터류는 과일과 꽃의 주요한 향기성분으로 카르복실산(COOH)과 알코올(CH_2OH)의 결합으로 생성되는 〈표 11−1〉과 같은 저급지방산의 에스터(ester)류 형태이다. 에스터류는 케톤(ketone)기를 가지는 터펜(terpene)계, 과일과 꽃향기성분으로 방향족 화합물이다. 사과향기인 아밀포메이트(amyl formate), 아이소아밀포메이트(isoamyl formate)는 사과맛을 내는 데 사용하며, 메틸뷰티레이트와 같은 성분이 있고, 복숭아에는 아밀포메이트(amyl formate), 파인애플에는 에틸아세테이트(ethyl acetate), 배에는 아이소아밀아세테이트(isoamyl formate)가 존재한다. 송이버섯에는 메틸시나메이트(methyl cinamate)가 존재하며, 청주에는 메틸발레레이트(methyl valerate), 셀러리(*Apium graveolens L*)에 있는 정유 성분은 세다놀산(sedanolic acid)을 증류한 세다놀라이드(sedanolide)와 같은 에스터류가 존재한다.

〈표 11−1〉 식물성 식품 중 에스터류

화학 성분	구조	함유식품
아밀포메이트 (amyl formate)	$HCOOCH_2(CH_2)_3CH_3$	사과, 복숭아
에틸아세테이트 (ethyl acetate)	$CH_3COOCH_2CH_3$	파인애플
아이소아밀아세테이트 (isoamyl acetate)	$CH_3COOCH_2CH_2CH(CH_3)_2$	사과, 배
아이소아밀포메이트 (isoamyl formate)	$HCOOCH_2CH_2(CH_3)_2$	배
메틸뷰티레이트 (methyl butyrate)	$CH_3CH_2CH_2COOCH_3$	사과
메틸시나메이트 (methyl cinnamate)	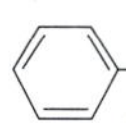 $-CH=CHCOOCH_3$	송이버섯

화학 성분	구조	함유식품
메틸발레레이트 (methyl valerate)	$CH_3(CH_2)_3COOCH_3$	청주
세다놀라이드 (sedanolide)	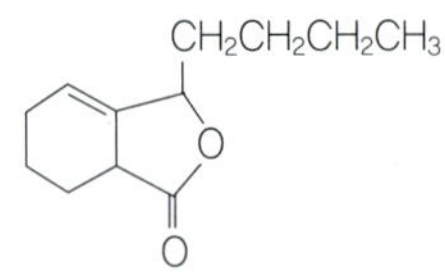	셀러리

(2) 알코올류와 알데하이드류

알코올계 냄새성분은 에탄올(ethanol)은 주류, 유제놀(eugenol)과 알데하이드 계통의 시남산 알데하이드(cinamic aldehyde)은 계피, 3-헥센올(3-hexenol)과 2-헥센알(hexenal)은 찻잎, 2,6-노나다이엔올(nonadienol)은 오이, 바닐린(vanillin)은 바닐라에 들어 있다.

식물성 식품 중에 알코올과 알데하이드의 냄새성분은 〈표 11-2〉와 같다.

〈표 11-2〉 식품 중 알코올과 알데하이드 냄새성분

화학 성분	구조	함유식품
에탄올 (ethanol)	CH_3CH_2OH	주류
유제놀 (eugenol)	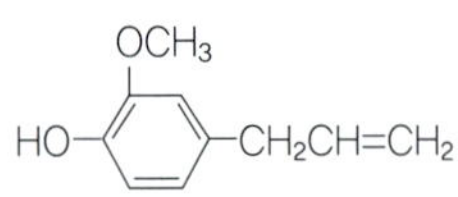	계피
3-헥세놀 (3-hexenol)	$CH_3CH_2CH=CH(CH_2)_2OH$	찻잎
2-헥세날 (2-hexenal)	$CH_3CH_2CH_2CH=CHO$	찻잎
2,6-노나다이에놀 (2,6-nonadienol)	$CH_3CH_2CH=CH(CH_2)_2CH=CHCH_2OH$	오이
1-옥텐-3-올 (1-octen-3-ol)	$CH_3(CH_2)CH_2CH_2CH_2OH=CH_2$	송이버섯

화학 성분	구조	함유식품
펜타놀 (pentanol)	$CH_3CH_2CH_2CH_2CH_2OH$	감자
프로파놀 (propanol)	$CH_3CH_2CH_2OH$	양파
벤즈알데하이드 (benzaldehyde)	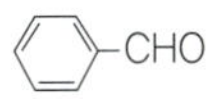	아몬드
시나믹알데하이드 (cinnamic aldehyde)	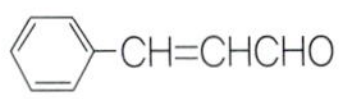	계피
바닐린 (vanillin)	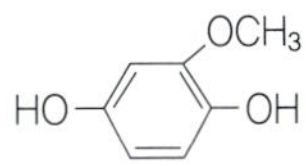	바닐라

(3) 정유류

오일류는 식물체의 꽃, 열매, 잎, 줄기 등에서 분해한 방향유(에센스유, essential oil) 성분이다. 버터를 냉장고에 보관하였을 때 제대로 밀봉하지 않고 보관하거나 오랫동안 보관하였을 때 냉장고의 불쾌한 냄새가 버터에서 나게 된다. 이는 아세토인(acetoine)이 다이아세틸(diacethyl)로 분해되었을 때 다이아세틸량이 더 많이 생성되었기 때문이다. 대체로 액상을 띠고 있으며, 가벼운 성질로 식물의 생육 정도, 채취 시기, 토양, 품종 등에 따라 다르다. 정유는 아이소프렌(CH_2=C(CH_2)−CH=CH_2)의 중합체인 터르펜(terpene)과 그 유도체인 알코올, 에스터, 알데하이드 및 케톤 등이 주요한 성분이다. 주류에는 레몬에 시트랄(citral), 리모넨(limonen), α−파이넨(α−pinene) 성분과 오렌지의 시트랄(citral), 장미유와 녹차의 제라니올(geraniol), 감귤류의 리모넨(limonene) 성분, 박하에 멘톨(menthol), 당근, 로즈마리와 솔잎과 같은 침엽수에는 α−파이넨(pinene) 성분이 들어 있다〈표 11-3〉.

[그림 11-5]는 정유 성분의 기본 단위가 되는 아이소프렌의 기본 구조이다. 모노터펜, 세스퀴터펜은 냄새를 내는 주요한 성분이고 디터펜과 트라이터펜, 테트라터펜과 폴리터펜 구조는 냄새를 내지 않는다.

〈표 11-3〉 식물성 식품 중의 정유류 냄새성분

성분	구조식	함유식품
시트랄 (citral)	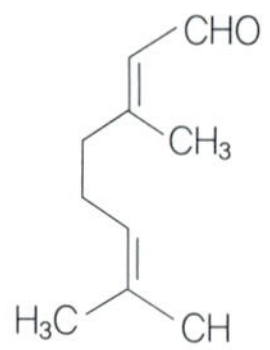	레몬, 오렌지
제라니올 (geraniol)	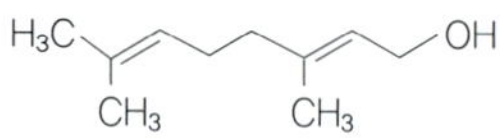	오렌지, 녹차
리모넨 (limonen)	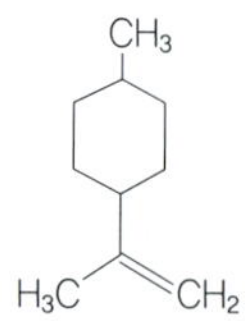	레몬, 오렌지
멘톨 (menthol)	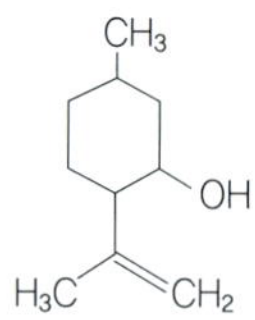	박하
α-파이넨 (α-pinene)	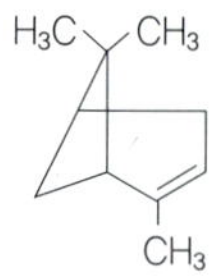	레몬, 당근

$$CH_2 = \underset{\substack{|\\ CH_3}}{C} - CH = CH_2$$

아이소프렌(isoprene, C_5H_8)

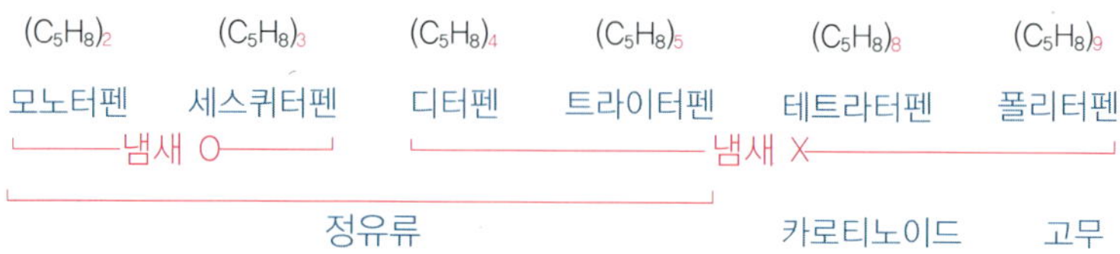

[그림 11-5] 정유의 종류

모노터펜, 다이터펜과 트라이터펜까지를 정유라고 부른다. 아이소프렌구조를 가지는 2분자와 3분자의 모노터펜과 세스퀴터펜은 식물 속에 많다.

그밖에 다이터펜에 속하는 물질은 레틴올(retinol), 레티날(retinal), 피톨(phytol), 아이소프렌 6분자로 이루어진 트라이터펜으로 스쿠알렌, 콜레스테롤, 아이소프렌 8분자로 이루어진 테트라터펜은 카로티노이드계 색소가 주를 이룬다. 천연고무도 터펜구조를 가지고 있다.

(4) 황화합물 채소류

단순 휘발성 황화합물은 소량으로 존재하면 좋은 냄새가 나고 다량으로 존재 시 악취가 난다. 채소류 중 엽채류와 근채류는 황화합물이 많이 함유되어 있으며 독특한 냄새가 난다. 식물성 식품의 황화합물 냄새성분은 다음 〈표 11-4〉와 같다.

이러한 화합물을 글루코시놀레이트라고 하며, 시니그린이 미로시나제에 의해 분해되면 포도당과 아이소싸이오사이아네이트(RN=C=S), 니트릴(RC≡N), 싸이오사이아네이트(RSC≡N)로 분해가 된다[그림 11-6]. 채소류의 향기성분은 에스터, 알데하이드, 케톤 등으로 휘발성 향기성분이 주가 되며 유황화합물을 함유하고 있다.

〈표 11-4〉 식물성 황화합물의 냄새성분

냄새성분	구조	함유식품
아이소싸이오사이안산알킬 (alkyl(aryl) isothiocyanate) =겨자유(isothiocyanate)	RN=C=S	무, 겨자, 고추냉이, 브로콜리, 콜리플라워
싸이오사이아네이트 (thiocyanate)	R–S–C≡N–C≡N	
황화알킬(알릴) (allyl sulfide)	R–S–R'	마늘, 파, 양파, 부추
메틸머캡탄 (methyl mercaptan)	CH_3SH	무
다이메틸머캡탄 (dimethyl mercaptan)	$CH_3CH(SCH_3)_2$	단무지

냄새성분	구조	함유식품
프로필머캡탄 (propylmercaptan)	$CH_3CH_2CH_2SH$	양파
에스알릴시스테인 설폭사이드 (s-allylcystein sulfoxide)	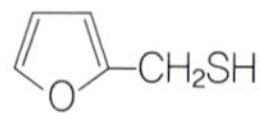	마늘
푸르푸릴필 머캡탄 (furfuryl mercaptan)	$CH_2=CHCH_2-\underset{\underset{O}{\Vert}}{S}-CH_2-\underset{\underset{NH_2}{\vert}}{CH}-COOH$	커피

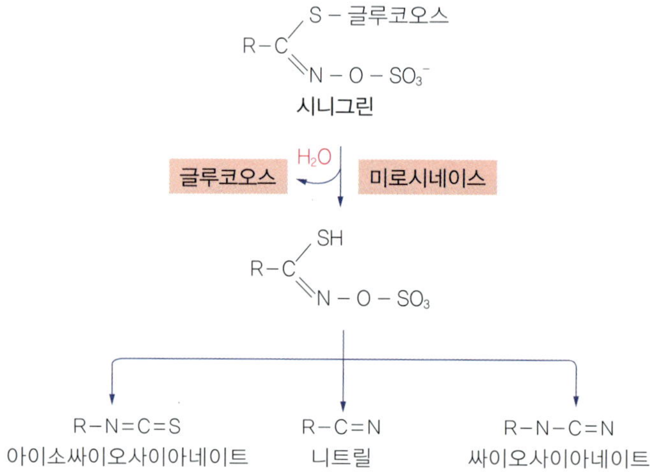

[그림 11-6] 글루코시놀레이트의 가수분해 과정

황화합물을 가지는 채소류에는 십자화과 채소류와 백합과 채소류로 구분된다. 이는 식물체 내에서 전구체 성분으로 있다가 조직이 파괴되면 강한 냄새를 내는데 이러한 것은 효소의 작용으로 강한 매운맛을 낸다.

1 겨자과(*Cruciferae family*) 채소류

겨자, 갓, 고추냉이, 배추, 양배추, 순무, 브로콜리, 콜리플라워 등은 겨자과에 속하는 채소들로, 꽃잎 4개가 십자 모양을 하고 있어서 십자화과(*Cruciferae family*)라고도 한다. 십자화과채소는 아이소싸이오사이아네이트(isothiocyanate, R–N=C=S)가 주성분이다. 겨자(mustard)는 여러 가지 향신료로 쓰이며, 강한 자극적인 냄새가 난다. 겨자의 주성분은 백겨자의 시날빈(sinalbin)과 흑겨자의 시니그린(sinigrin)이다. 겨자가루를 미지근한 물에 개어 주면 미로시네이스(myrosinase)에 의하여 아이소싸이오사이아네이트(isothiocyanate)로 분해된다. 고추냉이(wasabi)는 아이소싸이오사이안산알킬(alkyl isothiocyanate)과 아이소싸이오사이안산알릴(allyl isothiocyanate) 성분을 가지며, 최루성이 매우 강하다.

겨자의 냄새성분이 생성되는 기전은 다음과 같다[그림 11-7].

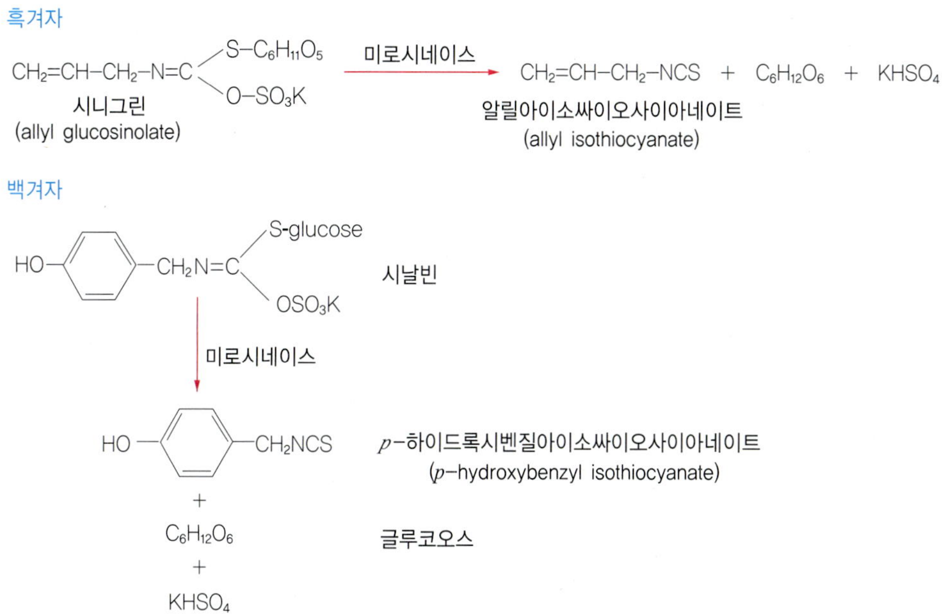

[그림 11-7] 겨자의 냄새성분 생성과정

부추나 파의 작용기전도 동일하다. 마늘을 흑마늘로 가열 발효하면 자극적인 매운맛이 사라지고 생마늘보다 향이 약해져 식감이 쫄깃거리고 신맛과 단맛이 조화를 이룬다. 흑마늘에는 폴리페놀의 함량이 증가하고 항산화력이 커진다. 흑마늘에는 *S*−알릴시스테인(*S*−allyl cysteine), *S*−메틸시스테인(*S*−methyl cysteine)과 같은 수용성 함황아미노산이 있다. 흑마늘은 항산화능이 커서 암 예방, 콜레스테롤 저하, 동맥경화 개선과 심장질환의 예방 효과가 크다고 알려져 있다[그림 11-8].

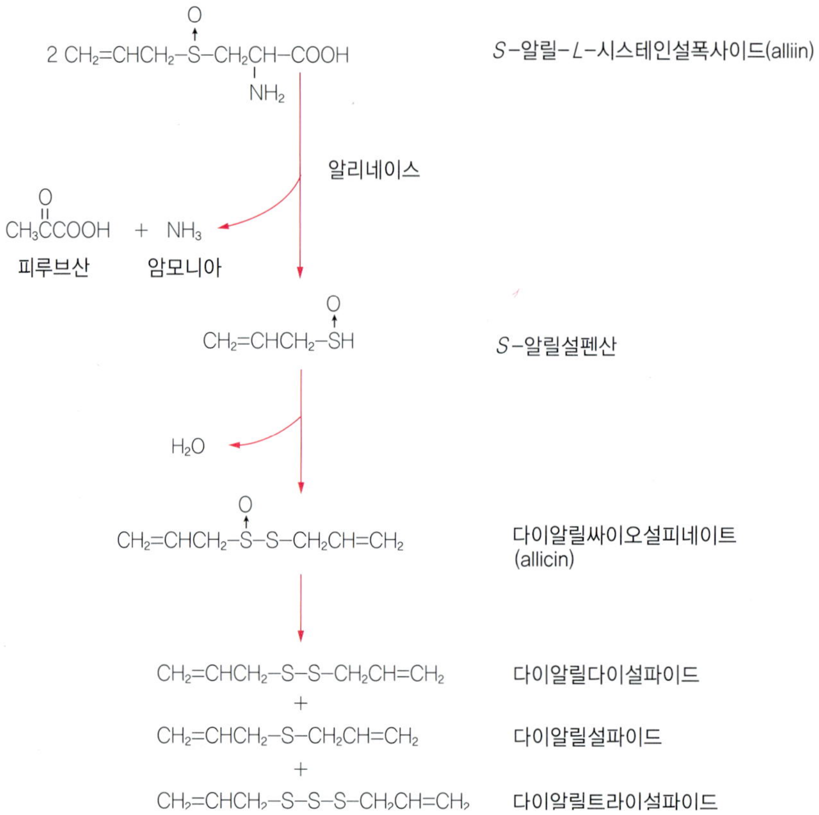

[그림 11-8] 마늘의 냄새성분 생성과정

2 파과(*Allium family*) 채소류

양파, 파, 마늘, 부추 등은 파과(*Allium family*)에 속하는 대표적인 채소들로, 백합과 채소라고도 한다. 이들 채소는 조직이 파괴되지 않은 상태에서는 냄새를 내지 않으나, 갈거나 다질 경우에는 강한 자극성의 매운맛과 냄새를 내며 가열, 조리 후에는 자극성의 냄새가 거의 사라진다. 냄새성분으로 휘발성 유기 황화합물을 함유하고 있고 이 화합물은 효소반응에 의하여 형성된다. 파과 채소류는 황화알킬(R−S−R′)이 주성분이다. 마늘의 신선한 식품에 존재하는 알린(alliin)은 다지면 가수분해효소 알리네이스(alliinase)에 의하여 매운맛 성분이 알리신(allicin)으로 변화된다. 알리네이스가 작용하면 1−propheyl sulfonic acid와 최루성 효소가 결합하여 싸이오프로판알-S-옥사이드(thio propione aldehyde-*S*-oxide)인 황화알킬기와 최루성 성분인 프로필머캡탄(1-propyl mercaptan)과 메틸머캡탄(methyl mercaptan)과 같은 머캡탄류(R-SH) 물질로 환원된다. 양파는 썰어서 냉수에 담가 두거나 양파를 썰기 전에 냉장고에 보관하면 최루성 매운맛 성분의 생성을 감소시킬 수 있다. 양파의 황화합물인 다이프로필다이설파이드를 가열하면 프로필머캡탄으로 변한다. 이것은 설탕의 50~70배 정도 단맛이 증가한다고 알려져 있다. 볶거나 튀긴 양파에는 sulfoxide(R-S=O)성분인 *trans*-아조엔(ajoene)과 2-비닐-1,2-디티인(2-vinyl-1,2-dithiin) 등으로 분해되어 단맛이 증가한다. 양파의 냄새성분은 [그림 11-9]와 같다. 순무의 냄새성분은 trans-4-methylthio-3-butenyl isothiocyanate가 매운맛 성분이다〈표 11-5〉.

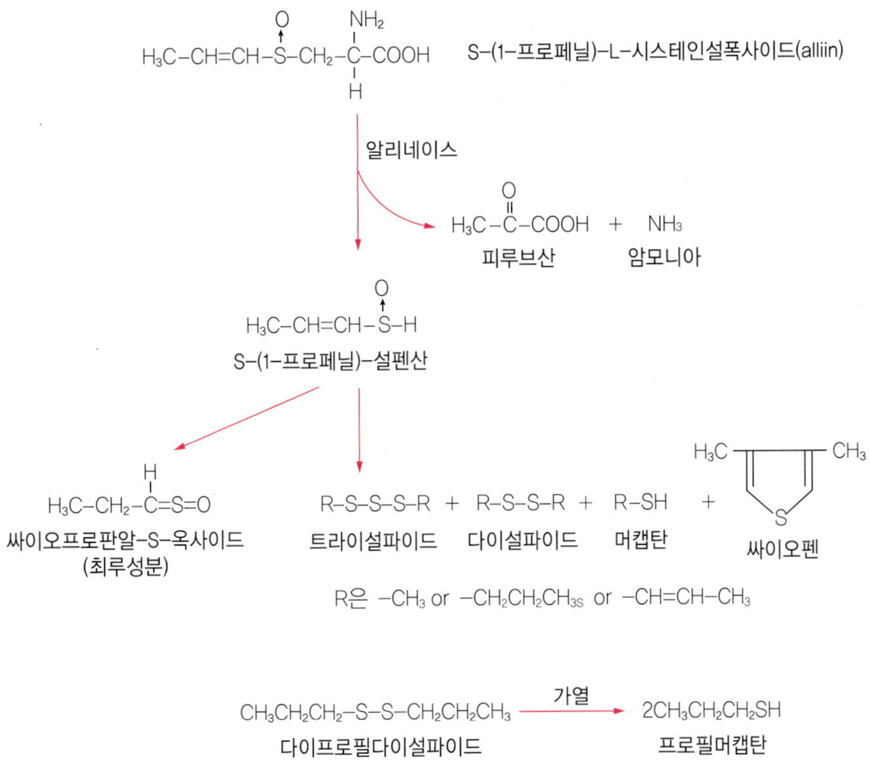

[그림 11-9] 양파의 냄새성분 생성 과정

3 기타 채소류 냄새성분

각종 버섯의 냄새성분은 렌싸이오닌(lenthionine), 양송이버섯의 냄새성분은 1-octen-3-ol, 1-octen-3-one이다. 송이버섯은 1-octen-3-ol, 시남산메틸(methyl cinamate)과 lenthionine이 주성분이다.

미나리에는 미르센(myrcene) 성분, 피넨(pynene)과 터피놀렌(terpinolene)성분이 주요한 냄새성분이다. 쑥에는 1,8-cineol이 25~30% 차지하는 주성분이고 카리오필렌(caryophallene), 리나로올(linarool)과 보르네올(borneol) 같은 알코올이다. 맥주의 원료인 홉에는 후물렌(humulene), 미르센(myrcene), 아이소후물론(isohu-mulone) 등이 주요한 냄새성분이다.

셀러리의 냄새성분은 알데하이드, 알코올, 에스터, 프탈라이드(phthalide)이며 세다놀라이드(sedanolide)와 아피올(apiol)이 주성분이다. 파슬리의 주성분은 아피올이다. 오이의 독특한 냄새성분은 2,6-노나다이에놀(nonadienol)이며, 노네날(2-nonenal), 에타날(ethanal), 프로파날(propanal), 헥사날(hexanal), 2-헥산알(2-hexenal) 등이 있다. 어린 찻잎에 존재하는 풋내 성분은 *cis*-3-헥세놀과 *cis*-3-헥센알이다.

바질과 타라곤에는 메틸차비콜(emthylchavicol), 로즈마리에는 1,8-시네올, 버베논(verbenone), 세이지에 α-투존(α-thujone)과 캠퍼(camphor)가 주요한 정유 성분이다. 스피아민트에는 (−)카본, 캐러웨이와 딜에는 (+)카본이 들어 있다〈표 11-5〉.

〈표 11-5〉 채소류의 냄새성분

분류	냄새성분
버섯	① 표고버섯: 렌싸이오닌(lenthionine) ② 양송이 버섯: 1-옥텐-3-올(1-octen-3-ol), 1-옥텐-3-온-(1-octen-3-one) ③ 송이버섯: 시남산메틸(methyl cinamate), 1-옥텐-3-올이 주성분 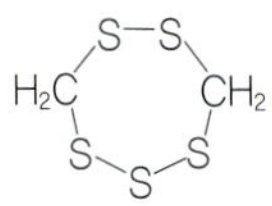 렌싸이오닌 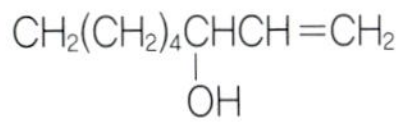 1-옥텐-3-올 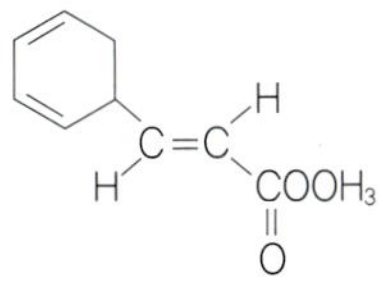 시남산메틸
미나리, 쑥, 홉	① 미나리: 미르센(myrcene), α,β-pinene), 터피놀렌(terpinolene) ② 쑥: 1,8-시네올(1,8-cineol), 카리오필렌(caryophyllene), 리나로올(linalool), 보르네올(bornerol) ③ 홉: 후물렌(humulene), 미르센(myrcene), 디에틸프탈레이트(diethylphtalate) 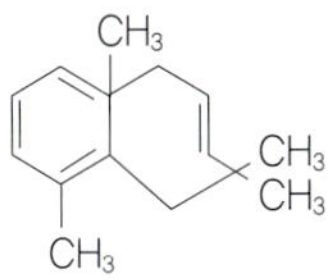 후물렌 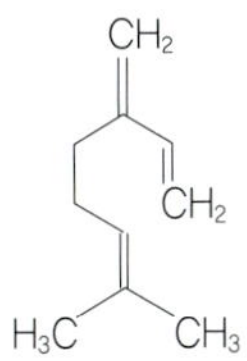 미르센 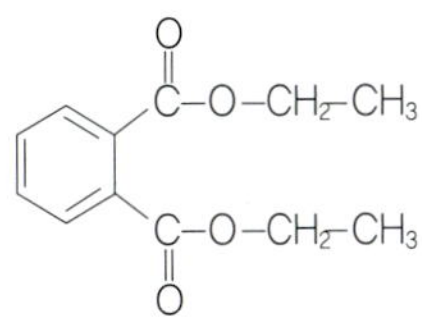 디에틸프탈레이트
셀러리, 파슬리	① 셀러리: 세다놀리드(sedanolide), β-셀리넨(β-selinene) ② 파슬리: 아피올(apiol)이 주성분 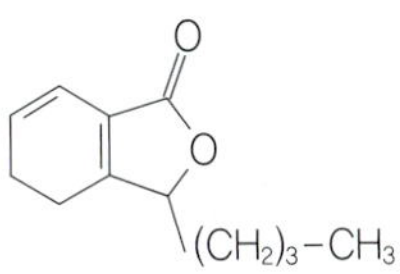 세다놀리드 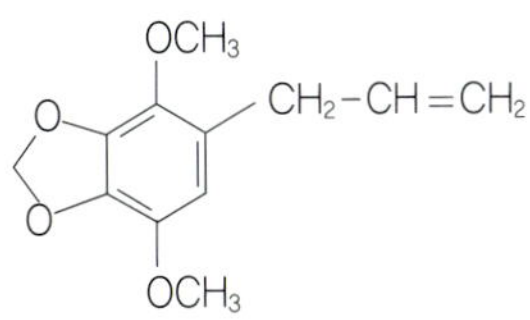 아피온
오이	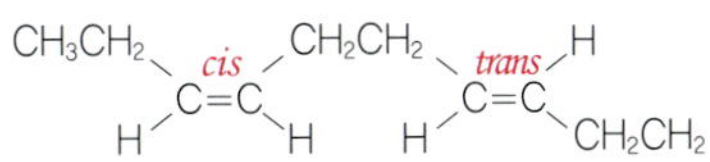 2,6-노나디에놀(2,6-nonadienol) $CH_3(CH_2)_5CH=CH=CHO$ 2-노네날(2-nonenal)
차잎 (어린잎, 푸른잎)	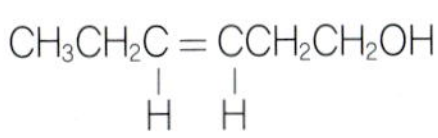 헥세놀(*cis*-3-hexenol, 청엽알코올) 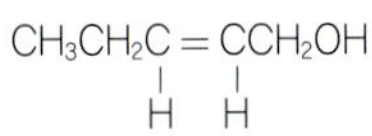 헥세날(*cis*-3-hexenal, 청엽의 알데하이드)

분류	냄새성분
순무(무)	매운 향기 성분 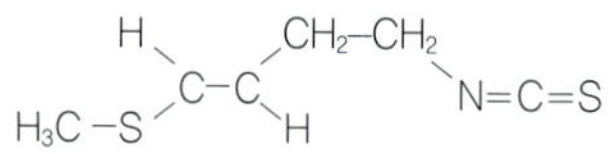 *트렌스*–4–메틸싸이오–3–부테닐 아이소싸이오사이아네이트 (*trans*–4–methylthio–3–butenyl isothiocyanate)
바질, 타라곤	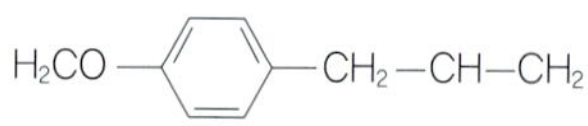 메틸차비콜(emthylchavicol)
로즈마리	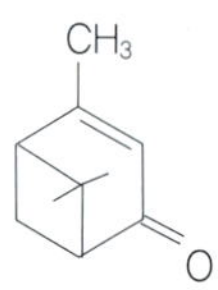 버베논(verbenone) 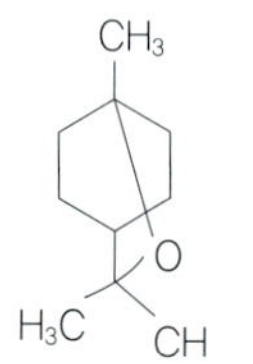 1,8–시네올(1,8–cineol)
세이지	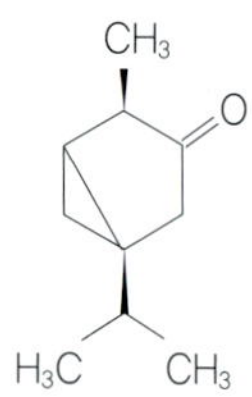 α–투존(α–thujone) 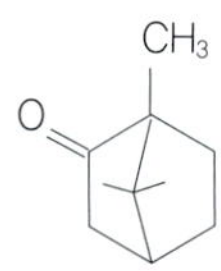 캠퍼(campor)
박하	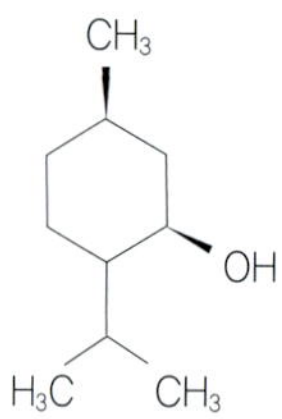 (–)-멘톨(menthol) 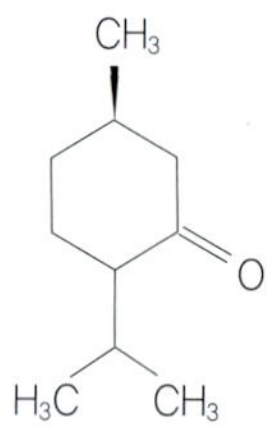 멘톤(menthone) 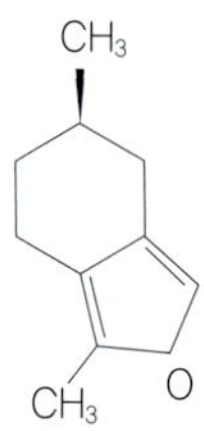 멘토푸란(menthofuran)

2) 과일류의 향기성분

과일의 향기성분은 품질 평가에 있어서 매우 중요하다. 과일 속의 향기성분은 알데하이드, 케톤, 알코올, 유기산, 테르펜류 등이다. 과일 속에 든 향기성분은 다음 〈표 11-6〉과 같다.

그밖에 복숭아에는 2,3-hexenal, hexenal, benzaldehyde가 들어 있다. 기타 토마토에는 파네실락톤(farnesyl lactone)과 제라닐락톤(geranyl lactone)과 같은 락톤류가 들어 있고 2-methyl-1-butanol, 2-methyl propanol과 같은 알코올 성분도 들어 있다〈표 11-6〉.

〈표 11-6〉 과일의 향기성분

	에스터	알데하이드 및 케톤	알코올	산	기타(ether, lactone)
사과	• amyl formate • *n*-butyl acetate • *n*-hexyl acetate • isoamyl acetate • isoamyl formate • isoamyl butyrate	• acetaldehyde • formaldehyde • 2-hexanal • 1-nonanal • propanal	• ethanol • isobutanol • *n*-hexanol • isopentanol • isopropanol	• benzoic acid • caproic acid • citric acid • fumaric acid • malic acid • quinic acid • succinic acid	
감귤류	• ethyl acetate • ethyl butyrate • ethyl caproate • ethyl caprylate	• benzaldehyde • benzene accet-aldehyde • citral • 1-decanal • octanal	• decanol • ethanol • 2-hexene-1-ol • linalool	• ascorbic acid • citric acid • fumaric acid • malic acid	
바나나	• ethyl acetate • isoamyl acetate • isoamyl butyrate • isoamyl isovalerate • isobutyl acetate • *n*-hexyl acetate	• *trans*-2-hexanal	• isobutanol • 2-pentanol • *n*-butanol • isoamyl alcohol	• acetic acid • citric acid • lactic acid • malic acid • oxalic acid	
파인애플	• ethyl acetate • ethyl butyrate • methyl acetate • methyl *n*-butyrate • methyl *n*-valeraacet-aldehyde	• *trans*-2-hexanal • furaneol (=pineapple ketone)	• iso-butanol • methanol • *n*-propanol • *n*-pentanol • ethanol	• acetic acid • ascorbic acid	• γ-caprolac-tone • chavicol (=ether)

	에스터	알데하이드 및 케톤	알코올	산	기타(ether, lactone)
복숭아 살구 자두		• 2,3-hexenal • hexenal • benzaldehyde			• γ-decalactone • γ-dodecalactone
키위		• 2-hexenal	• 2-hexenol-1-ol		
배	• pentyl butyrate				
바나나	• isopentyl acetate • isoamyl acetate				• eugenol (=ether)
아몬드		• benzaldehyde			
체리		• benzaldehyde	• benzyl alcohol		
토마토			• 2-methyl-1-buthanol • 2-methyl propanol		• farnesyl lactone • geranyl lactone
딸기	• ethyl butanoate • methyl butanoate		• furaneol	• acetic acid	• maltol (3-hydroxy-2-methyl-4H-pyran-4-one)
라즈베리		• 4-hydroxyphenyl-2-butanone (= rasberry ketone)			
참외 메론	• ethyl acetate • 2-methyl buthyl acetate • nonanyl acetate • ethyl-2-methyl-thio-acetate				
수박			• 3-nonen-1-ol, • 3,6-nonadien-1-ol		

3) 동물성 식품의 냄새성분

동물성 식품에는 육류와 어류에 단백질, 아미노산, 기타 질소화합물 등이 분해되어 휘발성 아민류가 생성되고 우유 유제품이 분해되면 지방산과 카르보닐 화합물이 생성되어 주된 냄새성분이다.

(1) 부패냄새의 화학적 판정법

1 피페리딘

민물고기의 비린내 성분은 피페리딘(piperidine)이다[그림 11-10]. 라이신이 탈탄산화되어 카다베린을 생성하고 탈암모니아화되면서 피페리딘을 생성한다. 신선도가 저하되면 δ-아미노발레르알데하이드(δ-aminovaleraldehyde)나 δ-아미노발레르산(δ-aminovaleric acid)이 생성된다. 또한, δ-아미노발레르산은 아르기닌에서도 생성된다. 이 성분들은 대부분 염기성이다. 따라서 식초의 산으로 처리하면 중

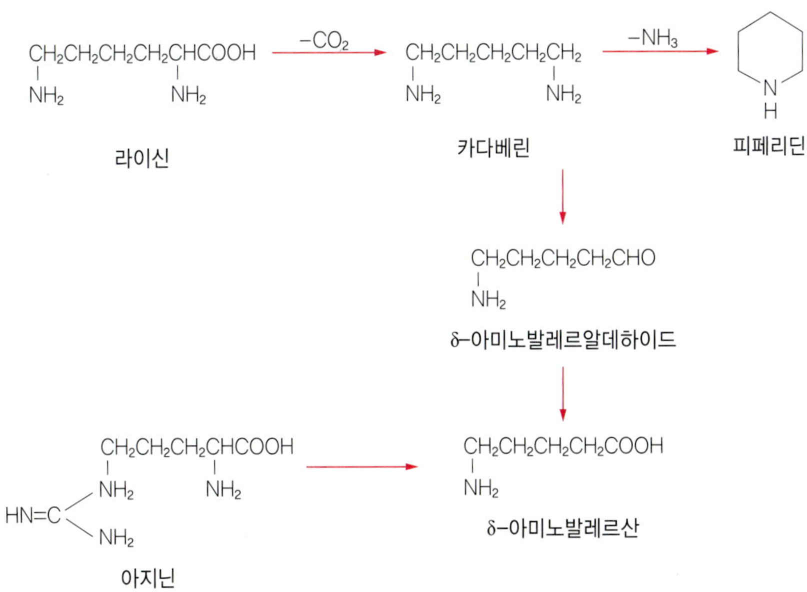

[그림 11-10] 민물고기(담수어)의 냄새성분 생성과정

화되어 비린내 성분이 제거된다. 생선을 요리할 때 식초를 사용하면 생선살을 단단하게 응고시키는 단백질 응고효과도 있다.

2 트리메틸아민

상어, 가오리, 홍어와 같은 바다에서 나는 연골어류는 삭히거나 부패하게 되면 자극성 암모니아 냄새가 난다. 이것은 체액에 함유된 트리메틸아민옥사이드(trimethyl amine, TMAO)가 분해되어 암모니아를 형성하기 때문이다[그림 11-11]. 트리메틸아민옥사이드(trimethyl oxide)는 신선도가 떨어져 환원되면 산소가 제거되면서 트리메틸아민이 된다. TMA의 함량에 따라서 신선도를 판정하는 데 사용하기도 한다. 신선한 생선의 TMA 함량은 3mg%이고, 초기부패한 생선의 TMA 함량은 4~5mg%이며, 10mg% 이상에서는 부패한 생선이다. TMA는 경골어보다는 연골어에서 더 많이 나온다〈표 11-7〉. 경골어에서는 단백질이 부패세균에 의하여 부패하나, 홍어와 같은 연골어류를 숙성시키면 요소가 가수분해되어 암모니아가 생성되기 때문에 단백질이 분해되어 조직이 물러지는 부패 상태가 되지는 않는다[그림 11-12].

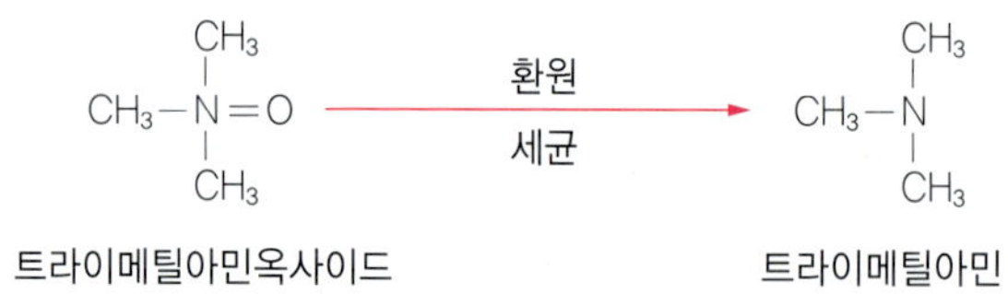

[그림 11-11] 해수어 비린내 성분 구조

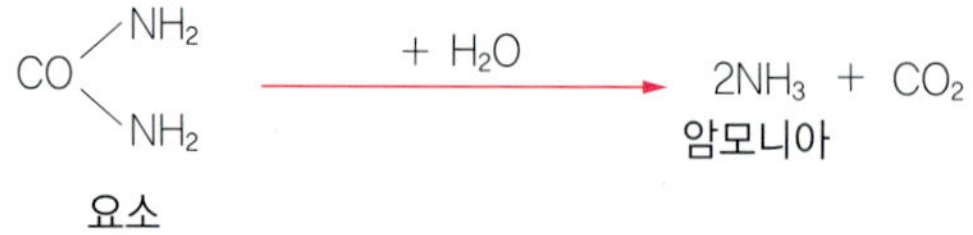

[그림 11-12] 연골어류 비린내 성분 구조

〈표 11-7〉 어류 중 트리메틸아민옥사이드의 함량

종류	함량(mg%)
민물고기	4~6
경골 바다물고기	40~100
연골 바다물고기	700~900

3 휘발성 염기질소(Volatile basic nitrogen, VBN)

단백질 식품이 부패하면 아미노산, 암모니아, 아민 등으로 분해되어 휘발성 염기질소가 나오는데 어육류 초기부패의 기준으로 30~40mg%이다. 일반적으로 신선한 어육 100g 중에는 5~10mg의 함량(5~10mg%)이 들어 있고 15~25mg%이면 보통의 선도를 나타낸다. VBN이 30~40mg% 이상 들어 있으면 초기부패한 것으로 비린내가 강하게 난다.

4 히스타민 생성

꽁치, 방어, 가다랑어, 참치, 고등어와 같이 등푸른 생선의 당질, 혈액 등에 첨가되어 혼입된 성분은 탈탄산이 되어 아미노산인 히스티딘(histidine)이 히스타민(histamine)을 생성한다. 일본에서는 어육 100g 중 400~1,000mg%이면 식중독을 일으킨다고 보고되었다. 이것은 알레르기성 식중독의 원인물질로 VBN의 함량은 증가하지 않는다. 히스티딘은 *Morganella morgani* 박테리아와 아민 산화효소(amine oxidase)에 의하여 변화하면 식중독의 원인 물질인 히스타민이 생성된다.

$$\text{histidine} \xrightarrow[\text{amine oxidase}]{\textit{Morganella morgani}} \text{histamine}$$

5 트립토판의 분해

대장균, 장염비브리오, 부패세균인 *Pseudomonas* 속과 같이 세균이 가지는 tryptophanase에 의해서 indol etheylamine을 거쳐서 indole이 생성된다.

$$\text{tryptophane} \rightarrow \text{indole ethylamine} \rightarrow \text{indole}$$

6 K값

어패류의 신선도와 감칠맛을 측정하는 방법으로, K값을 측정한다. 신선한 어패류일수록 nucleotide가 높은 것으로 보고 그 유도체인 neucleoside, purine유도체가 많으면 비린내 성분이 높은 것으로 판정한다. 일반적인 어패류의 K값은 죽은 직후 어류의 선도가 양호한 것은 10% 이하이며, 20% 이하이면 회나 초밥용으로 사용하기 적당하고, 40% 정도는 찜이나 구이에 쓰이며, 60~80%이면 초기부패 단계로 판정한다.

$$\text{ATP} \xrightarrow{\text{ATPase}} \text{ADP} \xrightarrow{\text{mirokinase}} \underset{(\text{감칠맛})}{\text{AMP}} \xrightarrow{\text{deaminase}} \underset{(\text{감칠맛})}{\text{IMP}} \xrightarrow{\text{phosphatase}} \underset{(\text{무미})}{\text{inosine}} \xrightarrow{\text{nucleosidase}} \underset{(\text{무미})}{\text{hypoxantine}}$$

$$\text{K값}(\%) = \frac{\text{ATP 분해물질(inosine +hypoxanthine)}}{\text{ATP 관련 물질(ATP+ADP+AMP+IMP+inosine+hypoxnthine)}} \times 100$$

7 pH

탄수화물이 많은 식품은 미생물의 증식으로 유기산이 생성되므로 pH가 저하되나, 조개류, 연제품, 달걀 등은 예외이다. 신선한 식육은 pH 7.4 정도인데 산성 쪽으로 저하되었다가 5.4~5.5가 된다. 이때는 신선한 형태의 육류가 숙성된 경우이다. 6.0~6.2 정도가 되면 초기부패로 판정하며 냄새가 날 수 있다. 그러나 여러 가지 식품의 종류에 따라 다르고, 가공법과 균종이 다르므로 pH 단독으로 부패취를 판정하는 것은 곤란하다. 달걀은 부패되면 농후난백이 수양난백으로 변하고 pH 8.0~9.0 이상으로 증가하여 품질검사에 사용하기도 한다.

8 VRS

VRS(volatile reductive substances: VRS)는 통조림 식품의 휘발성 환원물질을 측정하는 방법으로 원유의 경우에는 methylene blue 등 산화환원지시약을 사용하여 신선도를 판정한다.

(2) 가열한 육류의 냄새성분

가열한 육류의 냄새가 다른 것은 함유 지방의 존재가 다르고 냄새성분에는 아민류와 지방산 등이 있다.

가열한 육류에는 methanal, 2-methyl propanal, hexenal, ethanal, butanal과 같은 알데하이드와 propanone, butanone과 같은 케톤이 존재한다. ethanol과 methanol과 같은 알코올이 존재하고 산에는 개미산(formic acid), 초산(acetic acid), 프로피온산(propionic acid), 부티르산(butyric acid) 등이 존재한다. Methyl mercaptane, ethyl mercaptane, dimethyl sulfide, hydrogene sulfide 등 황화합물이 들어 있다. 가열을 하면 식욕을 촉진시키며, 발암물질로 알려진 헤테로고리화합물인 퓨란(furan)과 퓨라논(furanone) 등이 생성된다〈표 11-8〉, [그림 11-13].

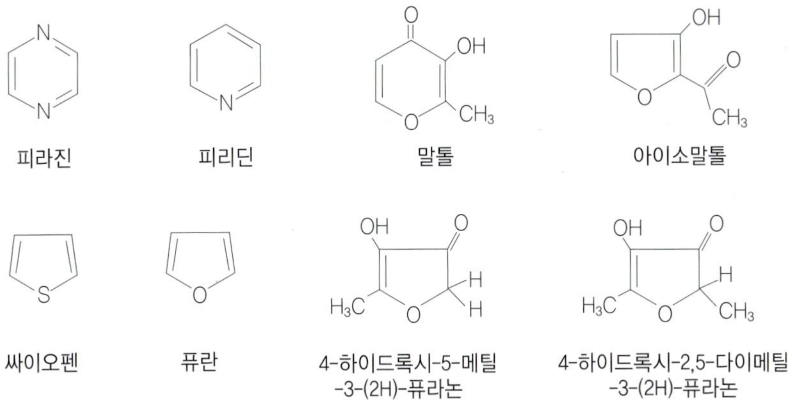

[그림 11-13] 가열 조리된 식품에서 발견되는 몇 가지 냄새성분의 구조

〈표 11-8〉 가열한 육류의 냄새성분

분류	이름		
알데하이드 및 케톤	methanal		
	2-methyl propanal	ethanal	propanal
	hexanal	butanal	2-methyl butanal
	propanone	butanone	butane-2,3-dione
알코올	methanol	ethanol	
산	formic acid butyric acid	acetic acid	propionic acid
황화합물	methyl mercaptan hydrogen sulfide	ethyl mercaptan	dimethyl sulfide
헤테로고리화합물	4-hydoxy-2,5-dimethyl-3(2H)-furanone		

(3) 우유 및 유제품의 냄새성분

신선한 우유의 주된 냄새성분은 카르보닐화합물, 저급지방산, 메틸설파이드 등이 있다. 카르보닐 화합물에는 포름알데하이드(formaldehyde), 아세트알데하이드(acetaldehyde), 펜타날(pentanal), 헥사날(hexanal), 헵타날(heptanal), 아세톤(acetone) 등이 있고 저급지방산인 뷰티르산(butyric acid, $C_{4:0}$), 카프로산(caproic acid, $C_{6:0}$), 카프릴산(caprylic acid, $C_{6:0}$)과 프로피온산 등이 있다. 신선한 우유를 장시간 방치하거나 가열 살균을 하면 이러한 지방산은 산패되고 단백질은 휘발성 카르보닐화합물의 생성량이 증가한다〈표 11-9〉. 버터의 향기성분으로는 아세토인(acetoin)과 다이아세틸(diacetyl)이 주를 이룬다〈표 11-9〉.

〈표 11-9〉 유제품의 냄새성분

분류	냄새성분
버터	신선한 버터: 아세토인, 다이아세틸, 휘발성 지방산 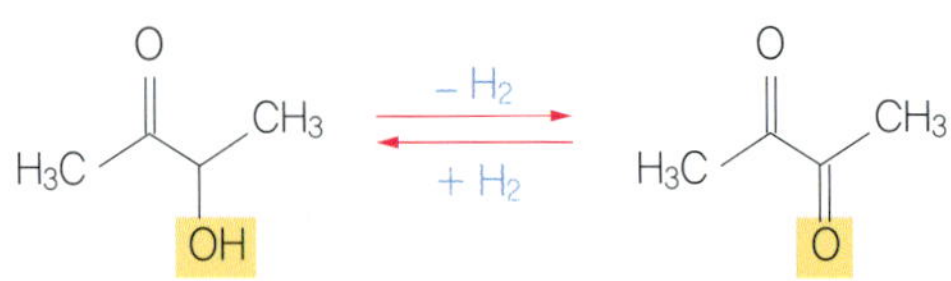 아세토인 다이아세틸

4) 조리 · 가공한 식품의 냄새성분

식품을 조리 · 가공하면 퓨란(furan), 파이론(pyron), 카보닐(carbonyl), 산(acid), 피롤(pyrol), 피라진(pyrazine), 옥사졸(oxazole), 티아졸(thiazole)과 황(sulfur) 등 여러 가지 냄새성분이 생성된다. 빵, 과자, 스테이크, 볶은 땅콩, 초콜릿, 커피, 볶은 차 등 가열조리 식품의 달고 향긋한 성분은 주로 좋은 냄새를 낸다. 빵에는 이스트에 존재하는 성분이 당과 반응하여 알코올과 에스터를 형성하고 이것은 굽는 동안 마이야르 반응과 캐러멜화 반응(caramelization)으로 냄새를 만든다. 캐러멜화 반응은 설탕 내 존재하는 당이 가열로 분해되어 산화반응을 거치면서 퓨푸랄(furfural), 하이드록시메틸 퓨푸랄(hydroxymethyl furfural)과 같은 방향족 고리화합물을 만든다. 단백질은 고온에서 아미노산이나 열분해로 탈탄산과 탈아미노산 반응을 하고 알데하이드, 탄화수소, 아미노산, 나이트릴(nitrile), 아민(amine)이 생성된다. 지질은 광산화, 자동산화, 가열 및 효소에 의해 분해된 알데하이드(aldehyde), 케톤(ketone), 에스터(ester) 등 다양한 냄새를 생성하여 산패취와 같이 바람직하지 못한 냄새를 생성한다〈표 11-10〉. 밥을 가열할 때는 아세트알데하이드, 저급 알데하이드, 아세톤, 암모니아, 황화수소 등의 냄새성분이 생성되면서 식욕을 촉진하고, 묵은쌀에는 카프로알데하이드(*n*-caproaldehyde) 성분이 존재하며 쉰밥의 경우 뷰티르산(butyric acid) 성분이 생성된다. 〈표 11-11〉에는 여러 가지 훈연 및 발효 중 생성되는 냄새성분을 나타내었다.

〈표 11-10〉 가공식품 중 냄새성분

식품	냄새 생성	냄새성분
빵	• 반죽의 발효과정에서 알코올과 에스터를 생성 • 굽는 과정에서 마이야르 반응으로 생성된 카보닐화합물이 빵의 냄새에 기여 • 빵의 고소한 냄새는 갈변반응에서 생성	• 에탄올, 프로판올아이소아밀알코올 • 아세토인 —가열→ 다이아세틸 • furfural, hydroxymethyl furfural, pyrazine, maltol

식품	냄새 생성	냄새성분
캐러멜	• 설탕 등 당류가 가열 · 분해 · 산화과정을 거쳐 냄새성분 생성	• 설탕 $\xrightarrow{\text{가열}}$ furfural, hydroxymethyl furfural 생성
초콜릿 및 코코아	• 코코아 콩을 볶는 과정에서 아미노산과 환원당의 상호작용에 의하여 카보닐화합물, 피라진, 헤테로 고리 화합물 생성 • 스트레커 반응에 의한 알데하이드 간의 상호 반응 결과로 초콜릿 냄새 생성	• 아세트알데하이드, 벤즈알데하이드, 메틸 다이설파이드, 피라진, 아세트산 phenylacetaldehyde + 3-methyl butanol ↓ 5-methyl-2-phenyl-2-hexenal (초콜릿의 냄새성분)
삶은 채소	• 채소를 삶을 때 소량의 냄새성분 생성 • 무, 양파 등에 존재하는 일부 황화합물이 특유의 냄새 생성	• 포름알데하이드, 아세트알데하이드, 다이메틸 설파이드, 메틸머캡탄, 프로필머캡탄, 황화수소 등 생성
커피	• 커피콩을 볶는 과정에서 마이야르 반응에 의한 카보닐화합물 생성 • 탄수화물과 단백질이 열 분해되면서 냄새성분 생성 • 강하게 볶을수록 냄새성분이 다량 생성	• 탄수화물의 열분해: 피라진, 퓨란, 파이롤 등 헤테로 고리 화합물 생성 • 단백질의 열 분해: 암모니아, 아민, 메틸머캡탄, 다이메틸다이설파이드 등 생성
밥	• 밥을 짓는 과정에서 식욕을 촉진하는 냄새성분이 소량 생성 • 묵은쌀로 지은 밥이나 쉰밥에서는 특유의 냄새 발생	• 아세트알데하이드, 아세톤, 암모니아, 황화수소 • 묵은쌀의 냄새성분: n-카프로알데하이드 • 쉰밥의 냄새성분: 뷰티르산

5) 훈연냄새와 발효 냄새

〈표 11-11〉 훈연과 발효 냄새성분

분류	냄새성분
훈연향	햄, 소시지의 훈연 향으로 카르보닐 화합물, 유기산류, 페놀류(4-비닐과이어콜)
발효향	① 발효차 냄새: 리나로올(linaool), 제라니올(geraniol), 다마세논(damasenone) ② 간장: 메싸이오놀(methionol), γ-머캡토프로필 알코올(γ-mercaptopropyl alcohol) ③ 식초: 초산(acetate) ④ 된장, 치즈: 에티-β-메틸 머캡토프로피오네이트(ethyl-β-methyl mercaptopropionate) ⑤ 청국장, 납두: 아이소뷰티르산(iso-butyric acid), 2-메틸뷰티르산(2-methyl butyric acid)
부패취	어육류의 부패취: 메틸머캡탄, 암모니아, 황화수소, 인돌, 스카톨, 이산화탄소

식품의 갈변

1. 갈변반응의 종류
2. 효소적 갈변반응
3. 비효소적 갈변반응

12

FOOD CHEMISTRY

식품은 조리나 가공의 과정 중에 고유의 색이 퇴색되거나 갈색으로 변한다. 이러한 변색은 소비자들이 식품의 품질을 판단하는 데 직·간접적으로 영향을 주기 때문에 식품의 저장과 가공 시 중요하게 다루어진다.

식품의 변색 원인은 크게 2가지이다. 식품 자체에 함유되어 있는 클로로필, 카로티노이드 등의 색소가 퇴색 또는 변색하는 경우와 식품성분 사이의 화학반응에 의해 갈색물질이 생성되는 경우이다. 이와 같이 식품이 가공 및 저장 중에 갈색 또는 흑갈색으로 변화하는 반응을 갈변(browning)이라 한다.

갈변반응은 바람직한 방향으로 식품의 기호성과 품질을 향상시키기도 하고 반대로 영양성을 저하시키기도 한다. 바람직한 경우는 간장, 된장의 색이나 구운 빵의 먹음직스러운 색, 홍차 특유의 색 등이다. 또한, 커피나 볶은 땅콩 등의 경우 갈변반응과 함께 특징적인 향미성분이 생성되면서 풍미를 증진시키기도 한다. 그러나 썰어 놓은 사과, 감자 등의 갈변이나 과즙의 갈변은 바람직하지 못한 현상이며, 특히 곡류 가공식품의 경우 라이신과 같은 필수아미노산이 갈색화 반응을 통해 파괴될 수 있기 때문에 영양가의 손실을 초래한다.

1. 갈변반응의 종류

식품의 갈변반응은 크게 효소가 관여하는 효소적 갈변반응(enzymatic browning reaction)과 효소가 관여하지 않는 비효소적 갈변반응(nonenzymatic browning)으로 나눌 수 있다〈표 12-1〉.

〈표 12-1〉 갈변반응의 분류

분류	종류
효소적 갈변반응 (enzymatic browning reaction)	폴리페놀 산화효소(polyphenol oxidase)
	타이로시네이스(tyrosinase)
비효소적 갈변반응 (non-enzymatic browning reaction)	마이야르(Maillard) 반응
	캐러멜화(caramelization) 반응
	아스코브산(ascorbic acid) 산화반응

2. 효소적 갈변반응

1) 폴리페놀 산화효소에 의한 갈변

채소나 과일의 껍질을 깎거나 잘게 자를 때 잘린 표면이 갈색으로 변하는 현상은 바로 효소 때문이다. 효소적 갈변반응이 일어나기 위해서는 3가지 요소가 갖추어져야 하는데, 효소, 기질, 산소이다. 가장 중요한 효소는 폴리페놀 산화효소로서 구리를 함유한다. 이 효소에 의한 갈변은 사과, 배, 바나나, 복숭아, 우엉, 고구마, 홍차 등과 같이 일상생활에서 흔히 보는 과일과 채소에서 쉽게 일어난다. 대개는 품질을 떨어뜨리는 요인이지만, 우롱차와 홍차 등의 제조에서는 의도적으로 이 반응을 일으켜 특유의 색소를 생성하는 데 이용되기도 한다.

반응의 기질은 폴리페놀(polyphenol)류로서 주로 카테콜, 클로로젠산, 카페인산 등이다. 효소와 공기 중의 산소에 의해 기질인 폴리페놀 화합물이 퀴논유도체로 산화되고 활성이 강한 이들이 계속 비효소적으로 산화중합되면서 최종적으로 멜라닌이라는 갈색 또는 흑갈색의 색소물질이 형성된다[그림 12-1].

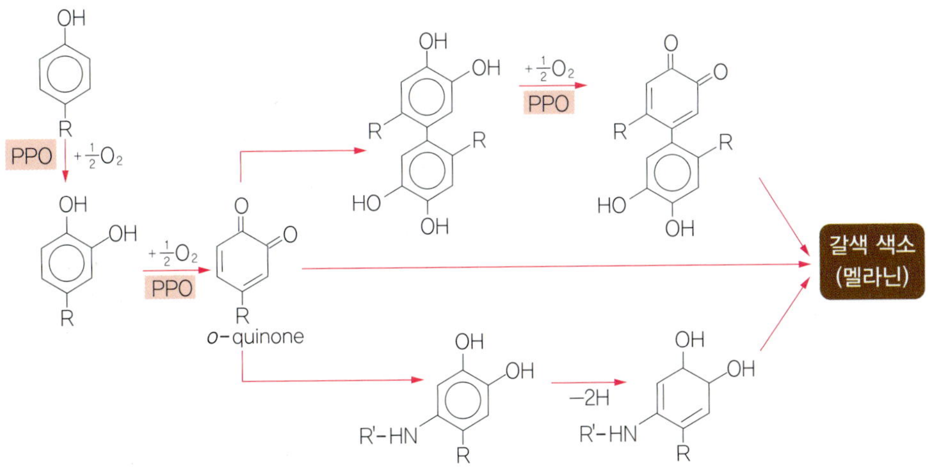

[그림 12-1] 폴리페놀 화합물의 산화효소에 의한 멜라닌 색소의 형성

한편, 예외로 감귤류는 비타민 C가 많아 거의 갈변이 일어나지 않고, 감은 효소가 탄닌(tannin)과 결합한 채 불활성화되기 때문에 갈변반응에 참여하지 못한다.

고온에서 가열처리된 가공식품에서는 고온에 따른 효소의 불활성화로 인해 효소에 의한 갈변이 일어나지 않는다.

2) 타이로시네이스에 의한 갈변

타이로시네이스 효소는 폴리페놀 산화효소와 같이 분자 내에 구리를 함유하고 있으며 작용도 매우 유사하다. 다만, 타이로시네이스는 하이드록실기를 한 개만 갖고 있는 타이로신과 같은 모노페놀 유도체들에 주로 작용하기 때문에 모노페놀옥시데이스(monophenol oxidase)라고 한다. 채소나 과일 중 특히 감자의 갈변 원인이 되는 효소이다. 즉, 감자를 절단하였을 때 갈변이 되는 것은 감자에 함유되어 있는 아미노산 중 타이로신이 타이로시네이스 효소에 의해 산화되어 도파퀴논(dopaquinone)이 되고 다시 여러 단계를 거쳐 최종적으로 흑갈색의 멜라닌 색소를 만들게 되기 때문이다[그림 12-2].

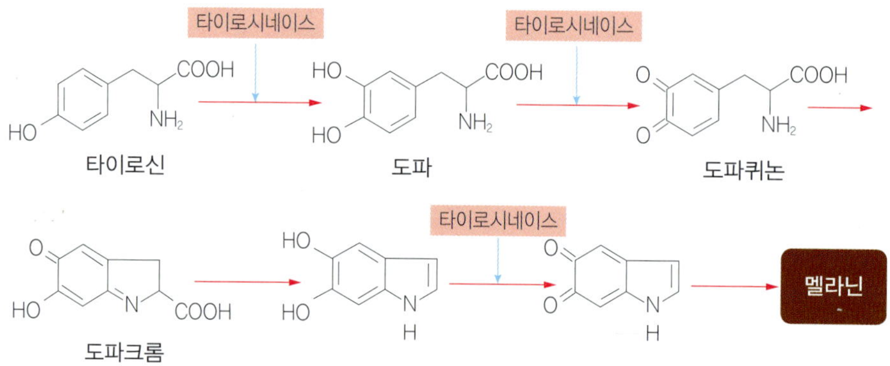

[그림 12-2] 타이로신의 효소적 산화에 의한 멜라닌 색소의 형성

3) 홍차의 갈변

일반적으로 녹차는 생엽을 채취한 후 고온에서 덖음과 유념 과정을 반복하고 건조하여 제조한다. 녹차의 경우 찻잎에 존재하는 갈색화 효소가 가열처리에 의해 불활성화되므로 산화되지 않고 찻잎의 초록색을 유지할 수 있다. 그러나 녹차와 달리 홍차는 폴리페놀 산화효소에 의한 갈변반응이 잘 일어나도록 하는 공정으로 제조되어 홍차 특유의 적색과 향기를 갖는다. 즉, 홍차는 신선한 찻잎의 위조(withering) 이후 20~25℃의 온도와 높은 습도하에서 3시간 정도 산화(발효)시킨 후 건조하는 공정을 거쳐 만들어진다. 산화과정에서는 폴리페놀 산화효소에 의해 카테킨(catechin)과 갈로카테킨(gallocatechin) 등과 같은 폴리페놀 화합물이 산화되어 적색의 테아플라빈(theaflavin)을 생성하는데, 이것은 홍차의 색을 결정하는 중요한 성분이다. 이때 홍차의 발효(oxidation)는 미생물에 의한 발효(fermentation)와는 분명히 다른 과정이지만, 관용적으로 이와 같은 효소에 의한 산화를 홍차의 발효라 부르고 있다[그림 12-3].

[그림 12-3] 차의 제조공정 차이 비교

4) 효소적 갈변반응의 억제

효소에 의한 갈변반응은 대부분 식품의 품질을 떨어뜨린다. 갈변에 관여하는 효소를 불활성화시키거나 효소가 작용하기 어려운 조건으로 바꾸어 간접적으로 활성을 억제함으로써 갈변을 방지한다. 또한, 화학적 화합물을 사용하여 효소의 갈변반응을 억제할 수 있으나 안전성, 유용성, 경제성 등을 갖춘 것은 소수에 불과하다.

(1) 효소의 불활성화

효소의 본체는 단백질이므로 가열에 의해 쉽게 불활성화된다. 따라서 식품을 가공하기 전에 데치기 등의 가열처리로 갈변을 방지한다.

(2) 효소활성 최적조건의 변화

효소는 최적의 pH와 온도 범위에서 활성을 갖는다. 따라서 유기산 등을 첨가하여 pH를 산성쪽으로 크게 변동시키거나, 최적온도의 범위를 벗어나도록 높이거나 낮추어 갈변효소의 작용을 억제한다. 효소의 최적 pH는 4~7 정도이므로 구연산, 사과산, 아스코브산 등의 유기산을 첨가하여 갈변을 억제한다. 구연산의 경우 1% 정도의 농도로 사용하여 식품의 pH를 2.5 이하로 낮추어 주면 효소의 단백질이 변성되어 활성이 소실되므로 갈변을 억제할 수 있다.

효소의 최적온도는 40±10℃이므로 냉장 저장 시 효소의 갈변반응 속도를 지연시킬 수 있으나 일시적이다. 냉동 후 −18℃로 저장하면 갈변은 거의 억제되나 해동하면 다시 갈변이 시작된다.

(3) 산소의 제거

산소에 의한 산화를 억제시키기 위해 밀폐된 용기에 저장하거나 공기 대신에 이산화탄소나 질소를 채워서 갈변을 억제한다. 1~2% 농도의 연한 소금물이나 설탕물 등의 액체에 담가 산소와의 접촉을 차단할 수 있다.

(4) 환원제의 이용

아스코브산과 같은 환원제는 폴리페놀 화합물의 산화로 생성된 퀴논을 환원시킴으로써 갈변을 억제한다. 그러나 아스코브산 자체도 쉽게 산화되고 신속히 소멸되므로, 아스코브산이 다 소모되는 대로 갈변반응이 시작된다.

이산화황은 아황산가스나 소듐염 수용액 형태로 사과, 복숭아, 감자 등에 널리 사용되는데 갈변반응의 억제제로 허용된 화합물 중 가장 강력하다. 사과, 살구 등의 냉동제품을 제조할 때 원료를 0.5% 정도의 이산화황 용액에 3~4분 동안 담갔다가 냉동한다.

3. 비효소적 갈변반응

비효소적 갈변반응은 효소가 관여하지 않고 화학 변화에 의해 일어나는 갈변반응이다. 마이야르 반응, 캐러멜화 반응, 아스코브산 산화반응 등이 있으며 식품에서 가장 많이 일어나고 대표적인 것은 마이야르 반응이다.

1) 마이야르 반응

반응성이 강한 알데하이드나 케톤기를 가진 당류가 아미노산이나 펩타이드와 같은 아미노기를 가진 질소화합물과 반응하여 갈색의 멜라노이딘(melanoidin)을 생성하는 갈변반응을 마이야르 반응이라 한다. 프랑스의 마이야르(L. Maillard)가 1912년 최초로 보고하였고, 단백질의 아미노기와 당류의 카보닐기의 반응이기 때문에 아미노-카보닐(amino-carbonyl) 반응이라고 하며, 생성된 갈색물질의 이름을 따서 멜라노이딘 반응이라고 한다. 함량의 차이는 있지만 대부분의 식품이 당류와 단백질 등과 같은 아미노화합물을 함유하고 있어 마이야르 반응은 거의 모든 식품에 가장 쉽게 일어나는 비효소적 갈변반응이다.

마이야르 반응의 가장 큰 특징은 다른 비효소적 갈변반응과 달리 가열과 같은 외부로부터의 지속적인 에너지 공급이 매우 적어도 거의 자연발생적으로 일어날 수 있다는 점이다. 또한, 마이야르 반응에 의한 갈변은 식품의 색뿐만 아니라 맛, 냄새와 같은 다른 관능적 요인에도 영향을 줌으로써 품질을 향상 또는 저하시키거나 영양소의 파괴 등과 같은 변화를 가져온다[그림 12-4].

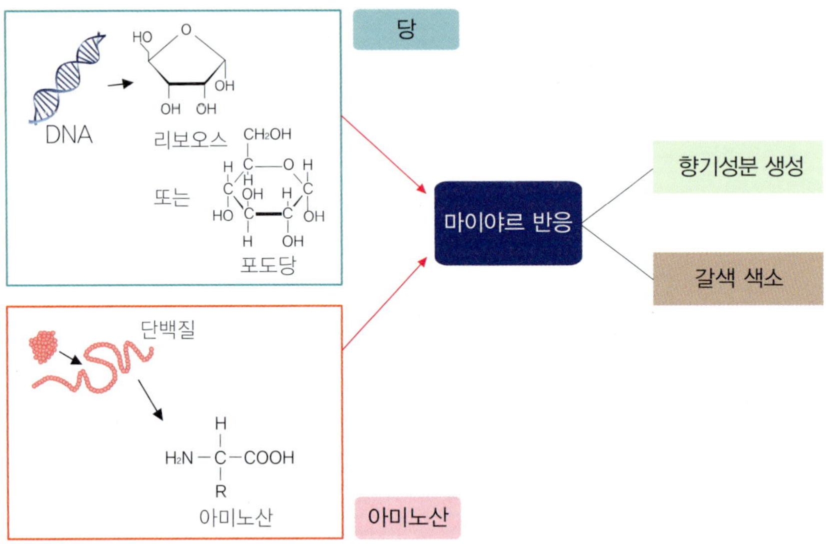

[그림 12-4] 마이야르 반응의 개요

(1) 마이야르 반응의 메커니즘

마이야르 반응은 진행과정에 따라 초기 단계, 중간 단계, 최종 단계로 나눈다[그림 12-6].

1 초기 단계

마이야르 반응은 당류와 아미노화합물의 축합반응부터 시작된다. 즉, 알도오스와 케토오스의 당류와 1차 아미노기가 반응하여 글라이코실아민(glycosylamine)과 같은 질소배당체가 형성되며, 이어서 글라이코실아민이 케토형으로 재배치되는 아마도리 전이(amadori rearrangement)가 진행된다. 이 단계에서는 색의 변화는 없다.

2 중간 단계

① 당의 탈수반응

초기 단계에서 생성된 전위생성물들의 탈수반응이 일어나 각종 고리 화합물과 리덕톤류(reductone)의 화합물이 생성된다. 이러한 중간생성물 중에서 데옥시오손류(deoxyosone)와 하이드록시메틸푸르푸랄(hydroxymethyl furfural: HMF)은 갈변에 관여하는 중요한 중간체로 알려져 있다. 리덕톤류는 환원성과 반응성이 매우 큰 특징을 지니고 있으며 갈변반응에 관여한다.

② 당의 분열반응

탈수반응에 의한 생성물들은 계속 산화, 분열하여 탄소 수가 적고 휘발성이 큰 물질들을 형성한다. 이러한 분해생성물은 갈색 색소의 형성에 관여할 뿐 아니라 식품에 특유한 냄새를 부여하는 데 중요한 역할을 한다. 중간 단계를 거치면서 당류의 함량이 감소된다.

③ 아미노산의 분해반응

마이야르 반응에서는 상당량의 이산화탄소가 발생하고 아미노산에서 유래한 알데하이드류가 생성되는데 이들은 대부분 스트렉커 분해반응(Strecker degradation) 때문이라고 알려져 있다[그림 12-5]. 즉, 이 반응에서는 당류의 분해 화합물과 아미노산이 반응하여 알데하이드가 생성되고 이산화탄소가 발생하는 것으로, 이때 생성된 알데하이드는 휘발성 성분으로서 식품의 향기성분에 기여한다. 이러한 분해반응을 거치는 동안 아미노산은 급격히 감소하게 된다.

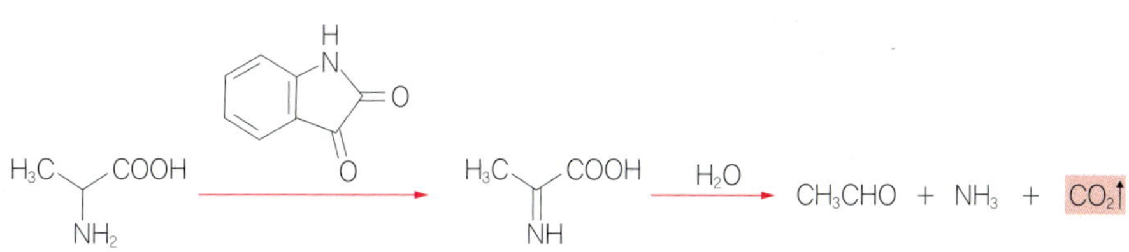

[그림 12-5] 스트렉커 분해반응

3 최종 단계

① 알돌축합반응

중간단계에서 형성된 각종 분해생성물들은 반응성이 크기 때문에 다시 서로 반응하면서 알돌축합(aldol condensation) 및 중합 반응을 통해 분자량이 큰 불포화 화합물을 형성한다. 이 화합물은 질소를 함유하고 있지 않으나 아미노화합물과 계속 축합반응을 일으켜 질소를 함유하고, 분자량이 크며 갈색으로 착색된 형광성의 멜라노이딘을 형성한다.

② 알데하이드-아민 축합 및 헤테로 고리 질소화합물 생성

알데하이드와 아민은 쉽게 반응하여 갈색 중합체를 만든다. 이 축합 반응은 멜라노이딘이 형성될 때에도 일어나는데 여러 가지 헤테로 고리 질소화합물이 형성되고 결국에는 큰 분자량의 갈색 멜라노이딘이 생성되는 것이다. 그러나 아직 이 단계의 반응 메커니즘은 명확하지 않으며 고분자 화합물인 멜라노이딘의 구조도 정확하게 밝혀지지 않았다.

(2) 마이야르 반응에 영향을 주는 요인

- 온도: 마이야르 반응의 속도에 가장 큰 영향을 주는 요인은 온도이다. 온도를 10℃ 올리면 갈변은 3~5배로 촉진되고 저온에서는 갈변이 억제된다.
- pH: pH가 증가함에 따라 갈색화 반응이 증가한다.
- 수분함량: 수분함량이 증가할수록 마이야르 반응이 증가하는데, 일반적으로 수분활성도 0.6~0.8 사이에서 최대치를 나타낸 후 다시 감소한다. 수분활성도 0.8 이상에서 반응이 감소하는 것은 수분에 의한 희석효과 때문이다.
- 아미노산: 당류와 마찬가지로 아미노산의 종류에 따라 반응성이 다르다. 아미노산의 아미노기가 카복실기와 멀리 떨어져 있을수록 당류의 카보닐기가 접근하기 쉬워 반응이 일어나기 때문에 염기성 아미노산의 반응성이 크다. 포도당과의 마이야르 반응의 경우 라이신 > 트립토판 > 페닐알라닌 등의 순서로 반응이 잘 일어난다.

• 반응물질의 농도: 반응물질 중 환원당의 농도와는 비례, 질소화합물의 농도와는 제곱의 비례 관계를 갖는다.

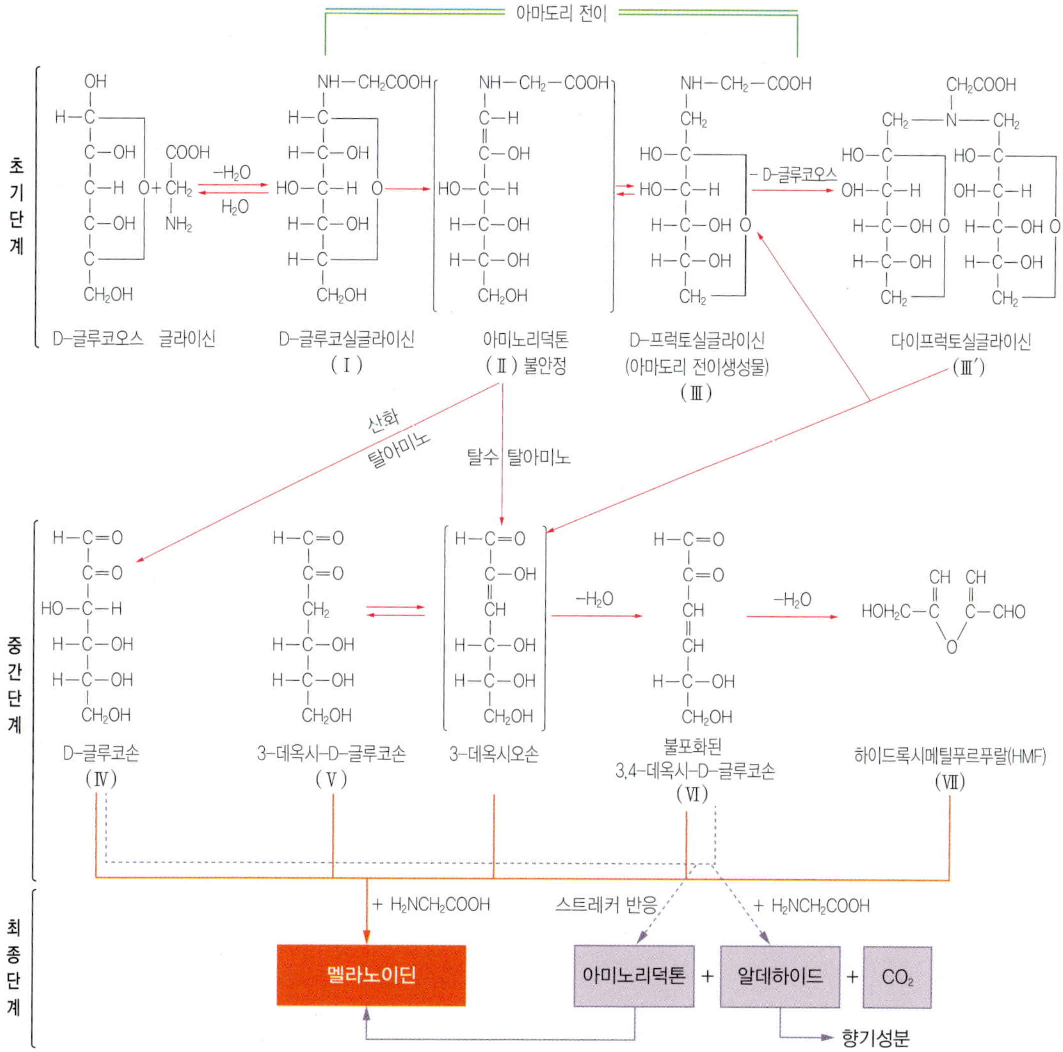

[그림 12-6] 마이야르 갈변반응의 메커니즘

2) 캐러멜화 반응

캐러멜화 반응은 당류가 가열에 의해 중합 및 축합되면서 끈적끈적한 흑갈색 물질인 캐러멜 색소를 생성하는 반응이다. 마이야르 반응과 달리 아미노화합물이 존재하지 않아도 일어나고, 자발적 반응이 아닌 가열이 필요하다는 점이 특징이다. 따라서 이 반응은 당 함량이 많은 식품의 가열 또는 가공 과정에서 흔히 일어나며, 특히 캔디류의 색, 맛, 향기에 중요한 영향을 준다.

가열에 의해 당류가 가수분해된 후 마이야르 반응과 같이 여러 가지 반응을 거쳐 푸르푸랄(furfural), 퓨란(furan) 등 중간 산화생성물이 형성된다. 이들의 계속적인 산화로 식품의 풍미를 더해 주는 휘발성 카보닐화합물이 생성되고 산화중합과 축합으로 흑색 또는 흑갈색의 고분자 캐러멜 색소가 생성되는 것이다.

3) 아스코브산 산화에 의한 갈변

채소나 과일에 풍부하게 존재하는 아스코브산(비타민 C)은 자체의 강한 환원력 때문에 중요한 천연항산화제이며 과즙, 건조과일, 감자튀김, 냉동식품 등의 갈변방지제로 널리 사용된다. 그러나 일단 아스코브산이 비가역적으로 산화되면 이러한 기능을 완전히 상실한 채 그 자체가 갈색화 반응을 일으킨다. 이 반응은 식물의 조직에 존재하는 아스코브산 산화효소에 의하여 일어나기도 하고 이와는 상관없이 비효소적으로 발생하기도 한다. 아스코브산이 먼저 가역적으로 데하이드로아스코브산으로 산화된 후 다시 비가역적으로 산화되면 푸르푸랄과 같은 중간 산화생성물을 만든다. 이들은 반응성이 매우 크기 때문에 계속 산화중합되어 갈색의 색소를 형성하는데, 마이야르 반응이나 캐러멜화 반응에서 형성되는 화합물과는 다른 색소이다.

이 반응은 아스코브산의 함량이 높은 감귤류, 오렌지류 등의 가공품의 품질에 영향을 줄 수 있는 중요한 갈변반응이다.

식품의 유독물질

1. 내인성 유독물질
2. 외인성 유독물질

13

FOOD CHEMISTRY

식품에는 섭취하면 인체에 피해를 줄 수 있는 유독물질(toxic compounds)이 함유되어 있는 경우가 있다. 또한, 비의도적으로 유독물질이 식품에 오염되어 인체에 피해를 주기도 한다. 식품의 유독물질은 혼입경로에 따라 식품 원료가 원래부터 가지고 있는 내인성 유독물질과 외부에서 혼입되는 외인성 유독물질로 분류될 수 있다〈표 13-1〉.

유독물질은 일정량 이상 섭취하였을 때 인체에 해를 줄 수 있으며, 독성의 발현 여부는 섭취량에 따라 결정된다.

〈표 13-1〉 혼입경로에 따른 식품의 유독물질 분류

분류	정의	예
내인성 유독물질	• 식품 원료에 존재하는 독성물질	• 식물성 자연독 • 동물성 자연독
외인성 유독물질	• 식품에 의도적 또는 비의도적으로 오염되어 존재하는 독성물질 – 환경으로부터 식품 원료에 혼입된 물질 – 환경으로부터 혼입된 물질의 대사산물 – 조리 · 가공 중에 생성되는 독성물질	• 의도적인 첨가물질 – 잔류농약 – 잔류 동물용 의약품 • 우발적 혼입물질 – 유해성 금속물질 – 용기 · 포장으로부터 용출된 유독물질 – 식품 내의 환경오염물질 – 미생물이 생산하는 유독물질

1. 내인성 유독물질

1) 식물성 자연독

(1) 시안 배당체(Cyanogenic glycoside)

시안 배당체는 시안이 당과 결합된 물질로서 시안 배당체 자체로는 인체에는 전혀 해가 없으나 산이나 효소에 의해 가수분해되어 시안화수소(HCN, 청산)로 바뀌었을 때 독성을 나타낸다. 현재 발견된 20개의 시안 배당체 중에서 아미그달린(amygdalin), 리나마린(linamarin), 두린(dhurrin)이 가장 많이 알려졌다[그림 13-1].

아미그달린은 대표적인 시안 배당체로서 청매실, 살구씨, 복숭아씨, 자두씨, 체리씨 등의 식물에 존재하며 식물체 내의 효소 미로시네이스에 의하여 가수분해되면 2분자의 글루코오스, 1분자의 벤즈알데하이드(benzaldehyde) 및 청산이 생성된다. 급성증상으로 과호흡증후군, 두통, 구역질, 구토를 유발하며, 과다 섭취하면 사망할 수도 있다. 아미그달린은 식품의 건조 또는 조리 과정에서 파괴되지 않지만, 가열처리에 의해 시안화수소를 생성하는 효소가 불활성화되기 때문에 시안화수소의 생성을 억제할 수 있다.

카사바뿌리, 리마콩, 아마에 존재하는 리나마린이라는 시안 배당체는 효소 리나마레이스(linamarase)에 의하여 가수분해되면 글루코오스와 아세톤 및 청산이 유리된다. 리나마린은 수용성이므로 식용할 때 삶아서 잘 씻으면 독성물질은 거의 제거된다.

두린은 시안 단당체로서 수수뿌리에 존재하며, 이것의 아글리콘은 *p*-hydroxy-mandelonitrile이다. 두린의 위치이성체인 치어렌(zieren)도 여러 식물체에서 발견되고 있다.

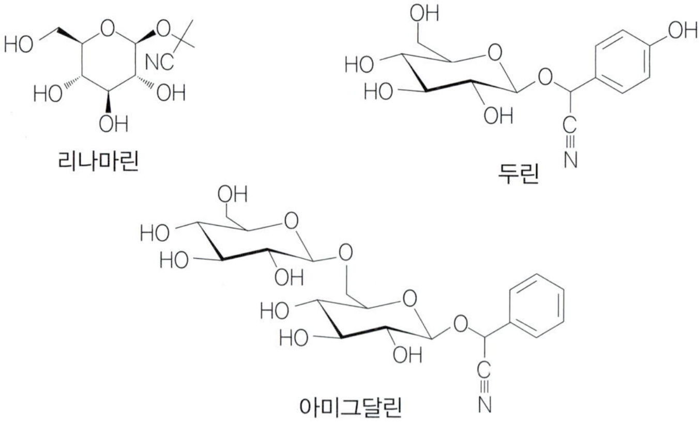

[그림 13-1] 시안 단당체와 시안 배당체

(2) 솔라닌(Solanine)

솔라닌은 자외선, 미생물, 상처 등에 의한 스트레스에 반응하여 감자가 발아할 때 싹에서 많이 생성되는 독성분이다. 이 독성분은 감자의 싹 부위, 녹색 부위, 썩거나 상처가 난 부위에 많이 함유되어 있으며, 감자 껍질에 많이 분포되어 있다.

솔라닌은 포도당, 람노오스, 갈락토오스가 솔라니딘(solanidine)에 결합되어 있는 글라이코알칼로이드(glycoalkaloids) 배당체이다[그림 13-2].

감자에는 솔라닌이라는 독성성분이 0.005~0.1%로 미량 함유되어 있는데, 이 정도의 양은 무해하나 새로 발아된 부위에는 0.1% 이상의 독성을 함유하므로 유해하다.

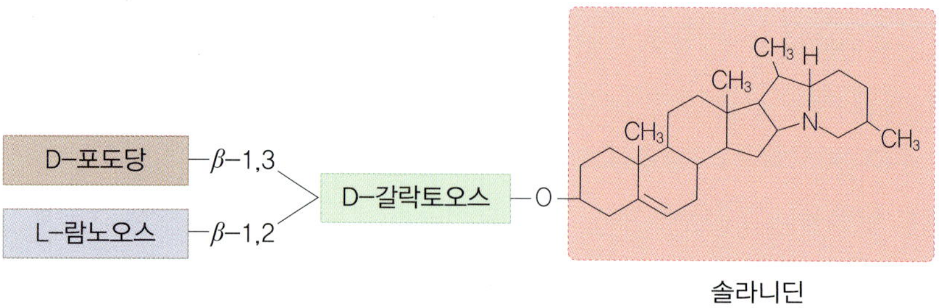

[그림 13-2] 솔라닌의 구조

솔라닌은 중추신경독 성분으로 적혈구 파괴 등의 용혈성이 있고, 소량 섭취 시 소화기 장애 증상을 보이며, 다량 섭취 시에는 수 시간 내에 구토, 복통, 두통, 현기증, 무기력증, 언어장애, 무의식 등 신경계통 장애를 일으킬 수 있다. 솔라닌은 일반적인 조리법으로는 파괴되지 않으므로, 감자는 껍질과 싹 부분을 제거한 후에 조리하여 섭취하고, 서늘한 장소에 보관한다.

(3) 고시폴(Gossypol)

고시폴은 주로 면실유와 목화씨 및 그 껍질에 함유되어 있는 독성물질이면서 천연항산화제 능력이 있는 폴리페놀 화합물이다. 고시폴은 목화씨로부터 제조된 면실유의 정제과정 중 탈산공정에서 알칼리에 의해 대부분 제거되지만, 정제가 불충분한 경우에는 면실유에 고시폴이 남아 중독을 일으킬 수 있다. 고시폴 중독증상으로는 출혈, 부종, 간 손상 등이 있다.

이 물질은 체내에서 필수아미노산인 라이신과 결합하거나 철과 결합하여 체내 이용률을 낮추고 남성의 정자 생성을 억제하여 불임 유발 가능성이 있다.

고시폴은 알데하이드, 헤미아세탈 및 퀴노이드(quinoid)형이 존재한다[그림 13-3].

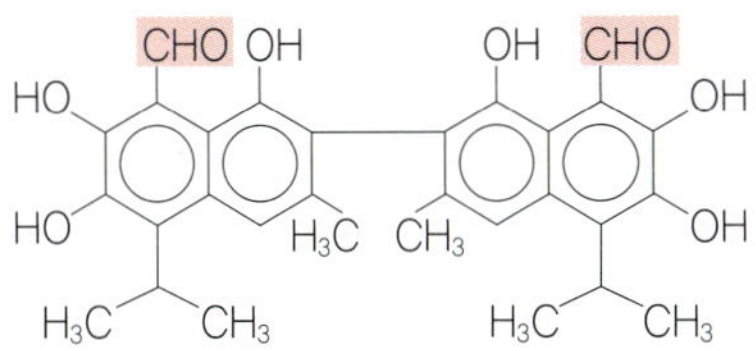

[그림 13-3] 고시폴(알데하이드형)의 구조

(4) 사포닌(Saponin)

사포닌은 쓴맛을 가지며 용액에서는 거품을 발생하고, 적혈구의 분해, 담즙산, 콜레스테롤과 같은 스테롤과의 반응 가능성을 가진 화합물이다. 사포닌은 콩, 팥, 시금치 등 여러 가지 식물에 함유되어 있다.

사포닌은 배당체로서 사포닌의 아글리콘은 사포제닌(sapogenin)이며 포도당, 갈락토오스, 아라비노오스 등의 당이 결합되어 배당체를 이룬다. 인삼에 들어 있는 사포닌은 약리작용을 하며 용혈작용을 거의 일으키지 않는 것으로 알려져 있다. 또한, 사포닌이 항암, 항산화, 콜레스테롤 저하 등의 효과가 있는 것으로 최근 밝혀지면서 생리활성 물질로서의 연구가 계속되고 있다.

(5) 버섯독

자생버섯은 수천 종이 존재하는데, 그중에서 약 30종은 독성이 있는 것으로 알려져 있다. 맹독성을 나타내는 독버섯은 극히 소량으로 인체에 치명적인 위해를 줄 수 있고 조리, 냉동, 절임 등 가공처리에도 독성분이 파괴되지 않으므로 의심스러운 독버섯은 섭취하지 않는다.

버섯독은 세포, 간, 신장에 작용하는 원형질독과 신경에 작용하는 신경독, 위장관독 등으로 구분할 수 있다〈표 13-2〉.

〈표 13-2〉 독버섯의 독성분 섭취에 의한 중독 형태 및 증상

중독 형태	증상	독성분	버섯명
원형질독	콜레라 증상	아마톡신(amatoxin)	알광대버섯, 흰알광대버섯, 마귀곰보버섯, 독우산광대버섯
	위장장애	팔로톡신(phallotoxin), 지로미트린(gyromitrin), 비로톡신(virotoxin), 콜린(choline)	독우산광대버섯, 노란다발버섯, 붉은싸리버섯, 삿갓외대버섯
	신염	오렐라닌(orellanine)	끈적버섯류, 개나리광대버섯
신경독	발한	무스카린(muscarine), 지로미트린	솔땀버섯, 화경버섯, 마귀곰보버섯, 삿갓땀버섯
	환각	이보텐산(ibotenic acid), 무시몰(muscimol), 실로신(psilocin), 실로시빈(psilocybin)	광대버섯, 마귀광대버섯, 환각버섯, 미치광이버섯
	마비	지로미트린	마귀곰보버섯

중독 형태	증상	독성분	버섯명
위장관독	복통, 설사	일루딘(illudin)	화경버섯, 삿갓외대버섯, 굽은외대버섯, 황갈색송이
혈액독	백혈구와 혈소판 감소	지로미트린	마귀곰보버섯
격통독	수족 부종, 격통	글리지신(glyzicin)	배불뚝이깔때기버섯, 독깔때기버섯

2) 동물성 자연독

(1) 복어독

복어의 유독물질인 테트로도톡신(tetrodotoxin)은 복어의 알, 난소, 간장 등에 분포하며, 피부와 근육조직에도 미량 함유되어 있다. 5~6월의 산란기에는 그 함량이 많아지며 매우 강한 독성을 가지게 된다. 복어의 알, 간 등 내장 부위는 먹지 말아야 하며 껍질에도 강한 독성을 가지는 종이 있으므로 주의가 필요하다. 복어독에 의한 중독증상은 먼저 입술과 혀의 마비, 두통과 복통, 구토, 운동성 마비가 일어나며, 심한 경우 호흡곤란으로 사망하기도 한다.

테트로도톡신은 신경독으로 4% 수산화소듐(NaOH) 용액에 침지하면 가수분해되어 무독화되며 트립신, 프티알린(ptyaline)에 의하여 파괴되지 않으나 펩신에 의해서 약간 분해된다[그림 13-4]. 이 독소는 열에 강하여 180℃ 물에 30분간 처리하여도 20% 정도만 파괴된다.

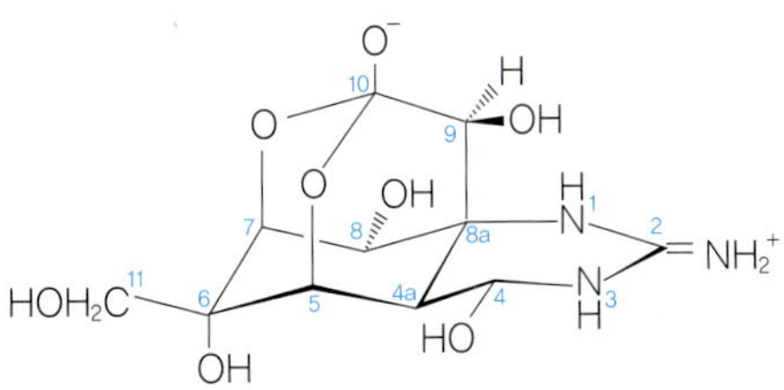

[그림 13-4] 테트로도톡신의 구조

(2) 패독

일부 조개류가 가지고 있는 강력한 유독물질을 패독(shellfish poison)이라 한다. 조개류 중독의 원인이 되는 유독물질은 조개의 체내에서 형성되는 것이 아니라 바다에서 서식하는 해양편모조류에 의해 생성된 독소를 조개류가 섭취하여 체내에 독성이 축적·함유되는 것으로 알려져 있다.

조개류의 유독물질은 일반적으로 마비성, 설사성, 신경성, 기억상실성 패류독소로 분류된다. 모시조개, 바지락, 굴의 유독물질은 베네루핀(venerupin)이며 증상으로는 구토, 두통, 피하의 출현반점, 황달, 혈변 등이 있다. 섭조개나 대합조개 등의 유독물질은 삭시톡신(saxitoxin)인데, 이 중독의 특징은 마비증상이다.

마비성 조개독소로는 삭시톡신[그림 13-5], 네오삭시톡신(neosaxitoxin), 고니아우톡신(gonyautoxin), 프로토고니아우톡신(proto-gonyautoxin), 다이노피시스톡신(dinophysistoxin) 등 10여 종의 구아니딜 유도체가 있으며, 이들은 100℃에 30분간 가열해도 파괴되지 않는다.

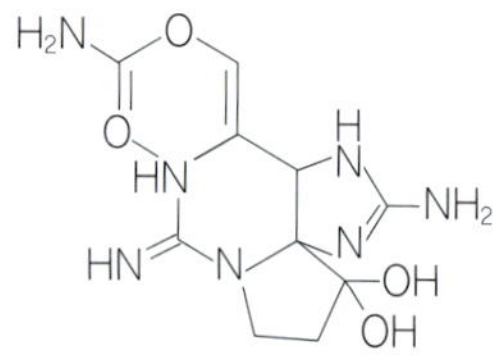

[그림 13-5] 삭시톡신의 구조

(3) 시구아톡신

적조 플랑크톤이 생성한 시구아톡신(ciguatoxin)은 어류의 체내에 축적되기 때문에 먹이연쇄를 통해 사람에게 노출될 수 있다. 시구아톡신은 적도를 중심으로 남북으로 35° 내외 지역에서 발생하며 인도양과 태평양의 열대 및 아열대 지역과 카리브해 지역의 물고기에서 주로 발견되는 독소이다. 독소는 생선의 살에 축적되어 생선에는 해가 되지 않으나 사람이 생선을 먹게 되면 중독증을 일으킨다. 원인이 되는 생선은 수백 종류이며, 주로 방어, 곰치, 꼬치고기, 쏨뱅이, 놀래기 등이 대표적이다.

중독증상은 식후 1~8시간 후에 나타나며, 구토, 설사, 복통 등의 소화기 증상과 혀, 입술, 사지, 전신마비와 두통, 현기증, 지각이상, 호흡마비 등 비교적 복잡하고, 대개는 1~2일 후에 없어진다. 독성분은 단일성분이 아니며 분자량이 약 1,500 정도의 지용성 화합물인 시구아톡신이 대표적인 독성으로 알려져 있다[그림 13-6].

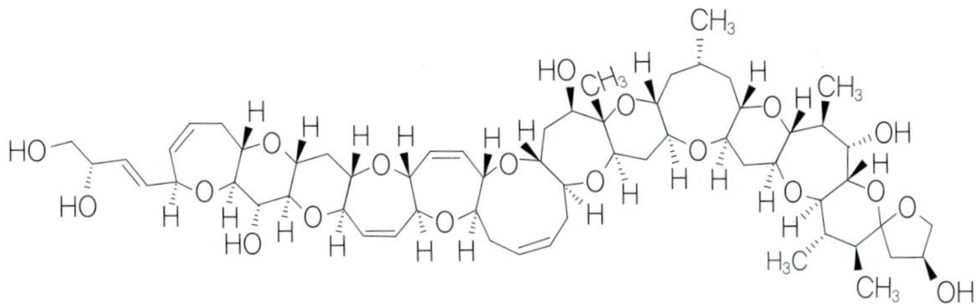

[그림 13-6] 시구아톡신의 구조

2. 외인성 유독물질

1) 세균성 독성물질

(1) 엔테로톡신

엔테로톡신(enterotoxin)은 포도상구균(*Staphylococcus aureus*) 등의 독소형 식중독을 유발하는 미생물에서 생산되는 장독소인데, 식품에 혼입되어 생장한 경우 식품을 오염시킨다. 섭취 후 2~3시간 경과하였을 때 나타나며, 침의 과다 분비, 메스꺼움, 구토, 복통, 설사 등의 증상을 보인다. 이 장독소는 내열성이 커서 100℃에서 30분 동안 가열하여도 독성을 나타내며 210℃ 이상의 온도로 30분 동안 가열하여야 완전히 파괴된다.

(2) 보툴리눔 독소

보툴리눔(botulinum)은 혐기성 포자 형성 간균인 클로스트리듐 보툴리눔(*Clostridium botulinum*)이 생성하는 신경독소에 의해 일어나는 식중독 증상이다.

이 균은 토양, 물, 식물, 어류 및 포유류의 내장, 갑각류의 아가미와 내장 등 자연계에 광범위하게 분포하는데, 독소를 생성하는 종류로는 항원 특이성에 따라 A, B, C, D, E, F, G형의 7종이 알려져 있다. 이 중 사람의 보툴리눔과 관련된 종류는 A, B, E, F형이며, C형과 D형은 가금류, 가축, 일부 이류 등 동물에 보툴리눔을 일으킨다. 이 독소들은 단순단백질로서 80℃에서 15분 또는 100℃에서 2~3분간 가열처리하면 독성이 소실된다. 보툴리눔 독소는 독성이 매우 강하여 극소량만 섭취해도 무기력, 허약, 현기증 등을 보이며, 착시, 언어장애, 삼키기의 곤란, 호흡곤란, 복부팽창 등의 증상을 나타낸다.

2) 곰팡이 독소

곰팡이 독소는 작용하는 부위에 따라 간장독, 신장독, 신경독 또는 피부염 유발물질 등으로 나누기도 하며, 주요 생산균류 또는 분자구조에 따라 나누기도 한다. 곰팡이독을 일으키는 주요 원인 식품으로는 탄수화물이 풍부한 곡류, 두류 및 가공식품 등이다.

(1) 아플라톡신

아플라톡신(aflatoxin)은 아스퍼질러스 플라버스(*Aspergillus flavus*) 및 아스퍼질러스 파라시티쿠스(*Aspergillus parasiticus*)에 의해 생성되는 대사물질로 오염된 땅콩, 땅콩버터, 건조된 무화과, 옥수수, 쌀 등을 섭취할 경우 생성될 수 있다. 독성물질은 청색 형광을 나타내는 B_1, B_2 및 녹색 형광을 나타내는 G_1, G_2가 주요 독소이며, 우유에서 발견된 M_1, M_2 등 현재까지 16종의 물질이 알려져 있다[그림 13-7]. 아플라톡신은 종류에 따라 독성에 차이가 있는데, 흔히 발견되는 아플라톡신 B_1이 가장 강한 독성을 가져 강력한 간독성 및 간암을 일으키는 물질로 알려져 있다. 심각한 아플라톡신 감염증상으로는 간의 출혈괴사, 담관증식, 사지부종과 간비대 증상 등이 있다.

아플라톡신은 강산이나 강알칼리에 분해되며, 강한 내열성을 가지고 있어 270~280℃ 이상으로 가열해야 독성이 사라지기 때문에 일반적인 조리법이나 유제품의 생산공정에서는 독성이 제거되지 않는다.

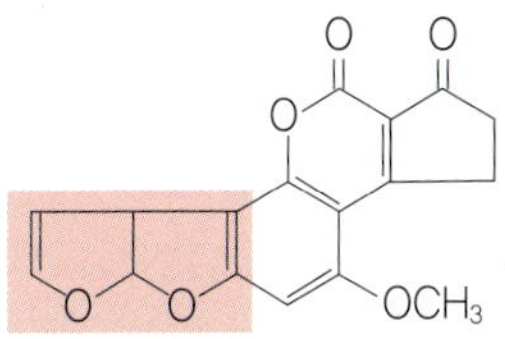

아플라톡신 B_1

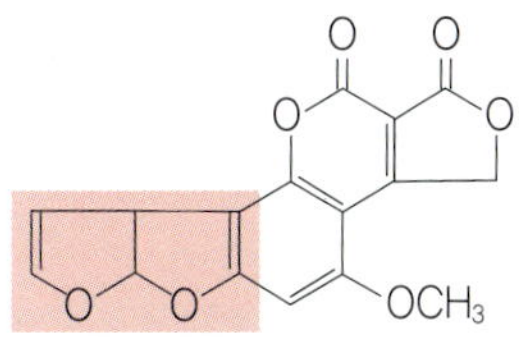

아플라톡신 G_1

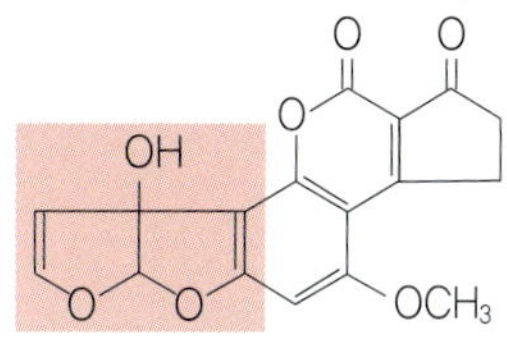

아플라톡신 M_1

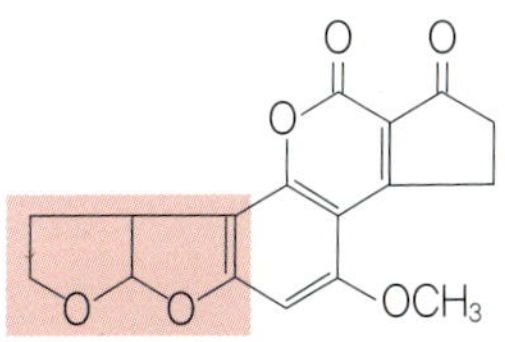

아플라톡신 B_2

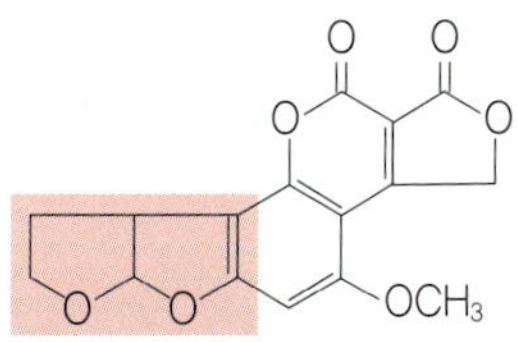

아플라톡신 G_2

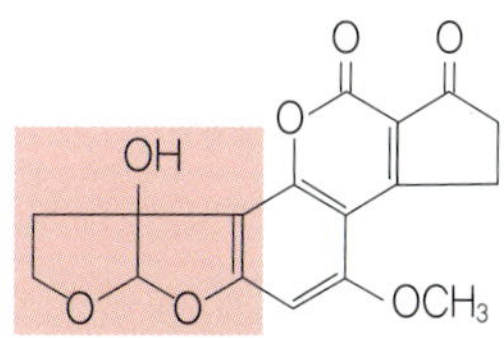

아플라톡신 M_2

[그림 13-7] 아플라톡신의 구조

(2) 오크라톡신

오크라톡신(ochratoxin)은 아스퍼질러스(*Aspergillus*) 속 곰팡이 또는 페니실리움(*Penicillium*) 속 곰팡이에 의해 생성되는 독소이다. 오크라톡신 A, B, C 등의 동족체 중에 독성이 가장 강한 오크라톡신 A를 일반적으로 오크라톡신이라 한다[그림 13-8]. 오크라톡신은 오염된 옥수수, 밀, 콩 등의 곡류와 그 가공품 및 사료를 섭취하였을 때 신장장애나 간장독성을 야기할 수 있는 맹독성 독소이다. 세계보건기구에서는 발암 가능성이 있는 물질로 분류하고 있으며, 주로 비뇨기에 작용하여 신장암을 유발하는 것으로 알려져 있다.

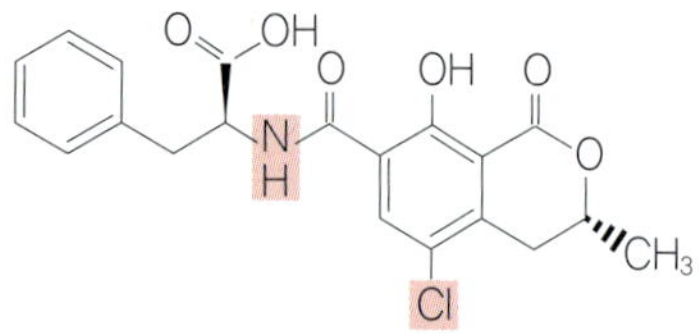

[그림 13-8] 오크라톡신 A의 구조

(3) 맥각중독

클라비셉스 푸푸레아(*Claviceps purpurea*)라는 자낭균류의 맥각균은 개화기에 호밀, 보리 등에 번식하여 맥각(ergot)이라는 균핵을 형성한다. 맥각균핵은 20여 개의 각종 독성 알칼로이드를 만드는데, 이를 사람이 먹으면 독성 알칼로이드 때문에 맥각중독(ergotism)을 일으킨다. 중독증상은 독성의 농도와 곰팡이의 종류에 따라 다양하며 신경계와 혈관계에 이상이 나타나고 손과 발에 심한 통증을 유발한다. 이 증상이 더 심해지면 사지의 조직이 죽어서 혈액 공급이 안 되고 세균 침입 및 부패가 동반되며 사지를 잃을 수 있다. 최근 식물에 살포하는 농약의 효과로 이런 맥각중독을 일으키는 균들이 예방되고 있고 현대적인 곡류건조법을 통해 수확 후의 오염을 막을 수 있다. 또한, 곡물검사기술 및 청결방법을 활용하여 맥각중독을 예방할 수 있다.

(4) 파툴린

파툴린(*Patulin*)은 페니실리움 익스팬숨(*Penicillium expansum*) 등에 의해 생성되는 독소로서 페니실리움 파툴린(*Penicillium patulin*)에서 그 명칭이 유래되었다. 파툴린은 사과, 배, 포도 등의 상한 과일류나 상한 과일류로 제조된 과일 가공품류에서 주로 발견된다. 급성독성으로 초조, 경련, 호흡곤란, 폐부종, 소화기의 궤양 및 출혈 등이 일어나며, 뇌 및 중추신경계에 장애를 일으킨다. 가열처리에 의해 감소될 수 있으며, 저온살균 처리한 사과 주스에 파툴린이 존재할 수 있다.

3) 조리 · 가공 과정에서 생성되는 독성물질

(1) 나이트로사민

햄, 소시지, 베이컨 등 육가공품 제조과정에서 클로스트리듐 보툴리늄(*Clostridium botulinum*)과 같은 미생물의 생장 억제와 발색을 목적으로 질산염(KNO_3, $NaNO_3$)이나 아질산염을 첨가제로 사용한다. 질산염은 미생물의 작용에 의해 아질산염으로 환원되어 육가공품에 흡수되며 유리 아미노산의 탈탄산 반응의 결과 1급 또는 2급 아민류와 반응하여 나이트로사민(nitrosamine)을 형성할 수 있다[그림 13-9]. 흔히 검출되는 화합물은 다이메틸나이트로사민(dimethylnitrosamine)으로 나이트로사민 중 가장 강력한 발암물질이다. 다이메틸나이트로사민은 신장과 간에 암을 유발하는 것으로 보고되고 있으며, 국제암연구소에서는 나이트로사민을 인간에게 발암 가능성이 있는 Group 2A 및 인간에게 암을 일으킬 가능성이 있는 Group 2B 발암물질로 분류하고 있다.

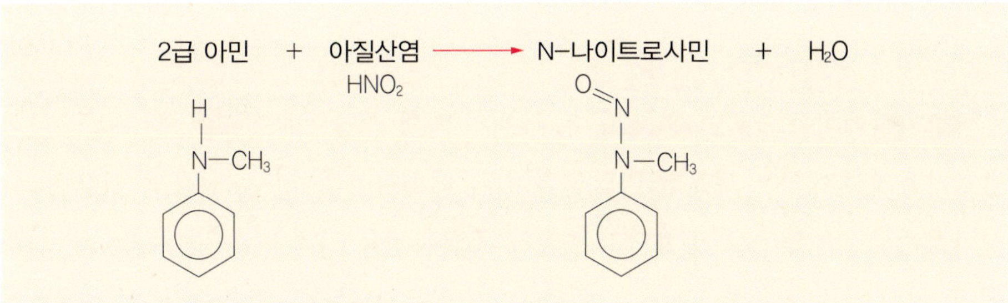

[그림 13-9] 나이트로사민의 생성과정

(2) 아크릴아마이드

아크릴아마이드(acrylamide)는 감자, 시리얼, 보리 등 탄수화물 식품에 자연적으로 존재하는 유리 아미노산 아스파라진의 아미노 그룹과 환원당의 카보닐 그룹 간의 160℃ 이상의 가열반응에 의해 생성되는 것으로 보고되고 있다[그림 13-10].

아크릴아마이드는 신경계와 생식계에 독성을 일으키며, 유전자 변형 및 암을 유

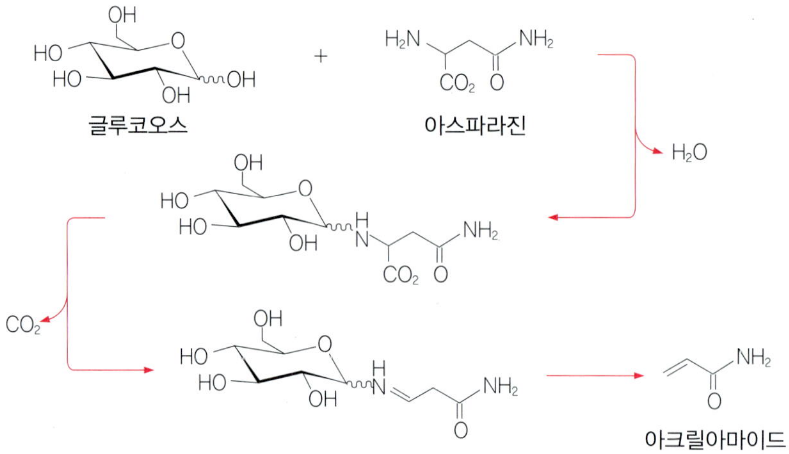

[그림 13-10] 아크릴아마이드의 생성과정

발한다. 아크릴아마이드의 생성을 억제하려면 튀김 온도는 160℃를 넘지 않게 하고, 오븐에서도 200℃를 넘지 않도록 조리방법을 개선하는 것이 좋다.

(3) 에틸카바메이트

에틸카바메이트(ethylcarbamate)는 무취의 백색 결정으로 알코올 음료를 포함한 발효식품에 존재하는 동물성 발암물질이다. 에틸카바메이트는 식품의 저장 및 숙성과정에서 자연적으로 생성되기 때문에 발효과정을 거쳐 제조 및 가공되는 식품에 존재한다[그림 13-11]. 포도주, 청주, 위스키 등의 알코올 음료에는 높은 농도로 존재하며, 된장, 청국장, 요구르트, 치즈, 김치, 간장에 미량 함유되어 있다. 에틸카바메이트가 체내에 일정 농도 이상 단기간 노출되면 구토, 의식불명, 출혈을 일으키고 신장과 간에 손상을 일으킨다고 보고되고 있다.

$$\underset{\text{에탄올}}{CH_3CH_2OH} + \underset{\text{요소}}{NH_2CONH_2} \longrightarrow \underset{\text{에틸카바메이트}}{NH_2COOCH_2CH_3}$$

[그림 13-11] 에틸카바메이트의 생성과정

(4) 아크롤레인

유지를 가열하여 일정 온도에 도달하면 지질이 유리 지방산과 글라이세롤로 분해되며, 글라이세롤에서 2분자의 물이 제거되면서 아크롤레인을 생성한다[그림 13-12]. 아크롤레인은 옅은 푸른색의 휘발성 물질로 자극성이 강한 냄새와 맛을 나타내며, 유지를 고온에 장시간 가열하면 생성량이 급격히 증가한다. 아크롤레인은 DNA의 변이 유발 및 종양억제유전자와 결합해 폐암의 주요 원인으로 작용한다고 알려져 있다.

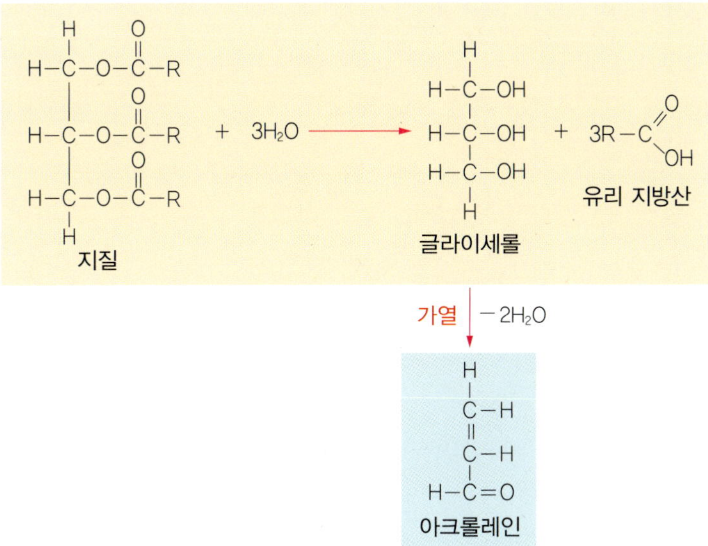

[그림 13-12] 아크롤레인의 생성과정

(5) 다환 방향족 탄화수소

다환 방향족 탄화수소(polycyclic aromatic hydrocarbons: PAHS)란 2개 이상의 융합된 벤젠 고리를 가진 물질을 말한다. 벤조피렌(benzopyrene), 벤즈안트라센(benzanthracene), 벤조크리센(benzochrysene)을 포함한 다환 방향족 탄화수소는 300~600℃에서 화석연료나 식품의 유기물이 불완전연소될 때 생성된다. 환경오염으로 인해 농산물, 어패류 등 조리·가공하지 않은 식품에서 벤조피렌이 발견되기도 하며, 식품의 주성분인 탄수화물, 단백질, 지방 등이 조리·가공 중에 분해되어 생성되기도 한다. 주로 볶음견과류, 훈제육, 숯불구이 등 훈연한 식품에서 검출되고 있다[그림 13-13]. 이 성분들은 잔류기간이 길고 독성도 강한 내분비계 장애물질이면서 인체에 장기간 노출되었을 때는 신경계와 생식계에 독성을 일으키며 암을 유발한다.

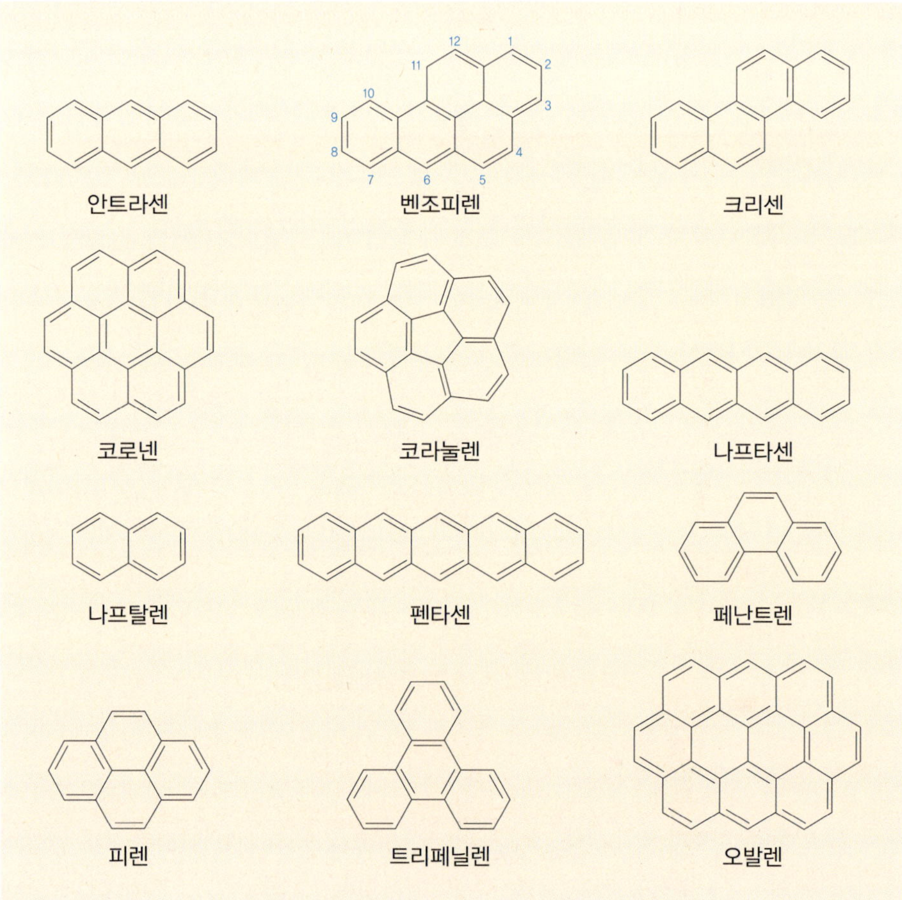

[그림 13-13] 다환 방향족 탄화수소의 구조

4) 유해중금속

유해중금속은 장기간 축적 또는 한 번에 다량을 섭취함으로써 인체에 장애를 일으킨다. 동식물에 유해성이 큰 유해금속은 대부분 중금속으로 납, 비소, 수은, 카드뮴, 크롬, 주석, 구리 등과 이외에 셀레늄 등으로 생체와 친화성이 높은 것이 많다.

(1) 납

납(Pb)은 배터리나 탄약, 납땜 및 파이프 등 금속제품과 엑스레이 기기의 제조 등에 다양한 용도로 사용되고 있다. 납은 환경오염으로부터 식품에 유입되는 경우가 많은데 가솔린이나 기름이 연소될 때 납이 방출되며, 농약 중의 납이 식품으로 이행되거나 낮은 온도에서 구워 유약처리한 도자기에서 유출된 납이 식품으로 이행되어 섭취될 수 있다.

납 중독은 1단계에는 적혈구의 수명 단축과 헴 생성의 감소로 빈혈을 유발하며, 2단계에는 중추신경계의 이상을 초래하여 활동 항진, 지각이상 등의 증상을 보인다. 3단계는 신장 기능 상실, 경련, 혼수 등을 거쳐 사망에 이르게 된다.

(2) 비소

비소(As)는 산소, 염소, 황 등과 결합하여 무기비소 화합물을 생성하고 동식물에서는 탄소 및 수소와 결합하여 유기비소 화합물을 생성한다. 무기비소 화합물은 주로 목재 방부제로 사용되고 유기비소 화합물은 살충제로 사용된다. 일반적으로 무기비소가 유기비소에 비해 독성이 높다. 비소는 해산물, 곡물, 버섯, 가금류 등에 높게 존재한다. 다량의 무기비소를 흡입하면 목이나 폐에 자극이 생길 수 있고, 소량의 비소에 노출되는 경우에도 구토, 혈액세포 생산 감소, 비정상적인 심장박동, 혈관 손상, 손발에 바늘로 찌르는 듯한 감각 등이 일어날 수 있다.

(3) 수은

수은(Hg)은 방부제, 살균제, 온도계 및 기압계, 건전지, 형광등의 제조에 사용된다. 환경에 방출된 무기수은은 물속에서 미생물에 의해 메틸수은으로 전환된 후 물속에 사는 생물에 빠르게 확산되어 플랑크톤과 어패류의 체내에 농축되며, 먹이사슬에 의해 먹이 피라미드 상위에 있는 어류나 사람이 섭취함으로써 생체 축적이 일어난다. 어패류 및 해산물에는 90% 이상이 메틸수은으로 존재한다. 유기수은은 무기수은보다 독성이 강하고 중추신경계, 특히 뇌장애를 일으키기 쉽고 보행기립불능, 사지마비, 언어장애, 난청, 시야 축소, 정신장애, 뇌병변 등을 유발한다.

(4) 카드뮴

카드뮴(Cd)은 니켈-카드뮴 전지, 금속판금, 플라스틱, 금속합금 제조 등에 사용된다. 카드뮴은 반감기가 20~30년으로 매우 길어서 섭취된 카드뮴은 체내에 장기간 남아 있기 때문에 더욱 문제가 되고 있다. 카드뮴은 수은이나 납과 달리 식물체에 쉽게 흡수되어 전 조직에 고루 분포한다. 동물성 식품에서는 주로 간, 신장 등 내장과 젖에서 검출된다. 카드뮴은 소장에서 5% 정도만 흡수되는데, 주로 신장과 간에 축적되고 영향을 미쳐 글루코오스, 단백질, 아미노산 등의 배출량 증가와 글루코오스 신생합성의 증가에 따른 고혈당증 등을 초래한다.

(5) 크롬

크롬(Cr)은 크롬산염 제조공정, 도금 및 합금, 시멘트 제조, 잉크, 페인트 및 플라스틱의 제조에 사용된다. 크롬은 여러 가지 산화형으로 존재하는데 자연계에 주로 존재하는 3가 크롬은 흡수율이 0.5~2%로 매우 낮기 때문에 독성도 미비한 편이다. 하지만 6가 크롬이 호흡기와 피부를 통해 유입되면 간, 신장, 골수에 축적되어 비염, 폐기종, 기관지염, 폐암 등을 일으킨다.

5) 농약류

농약류에는 살충제, 살균제, 제초제 등이 있으며, 구성성분에 따라 유기염소계, 유기인계, 카바메이트계, 유기수은계 등으로 분류한다. 농작물 재배에 사용되었던 농약이 수확 후에도 식품에 남아 있거나 자연계에 남아 토양과 수질을 오염시켜 동식물로 옮겨질 수 있다.

(1) 유기염소계

유기염소계(organochlonine)는 분자 내에 염소를 포함하는 화합물이다. 유기인계에 비해 사람과 동물에 대한 급성독성이 낮은 편이지만, 산과 빛에 안정화된 화합물이기 때문에 환경에 잔류하여 농작물이나 우유를 통해 사람에게 다시 노출되기도 한다. 대표적으로 유기염소계로는 DDT(dichloro-diphenyl-trichloroethane), BHC(benzene hexachloride), 헵타클로르(heptachlor), 엔도설판(endosulfan), 알드린(aldrin) 등이 있다. 식품을 통해 섭취된 유기염소계는 지용성이기 때문에 체외배설이 어렵고 지방조직과 신경조직에 축적되어 만성독성을 유발한다.

(2) 유기인계

유기인계(organophosphate)는 분자 내에 인을 포함하는 화합물로서 독성이 매우 강하다. 대표적인 유기인계인 파라싸이온(parathione), 말라싸이온(malathione), 디아지논(diazinon)은 살충제로 사용되었으며, 유기염소계의 사용이 금지된 후 사용량이 증대되었다. 이 물질은 신경전달물질인 아세틸콜린(acetylcholine)의 분해효소인 아세틸콜린에스터레이스(acetylcholine esterase)의 활성을 억제하여 신경독성을 일으키고 심각한 경우에는 사망에 이르게 한다.

(3) 카바메이트계

카바메이트계(cabamate)는 카바민산(carbamic acid)의 기본 구조를 갖는 농약을 총칭한다. 카바메이트계 농약은 체내에서도 분해되므로, 유기인계 농약보다 독성이 낮고 만성중독의 위험성도 비교적 낮다. 또한, 카바메이트계는 콜린에스터레이스(cholin esterase) 활성을 억제함으로써 아세틸콜린의 가수분해를 저해한다.

6) 내분비계 장애물질

사람이나 동물의 내분비계에 영향을 미쳐 사람이나 동물의 번식 장애 등 건강에 위해를 주는 외인성 화학물질을 내분비계 장애물질 또는 환경호르몬이라고 한다.

(1) 다이옥신

다이옥신(dioxin)은 2개의 벤젠핵을 산소로 결합시킨 화합물이다. 다이옥신은 염소가 함유된 쓰레기의 소각, 화학물질의 제조 및 종이 표백 등의 과정에서 생성된다. 이 물질은 매우 안정하여 환경에서 잘 분해되지 않고 생물체에 축적되기 쉬운 특성 때문에 오염원 주변 지역이나 인근 해역의 각종 환경매체뿐만 아니라 일반 지역의 농·축·수산물에도 축적되어 있을 가능성이 매우 높다. 다이옥신은 피부 손상, 간과 내분비계에 유해한 영향을 줄 뿐만 아니라 면역독성과 생식독성을 일으키며 기형아 출산과 암을 유발한다.

(2) 폴리염화바이페닐

폴리염화바이페닐(polychlorinated biphenyls: PCBs)은 전기산업, 플라스틱, 페인트, 잉크, 접착제, 도료제조 산업 등에 주로 사용된다. 반감기가 10~20년이기 때문에 환경에 한 번 노출되면 거의 분해가 되지 않고, 지용성이어서 식육 및 수산물 등의 지방조직에 축적된다. 과량을 섭취하면 간 기능 이상, 갑상샘 기능 저하, 갑상샘 비대, 피부 발진, 피부 착색, 면역기능 장애, 기억력·학습·지능 장애 등을 유발한다.

(3) 비스페놀 A

비스페놀 A(bisphenol A)는 아세톤 1분자와 페놀류 2분자의 축합으로 생성되며 [그림 13-14], 금속이나 시멘트, 플라스틱 등에서 접착제로 널리 사용되는 에폭시페놀 수지의 합성에 사용되는 기본 원료이다. 예를 들면, 자동차 부품, 유아용 젖병, 플라스틱 용기, 안경렌즈 등의 재료인 폴리카보네이트(polycarbonate)와 저장탱크 및 저장고의 코팅제, 캔 및 금속 뚜껑 이음새의 내부 코팅제 등이 있다.

비스페놀 A를 포함한 포장재와 접촉한 식품의 섭취를 통해 인체에 노출된다. 여성호르몬인 에스토로겐과 유사한 효과를 냄으로써 내분비계를 교란시킨다.

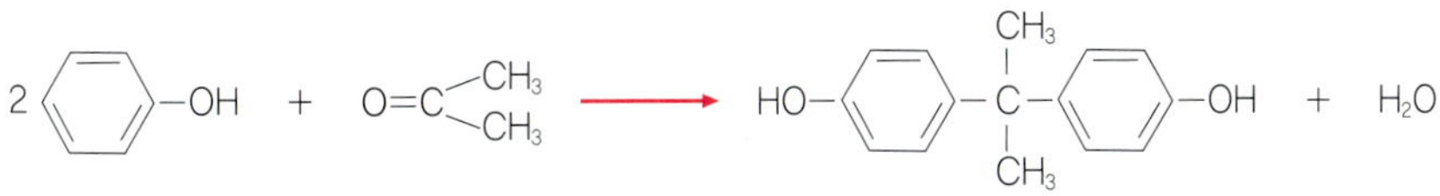

[그림 13-14] 비스페놀 A의 생성과정

7) 방사능 오염물질

방사능 오염물질이란 방사능을 방출할 수 있는 물질이 식품에 오염되는 것을 말한다. 예를 들면, 방사능 물질 함유 광산에서 채취, 핵연료 제조·가공처리, 핵폭발 실험에 의한 방사성 낙진 강하물, 원자력 발전소의 핵연료 및 재처리 시설, 방사선 동위원소의 산업에의 이용 등으로부터 방사능 물질이 유출 및 방출되어 식품에 오염된다.

방사능은 방사성 물질의 원자핵이 단위시간당 붕괴되는 수를 의미하며, 방사선은 원자핵이 붕괴될 때 방출하는 α-선, β-선, γ-선과 같은 에너지를 말한다. 방사능 물질에는 세슘(^{134}Cs, ^{137}Cs), 요오드(^{131}I), 우라늄(^{235}U), 스트론튬(^{90}Sr) 등이 있다.

^{131}I는 갑상샘을 손상시켜 갑상샘 호르몬의 생성을 저해하여 갑상샘염이나 갑상샘암 등의 발생 위험을 높인다.

참고 문헌

강우원 · 김래영 · 김미라 · 김선영 · 안덕준 · 송효남 · 장정옥(2008). 식품화학. 서울: 보문각.

강인수(2005). 현대 식품화학. 경기: 지구문화사.

권중호 · 김영수 · 김현진 · 박근현 · 박양균(2017). 식품화학. 서울: 신광출판사.

김건희 · 강일준 · 정윤화 · 한정아 · 황은선 · 윤기선 · 김묘정(2016). 재미있는 식품화학. 서울: 수학사.

김광수(2000). 식품화학. 서울: 학문사.

농촌진흥청 국립농업과학원 농식품종합정보시스템(2020). 국가표준식품성분표(제9개정판).

대한영양학회(2015). 한국인 영양소 섭취기준. 보건복지부.

박영희 · 박복희 · 박원기(2016). 기본식품화학. 서울: 신광출판사.

방병호 · 채기수 · 최부돌 · 최병범(2009). 최신생화학. 서울: 도서출판진로.

영양사국가시험 교육연구회(2017). 영양사 문제집. 경기: 교문사.

이경애 · 구난숙 · 김미정 · 윤혜연 · 고은미(2014). 이해하기 쉬운 식품학. 경기: 파워북.

이숙영 · 정해정 · 이영은 · 김미리 · 김미라 · 송효남(2009). 식품화학. 경기: 파워북.

이숙영 · 정해정 · 이영은 · 김미리 · 김미라 · 송효남(2015). 식품화학. 경기: 파워북.

이숙영 · 정해정 · 이영은 · 김미리 · 김미라 · 송효남(2016). 식품화학. 경기: 파워북.

장판식 · 노봉수 · 유상호 · 김묘정 · 김영완(2017). 이해하기 쉬운 식품효소공학(개정판). 서울: 수학사.

정현정 · 권기환 · 김기명 · 김지상 · 신의철 · 오희경 · 윤경영 · 이제혁(2016). 기초가 탄탄한 식품화학. 서울: 수학사.

조신호 · 신성균 · 박헌국 · 송미란 · 차윤환 · 한명륜 · 유경미(2014). 식품화학. 경기: 교문사.

조신호 · 신성균 · 박헌국 · 송미란 · 차윤환 · 한명륜 · 유경미(2016). 식품화학. 경기: 교문사.

조신호 · 신성균 · 박헌국 · 송미란 · 차윤환 · 한명륜 · 유경미(2017). 식품화학. 경기: 교문사.

조신호 · 조경련 · 강명수 · 송미란 · 주난영(2018). 식품학. 서울: 문운당.

중등교사임용시험 1차, 가정(2021).

채수규(1990). 식품화학. 서울: 효일문화사.

채수규(2011). 기본식품화학. 서울: 석학당.

최병범 · 김관우 · 조효현 · 이재학(2006). 식품분석. 서울: 도서출판진로.

최병범 · 이혜정(2008). 영양화학. 서울: 신광출판사.

한국식품영양관련학과 교수협의회(2018). 영양사 시험문제집. 서울: 문운당.

황인경 · 김미라 · 송효남 · 문보경 · 이선미 · 서한석(2013). 식품품질관리 및 관능검사(제3판). 경기: 교문사.

Price, N. C. & Stevens, L. (1999). *Fundamentals of Enzymology(3rd edition)*. Oxford.

Tom Brody(1999). *Nutritional Biochemistry(2nd edition)*. University of California at Berkeley.

https://www.memoireonline.com/08/13/7254/m_Evaluation-of-the-hypoglycemic-hypolipidemic-and-anti-alpha-amylase-effects-of-extracts-of-the-twig19.html

저자 소개

송 효 남

현) 세명대학교 바이오식품산업학부 교수
서울대학교 식품영양학과 박사
서울대학교 식품영양학과 석사
서울대학교 식품영양학과 학사

박 복 희

전) 목포대학교 식품영양학과 교수
부산대학교 식품영양학과 박사
전남대학교 가정학과 석사
전남대학교 사범대학 가정교육과 학사

박 영 희

현) 동신대학교 식품영양학과 교수
전남대학교 식품영양학과 박사
전남대학교 식품영양학과 석사
전남대학교 식품영양학과 학사

이 근 종

현) 숭의여자대학교 식품영양과 조교수
충남대학교 식품영양학과 박사
충남대학교 식품영양학과 석사
충남대학교 식품영양학과 학사

이 성 호

현) 계명문화대학교 식품영양조리학부 교수
경북대학교 화학과 박사
경북대학교 화학과 석사
경북대학교 화학과 학사

최 병 범

현) 신한대학교 식품영양학전공 교수
연세대학교 생화학과 박사
연세대학교 생화학과 석사
연세대학교 생화학과 학사

제2판

누구나 알기 쉬운

식품화학

초 판 1쇄 발행 2021년 3월 17일
제2판 1쇄 발행 2024년 3월 8일

지 은 이 | 송효남 · 박복희 · 박영희 · 이근종 · 이성호 · 최병범
펴 낸 이 | 김기섭
편 집 인 | 김민수, 이혜란
펴 낸 곳 | 창지사 www.changjisa.com
08589 서울시 금천구 가산디지털 1로 83 파트너스타워 1차 9층
전화 (02)719-2211~3
팩스 (02)701-9386
등 록 | 1977년 4월 28일 · 제1-421호

ISBN 978-89-426-1871-2 (93590)

값 26,000원